高分子材料与工程专业系列教材

聚合物改性

（第三版）

王国全　主编

王国全　王秀芬　编著

中国轻工业出版社

图书在版编目（CIP）数据

聚合物改性/王国全主编；王国全，王秀芬编著. —3版.
—北京：中国轻工业出版社，2025.4
"十三五"普通高等教育本科规划教材
ISBN 978-7-5184-0866-5

Ⅰ.①聚⋯　Ⅱ.①王⋯②王⋯　Ⅲ.①高聚物-改性-
高等学校-教材　Ⅳ.①TQ316.6

中国版本图书馆 CIP 数据核字（2016）第 057655 号

责任编辑：林　媛　杜宇芳
策划编辑：林　媛　责任终审：滕炎福　封面设计：锋尚设计
版式设计：王超男　责任校对：吴大鹏　责任监印：张京华

出版发行：中国轻工业出版社（北京鲁谷东街 5 号，邮编：100040）
印　　刷：三河市万龙印装有限公司
经　　销：各地新华书店
版　　次：2025 年 4 月第 3 版第 8 次印刷
开　　本：787×1092　1/16　印张：11
字　　数：268 千字
书　　号：ISBN 978-7-5184-0866-5　定价：30.00 元
邮购电话：010-85119873
发行电话：010-85119832　010-85119912
网　　址：http://www.chlip.com.cn
Email：club@chlip.com.cn

第三版修订说明

《聚合物改性》一书作为高等学校专业教材于 2000 年出版，2008 年修订再版，受到各地院校的欢迎和使用。第二版迄今已重印 8 次。

此次修订，重点增补了近年来聚合物改性应用领域的新进展。其中，第 3 章主要补充了关于工程塑料共混改性的一些内容，第 4 章增补了纳米复合材料等内容，第 5 章对接枝共聚物、嵌段共聚物的性能与应用作了增补，第 6 章对等离子体表面改性部分作了补充。

仍希望广大读者和教育界同行不吝指教。

编者
2015 年 12 月

第二版修订说明

《聚合物改性》一书作为高等学校专业教材于 2000 年出版后，受到广大院校的欢迎和使用，迄今已重印了 6 次。

此次修订，订正了 2000 版中的文字疏误，并对部分章节做了必要的修改。修改的部分包括第 2 章中的相容性概念、分散度表征、表面张力的计算、增韧机理、共混过程等，以及第 3 章中的 PP 共混改性体系、PE 共混改性体系等，并在每章后面附了习题。

仍望广大读者和教育界同行不吝指教。

本书此次修订得到北京化工大学教材建设立项的资助，在此致谢！

编者

2008 年 1 月

第一版编写说明

本书为高分子材料与工程本科专业系列教材之一。作为 21 世纪人类创造的奇迹之一，有机高分子物质将展现出奇特的化学、物理特性，开辟出一片崭新的科技天地。作为一类材料，高分子与金属、陶瓷并称为三大材料，应用在人类生产、生活的每一角落。而作为生物现象、生命现象以及信息的载体，有机高分子物质中更潜藏着新的突破。有关高分子的科学与技术，不是囿于材料一隅，而是一个以高分子为中心，向各个科学领域辐射的综合性学科。根据教育部拓宽专业、加强素质教育的办学指导思想，我们将现有的与聚合物有关的窄专业，如"高分子材料""高分子化工""塑料成型加工""橡塑工程"以及"复合材料"专业中的一部分，统起来成为一个全面覆盖高分子科学技术的"大高分子"宽专业。

通过对有机高分子物质的合成、结构与性能关系、加工应用及工程设计的内容进行系统的归纳，我们制订了这一宽专业的教学框架，并组织编写了本套系列教材：《材料导论》《高分子化学》《高分子物理》《聚合物改性》《聚合物制备工程》《聚合物加工工程》《聚合物复合材料》《聚合物材料》《聚合物研究方法》。由于时间紧、任务重，仓促之中可能会有谬误之处，望广大读者及教育界同行不吝指教，以便再版时修正。

《高分子材料与工程专业系列教材》编写组

2000 年 3 月

第一版前言

聚合物改性的方法多种多样，包括共混改性、填充改性、复合材料、化学改性、表面改性等内容。以往，上述改性方法多是分别进行研究，并分别出版专著的。但随着研究的广泛进行，各种不同门类的改性方法之间的相互关联、相互依托的关系日益显现出来。这种相互关联不仅体现在理论范畴，而且体现在应用领域。因此，很有必要编写一本全面介绍各种聚合物改性方法的著作。这样一本书不仅可作为材料学科的本科生、研究生的教材，而且对涉足这一领域的工程技术人员具有参考价值。

本书是关于聚合物改性的一本基础性的书籍，不可能面面俱到。在编写中，是以聚合物的共混改性为主体，兼及其他改性方法。

近年来，关于聚合物改性的新的研究成果层出不穷。本书在注重介绍聚合物改性的基本概念、基本规律及主要应用体系的基础上，也适当介绍一些这一领域的新进展。在理论方面，本书也收入了一些新进展，如非弹性体增韧理论。

本书第1章~第4章由王国全编写，第5、6章由王秀芬编写。华幼卿教授对全书进行了审阅。

编者

2000 年 3 月

目　　录

1

3

第1章 绪 论

高分子聚合物作为 20 世纪发展起来的材料，因其优越的综合性能，相对较为简便的成型工艺，以及极为广泛的应用领域，而获得了迅猛的发展。

然而，高分子材料又有诸多需要克服的缺点。以塑料为例，有许多塑料品种性脆而不耐冲击，有些耐热性差而不能在高温下使用。还有一些新开发的耐高温聚合物，又因为加工流动性差而难以成型。再以橡胶为例，提高强度、改善耐老化性能、改善耐油性等都是人们关注的问题，而且，传统橡胶的硫化工艺也已制约了其发展。

诸如此类的问题，都要求对聚合物进行改性。可以说，聚合物科学与工程学就是在不断对聚合物进行改性中发展起来的。聚合物改性使聚合物材料的性能大幅度提高，或者被赋予新的功能，进一步拓宽了高分子聚合物的应用领域，大大提高了高聚物的工业应用价值。

1.1 聚合物改性的主要方法

高分子聚合物的改性方法多种多样，总体上可划分为共混改性、填充改性、复合材料、化学改性、表面改性几大类。

1.1.1 共 混 改 性

聚合物的共混改性的产生与发展，与冶金工业的发展颇有相似之处。在冶金工业发展的初期，人们致力于去发现新的金属。然而，人们发现，地球上能够大量开采且有利用价值的金属品种只有很少的几种。于是，人们转而采用了合金的方法，获得了多种多样性能各异的金属材料。

在高分子聚合物领域，情况与冶金领域颇为相似。尽管已经合成的聚合物达数千种之多，但能够有工业应用价值的只有几百种，其中能够大规模工业生产的只有几十种。因此，人们发现在聚合物领域也应该走与冶金领域发展合金相类似的道路，也就是开发聚合物共混物。这样的思路，为聚合物改性领域的技术创新开辟了广阔的空间[1]。

聚合物共混的本意是指两种或两种以上聚合物经混合制成宏观均匀的材料的过程。在聚合物共混发展的过程中，其内容又被不断拓宽。广义的共混包括物理共混、化学共混和物理/化学共混。其中，物理共混就是通常意义上的混合，也可以说就是聚合物共混的本意。化学共混如聚合物互穿网络（IPN），则应属于化学改性研究的范畴。物理/化学共混则是在物理共混的过程中发生某些化学反应，一般也在共混改性领域中加以研究。

毫无疑问，共混改性是聚合物改性最为简便且卓有成效的方法。共混改性可以在密炼机、挤出机等聚合物加工设备中完成，工艺过程易于实施和调控，可供配对共混的聚合物又多种多样，就为共混改性的科学研究和工业应用提供了颇为广阔的运作空间。

将不同性能的聚合物共混，可以大幅度地提高聚合物的性能。聚合物的增韧改性，就是共混改性的一个颇为成功的范例。诸多具有卓越韧性的材料通过共混改性的方式被制造出来，并获得了广泛的应用。聚合物共混还可以使共混组分在性能上实现互补，开发出综合性能优越的材料。对于某些高聚物性能上的不足，譬如耐高温聚合物加工流动性差，也可以通过共混加以改善。将价格昂贵的聚合物与价格低廉的聚合物共混，若能不降低或只是少量降低前者的性能，则可成为降低成本的极好的途径。

由于以上的诸多优越性，共混改性在近几十年来一直是高分子材料科学研究和工业应用的一个颇为热门的领域。

1.1.2 填充改性与纤维增强复合材料

在聚合物的加工成型过程中，在多数情况下，是可以加入数量多少不等的填充剂的。这些填充剂大多是无机物的粉末。人们在聚合物中添加填充剂有时只是为了降低成本。但也有很多时候是为了改善聚合物的性能，这就是填充改性。由于填充剂大多是无机物，所以填充改性涉及有机高分子材料与无机物在性能上的差异与互补，这就为填充改性提供了宽广的研究空间和应用领域。

在填充改性体系中，炭黑对橡胶的补强是最为卓越的范例。正是这一补强体系，促进了橡胶工业的发展。在塑料领域，填充改性不仅可以改善性能，而且在降低成本方面发挥了重要作用。

纤维增强复合材料更是一代性能卓越的材料，其突出的"轻质高强"的特色，使其获得了广泛的应用。

1.1.3 化 学 改 性

化学改性包括嵌段和接枝共聚、交联、互穿聚合物网络等，是一个门类繁多的博大体系。

聚合物本身就是一种化学合成材料，因而也就易于通过化学的方法进行改性。化学改性的产生甚至比共混还要早，橡胶的交联就是一种早期的化学改性方法。

嵌段和接枝共聚的方法在聚合物改性中应用颇广。嵌段共聚物的成功范例之一是热塑性弹性体，它使人们获得了既能像塑料一样加工成型又具有橡胶般弹性的新型材料。接枝共聚产物中，应用最为普及的当属丙烯腈-丁二烯-苯乙烯共聚物（ABS），这一材料优异的性能和相对低廉的价格，使它在诸多领域广为应用。

互穿聚合物网络（IPN）可以看作是一种用化学方法完成的共混。在 IPN 中，两种聚合物相互贯穿，形成两相连续的网络结构。IPN 的应用目前尚不普遍，但发展前景仍不可估量。

1.1.4 表 面 改 性[2]

材料的表面特性是材料最重要的特性之一。随着高分子材料工业的发展，对高分子材料不仅要求其内在性能要好，而且对表面性能的要求也越来越高。诸如印刷、黏接、涂装、染色、电镀、防雾，都要求高分子材料有适当的表面性能。由此，表面改性方法就逐步发展和完善起来。时至今日，表面改性已成为包括化学、电学、光学、热学和力学等诸多性能，涵盖诸多学科的研究领域，成为聚合物改性中不可或缺的一个组成部分。

1.2 聚合物改性发展简况[3-4]

世界上最早的聚合物共混物制成于 1912 年。最早的接枝共聚物制成于 1933 年。最早的 IPN 制成于 1942 年。最早的嵌段共聚物制成于 1952 年。

第一个实现工业化生产的共混物是 1942 年投产的聚氯乙烯与丁腈橡胶的共混物。1948 年，高抗冲聚苯乙烯（HIPS）研制成功，同年，ABS 也问世。迄今，ABS 已成为应用最广泛的高分子材料之一。

1960 年，聚苯醚（PPO）与聚苯乙烯（PS）的共混体系研制成功。这种共混物现已成为重要的工程材料。

1964 年，四氧化锇染色法问世，应用于电镜观测，使人们能够从微观上研究聚合物两相形态，成为聚合物改性研究中的重要里程碑。

1965 年，热塑性弹性体问世。

1975 年，美国 Du Pont 公司开发了超韧尼龙，冲击强度比尼龙有了大幅度提高。这种超韧尼龙是聚酰胺与聚烯烃或橡胶的共混物。

在理论方面，聚合物改性理论也在不断发展。以塑料增韧理论为例，20 世纪 70 年代以前，增韧机理研究偏重于橡胶增韧脆性塑料的研究。80 年代以来，则对韧性聚合物基体进行了研究，非弹性体增韧机理的研究也开展起来。

新材料的不断出现，也为聚合物改性开辟了新的研究课题。在填充改性方面，纳米粒子的开发，使塑料的增韧改性有了新的途径。碳纤维、芳纶纤维等新型纤维，则使复合材料研究提高到新的水平和档次。

可以预见，在今后，聚合物改性仍将是高分子材料科学与工程最活跃的领域之一。

参 考 文 献

[1] 王国全. 科技创新思路与方法 [M]. 北京：知识产权出版社，2013. 73.
[2] 肖作顺. 塑料表面的改性 [J]. 工程塑料应用，1987（3）：56.
[3] [美] J. A. 曼森，L. H. 斯珀林. 汤华远，等译. 聚合物共混物及复合材料 [M]. 北京：化学工业出版社，1983. 73.
[4] 吴培熙，张留城. 聚合物共混改性 [M]. 北京：中国轻工业出版社，1996. 3.

第2章　共混改性基本原理

2.1　基本概念

2.1.1　聚合物共混与高分子合金的概念

在对于聚合物共混进行探讨之前，首先应该对聚合物共混的研究领域做出一个界定。然而，做出这样一个界定并非轻而易举，因为，在这里存在多种学科的交叉和互相涵盖。首先，按最宽泛的聚合物共混概念，共混改性应包括物理共混、化学共混和物理/化学共混三大类型。这其中，物理共混就是通常意义上的"混合"，物理/化学共混（就是通常所称的反应共混）是在物理共混的过程中兼有化学反应，可附属于物理共混；而化学共混［譬如聚合物互穿网络（IPN）］则已超出通常意义上的"混合"的范畴，而应列入聚合物化学改性的领域了。因此，本书在聚合物共混改性部分只介绍物理共混和附属于物理共混的物理/化学共混，而将在化学改性部分（第5章）介绍聚合物互穿网络（IPN）等内容。

如果将聚合物共混的涵义限定在物理共混的范畴之内，则可对聚合物共混做出如下定义：聚合物共混，是指两种或两种以上聚合物经混合制成宏观均匀物质的过程。共混的产物称为聚合物共混物。对这一聚合物共混的概念可以加以延伸，使聚合物共混的概念扩展到附属于物理共混的物理/化学共混的范畴。更广义的共混还包括以聚合物为基体的填充共混物。此外，聚合物共混的涵盖范围还可以进一步扩展到短纤维增强聚合物体系。

高分子合金也是聚合物共混改性中一个常用的术语。如绪论中所述，聚合物共混改性的研究是受到冶金行业中合金制造的启示而发展起来的。但是，高分子合金的概念却并不等同于聚合物共混物。高分子合金是指含多种组分的聚合物均相或多相体系，包括聚合物共混物和嵌段、接枝共聚物。而且，高分子合金材料通常应具有较高的力学性能，可用作工程塑料。因而，在工业上又常常直接称之为塑料合金。

2.1.2　共混改性的主要方法

如绪论中所述，按照最宽泛的聚合物共混概念，共混改性的基本方法可分为物理共混、化学共混和物理/化学共混三大类。此外，共混改性的方法又可按共混时物料的状态，分为熔融共混、溶液共混、乳液共混等。

2.1.2.1　熔融共混

熔融共混是将聚合物组分加热到熔融状态后进行共混，是应用极为广泛的一种共混方法。在工业上，熔融共混是采用挤出机、密炼机、开炼机等加工机械进行的，是一种机械共混的方法。通常所说的机械共混，主要就是指熔融共混。熔融共混是最具工业应用价值的共混方法，因而也是本书聚合物共混改性部分探讨的重点。工业应用的绝大多数聚合物共混物都是用熔融共混（机械共混）的方法制备的。

2.1.2.2　溶液共混

与熔融共混不同，溶液共混主要应用于基础研究领域。溶液共混是将聚合物组分溶于溶剂后，进行共混。该方法具有简便易行、用料量少等特点，特别适合于在实验室中进行的某些基础研究工作。在实验室研究中，通常是将经溶液共混的物料浇铸成薄膜，测定其形态和性能。需要指出的是，经溶液共混制备的样品，其形态和性能与熔融共混的样品是有较大差异的。另外，溶液共混法也可以用于工业上一些溶液型涂料或黏合剂的制备。

2.1.2.3　乳液共混

乳液共混是将两种或两种以上的聚合物乳液进行共混的方法。在橡胶的共混改性中，可以采用两种胶乳进行共混。如果共混产品以乳液的形式应用（如用作乳液型涂料或黏合剂），亦可考虑采用乳液共混的方法。

2.1.3　关于共混物形态的基本概念

聚合物共混物的形态，是聚合物共混改性研究的一个重要内容。关于共混物形态的研究之所以非常重要，是因为共混物的形态与共混物的性能有密切关系，而共混物的形态又受到共混工艺条件和共混物组分配方的影响。于是，共混物的形态研究就成了研究共混工艺条件和共混物组分配方与共混物性能的关系的重要的中间环节。

2.1.3.1　共混物形态的三种基本类型

共混物的形态是多种多样的，但可分为三种基本类型：其一是均相体系；其二被称为"海-岛结构"，这是一种两相体系，且一相为连续相，一相为分散相，分散相分散在连续相中，就好像海岛分散在大海中一样；其三被称为"海-海结构"，也是两相体系，但两相皆为连续相，相互贯穿。

在以上关于共混物形态的划分中，也可认为共混物的形态是首先划分为均相体系和两相体系，其中，两相体系又进一步划分为"海-岛结构"与"海-海结构"。

在聚合物共混物的不同形态结构中，两相体系（特别是以熔融共混法制备的"海-岛结构"两相体系）比均相体系更具重要性。这首先是因为均相体系与两相体系在数量上的差异。研究结果表明，能够形成均相体系的聚合物对是很少的，而能够形成两相体系的聚合物对却要多得多。这样，研究和应用两相体系就比均相体系有更多的选择余地。更重要的是，均相体系共混物的性能往往介于各组分单独存在时的性能之间；而两相体系共混物的性能，则有可能超出（甚至是大大超出）各组分单独存在时的性能。换言之，就总体而言，两相体系的实际应用价值大大高于均相体系。因此，两相体系在研究与应用中就比均相体系受到了更多的关注与重视。

本书也将主要介绍聚合物共混物的两相体系。此外，如前所述，本书将重点介绍工业应用中常用的熔融共混方法，而在熔融共混的产物中，更具应用价值的通常是具有"海-岛结构"的两相体系。因此，本书将主要介绍具有"海-岛结构"的两相体系。

2.1.3.2　共混物的"均相"概念

在共混改性研究中，为区分均相体系与两相体系，以及对均相体系进行研究，不可避免要涉及聚合物共混物中的"均相"概念问题。在聚合物共混中形成的均相体系，显然不同于小分子混合时所可能达到的均相体系。已有的研究结果表明，在高分子领域，即使是在均聚物中，也会有非均相结构存在。那么，对于聚合物共混物，又怎么能够实现绝对的"均相"呢？因此，研究者只能为聚合物共混物的均相体系确定一个较为现实的判定标准。

概括地讲，如果一种共混物具有类似于均相材料所具有的性能，这种共混物就可以认为是具有均相结构的共混物[1]。在大多数情况下，可以用玻璃化转变温度（T_g）作为判定的标准。如果两种聚合物共混后，形成的共混物具有单一的 T_g，则就可以认为该共混物为均相体系。相应地，如果形成的共混物具有两个 T_g，则就可以认为该共混物为两相体系。

2.1.3.3　与形态有关的其他要素

关于聚合物共混物的形态，还有几个关键的要素，其中包括分散度和均一性（又称为总体均匀性）。分散度与均一性这两个概念都是为表征"海-岛结构"两相体系的形态而提出的。其中，分散度是指"海-岛结构"两相体系中分散相物料的破碎程度，可以用分散相颗粒的平均粒径和粒径分布来表征。均一性则是指分散相物料分散的均匀程度，亦即分散相浓度的起伏大小。均一性可借助于数理统计的方法进行定量表征。分散度与均一性这两个概念将在本章 2.2.2 节中详细介绍。

在两相体系中，相界面也是共混物形态中的一个要素。相界面是两相体系分散相与连续相之间的交界面。两相之间界面结合得良好与否，无疑会对共混物的性能产生重要影响。关于共混物相界面的研究，已成为聚合物共混物研究中的热点课题。本章 2.2.3 节将对共混物相界面作详细介绍。

2.1.3.4　两相体系概念的扩展

在两相体系研究中，采用连续相、分散相这两个术语，可以较为明了地对两相体系的行为进行描述，并构建出相应的理论框架。因而，连续相、分散相的概念已经被普遍接受。

但是，随着共混体系的扩大，许多接枝或嵌段共聚物的共混体系也被开发出来了。这些接枝或嵌段共聚物，本身也是两相体系。对于这个问题，通常的处理办法是：当接枝或嵌段共聚物与其他聚合物共混时，可以将共聚物作为一个整体，当作两相体系中的一相。这样将共聚物作为一相的"两相体系"，是原有两相体系概念的扩展。也可以建立一种多层次分相的结构观念：把上述将共聚物视为一相的"两相体系"，作为第一个层次的两相结构，而将共聚物本身的两相结构作为第二个层次。

在许多情况下，共聚物本身的两相结构是较少受共混影响的，特别是两种聚合物含量相差较大，且两相之间没有强的相互作用时。所以，采用将共聚物作为一相的"两相体系"概念，可以描述共聚物共混体系的许多行为。

除接枝或嵌段共聚物，结晶聚合物也有晶区和非晶区，不是严格意义上的均相。

此外，对于三种（或三种以上）聚合物共混形成的"海-岛结构"，情况较两种聚合物的体系要复杂。这样的体系会有一个连续相和多个不同组分的分散相，虽然仍为单相连续的"海-岛"结构，但这时的"岛"已经不是单一的组分了。

"连续相"也可称为"基体"，本书在一些章节也称"连续相"为"基体"。

2.1.4　关于相容性的基本概念

若要使两种（或两种以上）聚合物经混合制成宏观均匀的材料，聚合物之间的相容性是一个至关重要的因素。

2.1.4.1　完全相容、部分相容与不相容

相容性（Compatibility），是指共混物各组分彼此相互容纳，形成宏观均匀材料的能力。大量的实际研究结果表明，不同聚合物对之间相互容纳的能力，是有着很悬殊的差别的。某些聚合物对之间，可以具有极好的相容性；而另一些聚合物对之间则只有有限的相容性；还有一些聚合物对之间几乎没有相容性。由此，可按相容的程度划分为完全相容、部分相容和不相容。相应的聚合物对，可分别称为完全相容体系、部分相容体系和不相容体系。

聚合物对之间的相容性，可以通过聚合物共混物的形态反映出来。完全相容的聚合物共混体系，其共混物可形成均相体系。因而，形成均相体系的判据亦可作为聚合物对完全相容的判据。如前所述，如果两种聚合物共混后，形成的共混物具有单一的 T_g，则就可以认为该共混物为均相体系。相应地，如果某聚合物对形成的共混物具有单一的 T_g，则亦可认为该聚合物对是完全相容的。如图 2-1（a）所示。

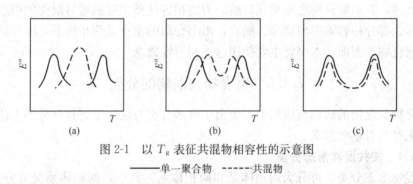

图 2-1　以 T_g 表征共混物相容性的示意图
——单一聚合物　-----共混物

部分相容的聚合物，其共混物为两相体系。聚合物对部分相容的判据，是两种聚合物的共混物具有两个 T_g，且两个 T_g 峰较每一种聚合物自身的 T_g 峰更为接近。如图 2-1（b）所示。如前所述，在聚合物共混体系中，最具应用价值的体系是两相体系。由于部分相容的聚合物，其共混物为两相体系，相应地，研究者对于部分相容体系也给予了更多的关注，成为研究的重点。

还有许多聚合物对是不相容的。不相容聚合物的共混物也有两个 T_g 峰，而且，两个 T_g 峰的位置与每一种聚合物自身的 T_g 峰是基本相同的。如图 2-1（c）所示。

从以上叙述中可以看出，"部分相容"是一个很宽泛的概念，它在两相体系的范畴之内，涵盖了不同程度的相容性。对部分相容体系（两相体系），相容性的优劣具体体现在界面结合的牢固程度、实施共混的难易，以及共混组分的分散度和均一性等诸多方面。

对于两相体系，人们总是希望其共混组分之间具有尽可能好的相容性。良好的相容性，是聚合物共混物获得良好性能的一个重要前提。然而，在实际应用中，许多聚合物对的相容性却并不理想，难以达到通过共混来对聚合物进行改性所需的相容性。于是，就需要采取一些措施来改善聚合物对之间的相容性。这就是相容化（Compatibilisation），本章 2.5 节将介绍相容化的方法。

2.1.4.2　相容性、互溶性与溶混性

与相容性概念相关的还有两个重要概念，分别是热力学相容性，又称为互溶性（Solubility）和溶混性（Miscibility）。

热力学相容性，亦可称为互溶性或溶解性。热力学相容体系是满足热力学相容条件的体系，是达到了分子程度混合的均相共混物。热力学相容条件是混合过程的吉布斯自由能 $\Delta G_m < 0$。

热力学因素是共混体系形成均相体系或发生相分离的内在动力，因而，相容热力学是聚合物共混的重要理论基础之一。本书将在 2.5 节中对相容热力学作一简介。

在实际的共混体系中，能够实现热力学相容的体系是很少的，在实际应用中，将"相容体系"的概念限定于热力学相容体系，其涵盖面就显得有些狭窄。

在一些学术著作中[1]，用溶混性（Miscibility）这一术语表示以具有均相材料性能（通常是 T_g）作为判据的相容性。具有溶混性的共混物，是指可形成均相体系的共混物，其常用的判据为共混物具有单一的玻璃化温度（T_g）。在共混改性研究中，将 T_g 作为相容性的判据已经是一个被普遍接受的概念了。可以看出，溶混性的概念相当于前述相容性概念中的完全相容。

综上所述，表示聚合物之间相互容纳能力的相容性概念可涵盖溶混性的概念，且包含了完全相容、部分相容等多种情况。而且，本书介绍的重点是两相体系，涉及的主要是部分相容的聚合物。因而，本书将主要使用这一相容性概念。

2.1.5 聚合物共混物的分类

在聚合物共混物的研究与应用中，提出了许多分类方法。了解这些分类方法，对学习这门课程无疑具有重要意义。

2.1.5.1 按共混物形态分类

按共混物形态分类，可分为均相体系和两相体系。其中，两相体系又可分为"海-岛结构"两相体系和"海-海结构"两相体系（参见本章 2.1.3 节）。

"海-岛结构"两相体系在聚合物共混物中是普遍存在的。工业应用的绝大多数聚合物共混物都属"海-岛结构"两相体系。

"海-海结构"两相体系，可见诸于聚合物互穿网络（IPN）之中。此外，机械共混亦可得到具有"海-海结构"的共混物。

2.1.5.2 按共混方法分类

按共混方法分类，可分为熔融共混物、溶液共混物、乳液共混物，等等。

2.1.5.3 按改善的性能或用途分类

共混物亦可按改善的性能或用途分类。譬如，用作抗静电的，可称为共混抗静电材料；用于电磁屏蔽的，可称为共混电磁屏蔽材料，等等。

2.1.5.4 按聚合物的档次分类

聚合物按其档次，可划分为若干大类。以塑料为例，可分为通用塑料、通用工程塑料和特种工程塑料。其中，通用塑料有聚氯乙烯（PVC）、聚苯乙烯（PS）、聚乙烯（PE）、聚丙烯（PP）、聚甲基丙烯酸甲酯（PMMA）等。通用工程塑料有聚酰胺（PA）也称尼龙、聚甲醛（POM）、聚苯醚（PPO）、聚碳酸酯（PC）、热塑性聚酯（PET、PBT）等。丙烯腈-丁二烯-苯乙烯共聚物（ABS）介于通用塑料与通用工程塑料之间，可作为通用塑料，也可算作通用工程塑料。特种工程塑料包括聚苯硫醚（PPS）、聚芳醚酮（PEK、

PEEK 等）、聚苯醚砜（PES）、聚酰亚胺（PI）、聚芳酯（PAR）、液晶聚合物（LCP）等。

按照各种塑料档次的划分，相应地可将两种塑料的共混物划分为通用塑料/通用工程塑料共混物、通用工程塑料/通用工程塑料共混物、通用工程塑料/特种工程塑料共混物，等等。

2.1.5.5　按主体聚合物分类

聚合物共混物也可按照主体聚合物的品种进行分类。以塑料合金为例，可分为 PA 合金、聚酯合金、PPO 合金、PC 合金、POM 合金、PPS 合金，等等。这是目前较为普遍采用的塑料合金分类方法。

2.2　聚合物共混物的形态

聚合物共混物的形态中，"海-岛结构"两相体系是最常见的聚合物共混物形态，也是本书介绍的重点。

"海-岛结构"两相体系的形态，包括两相之中哪一相为连续相，哪一相为分散相；分散相颗粒分散的均匀性、分散相的粒径及粒径分布；以及两相之间的界面结合，等等，都是形态研究中要涉及的重要问题。

2.2.1　共混物形态的研究及制样方法

共混物形态的研究方法有很多。可分为两大类：其一是直接观测形态的方法，如电子显微镜法；其二是间接测定的方法，如动态力学性能测定法。本书绪论中曾指出，四氧化锇染色法在电子显微镜观测共混物形态中的应用，是聚合物共混物研究中的一个突破性的进展。迄今，电子显微镜法仍是共混物形态研究中最重要的方法。间接测定的方法亦有重要意义。动态力学性能方法测定的共混物的 T_g，就是共混物为均相体系或两相体系的判据。

采用电子显微镜法观测共混物形态，其制样方法的选择无疑具有重要意义。首先是取样方法。取样可以在共混样品制备完成后进行，反映的是共混过程完成后样品的形态；也可以在共混过程中取样，以反映共混过程中共混体系的形态变化。

取样后，要对样品进行适当的处理（即制样），以便电镜观测。常用的制样方法有染色法、刻蚀法、低温折断法等。

2.2.1.1　染色法

染色法主要应用于透射电镜（TEM）。如四氧化锇（OsO_4）染色法，可适用于共混组分之一为含双键的橡胶的体系。该方法是用 OsO_4 处理样品，与样品中橡胶组分的双键发生反应，生成锇酸酯。这一反应一方面可使样品变硬，有利于制作用于透射电镜观测的超薄切片，同时对橡胶组分起了染色的作用，便于电镜观测。对于其组分不含双键的共混体系，可采用其他染色方法。

2.2.1.2　刻蚀法

刻蚀法是采用适当的刻蚀剂，将两相体系共混物中的一种组分侵蚀掉，在样品表面形成空洞。例如，对于 PS 与橡胶的共混体系，可采用铬酸作为刻蚀剂，将橡胶相刻蚀掉。

刻蚀法可用于透射电镜观测，也可用于扫描电镜观测。用于扫描电镜观测时，可形成具有立体感的共混物结构形态图像。

2.2.1.3 低温折断法

低温折断法适用于橡胶与塑料的"海-岛结构"两相体系共混物。其方法是将共混样品冷冻，冷冻温度在塑料组分的脆化温度以下，橡胶组分的玻璃化温度以上。以橡胶为分散相的橡-塑共混体系为例，在此温度范围内将样品折断，塑料连续相将会脆断，而在断面上留下橡胶小球（或橡胶小球脱落后留下的空穴）。低温折断制样法可用于扫描电镜观测。

2.2.2 分散相分散状况的表征

在采用显微镜对于共混物形态进行观测和拍照之后，需要对于共混物形态进行进一步的分析和表征。在这里，只讨论"海-岛结构"两相体系共混物形态的分析与表征。对于"海-岛结构"两相体系共混物，其形态的表征主要是在于分散相的分散状况。为表征分散相的分散状况，需引入两个术语：均一性（又称为总体均匀性）与分散度。

"均一性"是指分散相浓度的起伏大小。"分散度"则是指分散相颗粒的破碎情况。对于均一性，可采用数理统计的方法进行定量计算；分散度则以分散相平均粒径来表征。图 2-2 所示为两种共混样品均一性与分散度的对比示意图，可直观地表现出均一性与分散度两个概念的区别。其中，图 2-2（a）的分散相粒子的粒径较图 2-2（b）中的粒子小，显示出（a）的分散度比（b）细一些。但是，从一定的观察尺度来

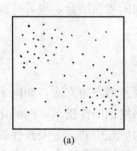
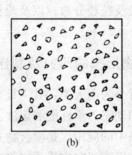

(a)   (b)

图 2-2 两种共混样品均一性与分散度的对比示意图

看，（a）的均一性却不如（b）好。由此可见，分散度细的样品，均一性未必就好，反之亦然。除均一性与分散度之外，分散相粒子的粒径分布对共混物的性能也有重要影响，因而也是共混物形态表征的重要指标。

为使聚合物共混物具有预期的性能，需要共混物分散相组分的分散具有良好的均一性，分散相的平均粒径和粒径分布亦应控制在一定范围之内。如何改善分散相组分分散的均一性，以及如何控制分散相的平均粒径和粒径分布，将在本章 2.4 节中介绍。在这里，先介绍均一性、分散度的表征方法。

2.2.2.1 均一性的表征[2]

在"海-岛结构"两相体系共混物中，分散相分散的均一性可用混合指数 I 来表征。共混物在宏观上是均匀的，在微观上却不可能是绝对均匀的。换言之，分散相浓度的"起伏"总是会存在的。从某种意义上讲，共混的过程就是分散相浓度的分布趋向于取得最可几分布的过程。根据统计理论，分散相浓度分布会趋向于二项分布，由此，引入混合指数 I。

$$I = \frac{\sigma^2}{S^2} \tag{2-1}$$

式中　σ^2——根据二项分布计算的方差

　　　S^2——样本方差

将共混物的样本假想为由若干小粒子组成（粒子的大小与分散相颗粒的尺度相当），则可用如下方法计算 σ^2：

$$\sigma^2 = q(1-q)/N \tag{2-2}$$

式中　q——一个"粒子"在分散相中出现的概率。对于二项分布，$q = \phi_1$（ϕ_1 为分散相组分的体积分数）

　　　N——每个样本中的粒子总数

样本方差 S^2 的计算方法如下：

$$S^2 = \frac{1}{m-1}\sum_{i=1}^{m}(c_i - c)^2 \tag{2-3}$$

式中　c_i——样本中的分散相浓度

　　　m——取样次数（样本数）

　　　c——分散相平均浓度

$$c = \frac{1}{m}\sum_{i=1}^{m}c_i \tag{2-4}$$

在实际计算样本方差 S^2 的操作中，可在共混物样品上随机选取不同部位拍摄若干幅照片，照片的幅数即为样本数（m）。样本中的分散相浓度（c_i）则可由样本的照片测得，可通过图像分析仪来完成。

混合指数 I 可以反映共混样品中分散相组分分散的均一性。若在共混过程中取样，还可看出混合指数 I 随混合时间的变化规律。从理论上讲，随着共混过程的进行和分散相浓度的分布趋向于取得最可几分布，S^2 会逐渐趋近于 σ^2，因而可将混合指数 I 趋近于 1（即 S^2 趋近于 σ^2）作为达到理想的均一性的判据。也可以采用不均一系数 K_c 来判定分散相组分分散的均一性：

$$K_c = 100 \cdot \frac{S}{c_0} \tag{2-5}$$

式中　K_c——不均一系数

　　　S——样本的均方根差，可按照式（2-3）求得样本方差 S^2，再计算出均方根差 S

　　　c_0——分散相平均浓度，即式（2-4）中的 c_0

测定不均一系数 K_c 的方法，可参照测定样本方差 S^2 的方法进行。不均一系数 K_c 越小，就表示分散相分散的均一性越高。若在共混过程中取样测定 K_c 值，就可以研究 K_c 在共混过程中的变化规律。随着共混的进行，K_c 会逐渐减小，并趋向于某一极限值。

2.2.2.2　分散度的表征

分散度以分散相的平均粒径表征。分散相颗粒平均粒径的表征方法有数量平均直径 $\overline{d_n}$ 与体积平均直径 $\overline{d_v}$ 之分。

$$\overline{d_n} = \frac{\sum n_i d_i}{\sum n_i} \tag{2-6}$$

$$\overline{d_v} = \sum \overline{\phi_i} d_i \tag{2-7}$$

式中　$\overline{d_n}$——数量平均直径

$\quad\quad\overline{d_v}$——体积平均直径

$\quad\quad d_i$——某一粒径（实际上是某一粒径区间的中值）

$\quad\quad n_i$——粒径在 d_i 所代表的粒径区间内的粒子数目

$\quad\quad\overline{\phi_i}$——粒径在 d_i 所代表的粒径区间内粒子的体积分数

数量平均直径（数均粒径）因便于计算而经常被采用。通常所说的平均粒径，如未加特殊说明，一般都是数均粒径。

2.2.2.3　共混物对分散相粒径及粒径分布的要求

鉴于共混物的形态与性能之间有着密切的关系，为了制备出具有预期性能的共混物，就要对共混物的形态作出一定的要求。其中，重要的是对于分散相粒径及粒径分布的要求。

大量研究结果表明，为使"海-岛结构"两相体系共混物具有预期的性能，其分散相的平均粒径应控制在一定范围之内，以弹性体增韧塑料体系为例，在该体系中，弹性体为分散相，塑料为连续相，弹性体颗粒过大或过小都对增韧改性不利。而相对于不同的塑料基体（连续相），由于增韧机理不同，也会对弹性体颗粒的粒径大小有不同的要求（参见本章2.3.3节）。譬如，对于热塑性弹性体 SBS 增韧 PS 的共混体系，SBS 为分散相，其最佳平均粒径应控制在 $1\mu m$ 左右。当 SBS 分散相颗粒以这一最佳平均粒径分散于 PS 连续相之中时，共混物可获得良好的增韧效果。

除了平均粒径之外，粒径分布对共混物性能也有重要影响。还是以弹性体增韧塑料的共混体系为例，在这一体系中若弹性体颗粒的粒径分布过宽，体系中就会存在许多过大或过小的弹性体颗粒，而过小的弹性体颗粒几乎不起增韧作用，过大的弹性体颗粒则会对共混物性能产生有害影响。因此，一般来说，应将分散相粒径分布控制在一个适当的范围之内。

在实际应用中，在共混物形态方面出现的问题往往是分散相粒径过大，以及粒径分布过宽。如何减小分散相粒径，以及控制其粒径分布，就成了共混改性中经常面临的重要问题。分散相粒径及粒径分布的调控，与共混装置的设计、共混组分之间的相容性，以及混合工艺条件等都有关系。本书将在相关章节中对这一问题进行讨论。

2.2.3　共混物的相界面

共混物的相界面，是指两相（或多相）共混体系相与相之间的交界面。由于共混物中分散相的粒径很小，通常在微米的数量级，因而使共混物这一分散体系具有胶体的某些特征，譬如具有巨大的比表面积。共混物的相界面的大小，可以用分散相颗粒的比表面积来表征。

共混物的相界面对共混物性能有着极为重要的影响。譬如，界面结合的强度，会直接影响共混物的力学性能。

2.2.3.1　共混物相界面的形态

对于相容的聚合物组分，共混物的相界面上会存在一个两相组分相互渗透的过渡层。

由此，可将聚合物共混物相界面的形态划分为两个基本模型，如图 2-3 所示。其中，图 2-3（a）所代表的是不相容体系，或相容性很小的体系。在这类体系中，Ⅰ组分与Ⅱ组分之间没有过渡层。图 2-3（b）则代表了两相组分之间具有一定相容性的情况，Ⅰ组分与Ⅱ组分之间存在一个过渡层。

过渡层的结构示意图如图 2-4 所示。从宏观整体来看，过渡层的存在正是体现了两相之间有限的相容性，或者说是部分相容性。另一方面，从过渡层这个微观局部来看，又存在着链段相互扩散的状态。

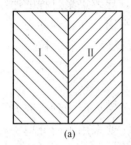 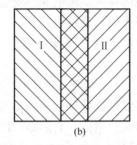 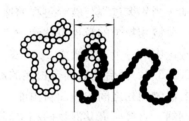

图 2-3　共混物相界面形态的两个基本模型　　图 2-4　过渡层结构示意图（λ 为过渡层厚度）

2.2.3.2　相界面的效应

在两相共混体系中，由于分散相颗粒的粒径很小（通常为微米数量级），具有很大的比表面积。分散相颗粒的表面，也可看作是两相的相界面。两相之间存在如此量值巨大的相界面，可以产生多种效应。

（1）力的传递效应

在共混材料受到外力作用时，相界面可以起到力的传递效应。譬如，当材料受到外力作用时，作用于连续相的外力会通过相界面传递给分散相；分散相颗粒受力后发生变形，又会通过界面将力传递给连续相。为实现力的传递，要求两相之间具有良好的界面结合。

（2）光学效应

利用两相体系相界面的光学效应，可以制备具有特殊光学性能的材料。譬如，将 PS 与 PMMA 共混，可以制备具有珍珠光泽的材料。

（3）诱导效应

相界面还具有诱导效应，譬如诱导结晶。在某些以结晶高聚物为基体的共混体系中，适当的分散相组分可以通过界面效应产生诱导结晶的作用。通过诱导结晶，可形成微小的晶体，避免形成大的球晶，对提高材料的性能具有重要作用。

相界面的效应还有许多，譬如声学、电学、热学效应等。

2.2.3.3　界面自由能与共混过程的动态平衡

在相界面的研究中，界面能是一个重要的参数。众所周知，液体具有收缩表面的倾向，也即具有表面张力。聚合物作为一种固体，其表面虽然不能像液体那样自由地改变形状，但固体表面的分子也处于不饱和的力场之中，因而也具有表面自由能。固体表面对于液体的浸润和对气体的吸附，都是固体表面具有表面自由能的证据。

在两相体系的两组分之间，也具有界面自由能。以熔融共混为例，在共混过程中，分散相组分是在外力作用之下逐渐被分散破碎的。当分散相组分破碎时，其比表面积增大，

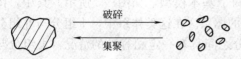

图 2-5　"破碎"与"集聚"过程示意图

界面能相应增加。反之，若分散相粒子相互碰撞而集聚，则可使界面能下降。换言之，分散相组分的破碎过程是需在外力作用下进行的，而分散相粒子的集聚则是可以自发进行的。在共混过程中，同时存在着"破碎"与"集聚"这样两个互逆的过程，如图 2-5 所示。

在共混过程初期，破碎过程占主导地位。随着破碎过程的进行，分散相粒子粒径变小，粒子的数量增多，粒子之间相互碰撞而发生集聚的几率就会增加，导致集聚过程的速度增加。当集聚过程与破碎过程的速度相等时，就可以达到一个动态平衡。在达到动态平衡时，分散相粒子的粒径也达到一个平衡值，这一平衡值称为"平衡粒径"。平衡粒径是共混理论中的一个重要概念。

2.2.3.4　聚合物表面自由能的测定

共混物两相之间的表面自由能，与共混过程及共混物的形态都有关系。但受到研究方法的制约，直接研究共混物两相之间的界面自由能尚有困难。因而，主要采用了研究单一共混组分表面自由能的方法，进行间接的研究。

聚合物的表面自由能与聚合物之间的相容性有一定关系，测定聚合物的表面自由能数据，对研究聚合物之间的相容性具有一定意义。此外，表面自由能的测定在聚合物填充体系、聚合物基复合材料的研究中亦有重要作用。在聚合物的黏接与涂覆中，表面自由能也是重要的参数。以黏接为例，良好的黏接的前提是黏合剂要在聚合物表面浸润，这就与聚合物的表面自由能有关。

表面自由能与表面张力在数据上是相同的。因而，通过测定表面张力，可以得到表面自由能的数值。聚合物表面张力的测定，主要采用接触角法。接触角法是测定固体表面张力的常用方法，因而也是测定聚合物表面张力的主要方法。

采用接触角法测定聚合物表面张力，需先将聚合物制成平板状样品，然后采用接触角测定仪进行测定。基本原理是在样品表面滴上一滴特定的液体，如图 2-6 所示，测定接触角 θ。在图 2-6 所示的固相（聚合物）、液相（液滴）和气相（空气）三相交点处，作气液界面切线，此切线与固液交界线的交角，就是接触角 θ。

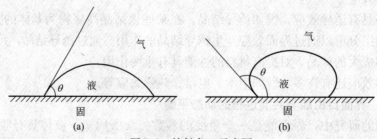

图 2-6　接触角 θ 示意图

接触角 θ 的大小，可反映固体与液体相互浸润的情况。若 $\theta < 90°$，如图 2-6（a）所示，则表明浸润良好，或称固体亲液；若 $\theta > 90°$，如图 2-6（b）所示，则表明浸润不良，或称固体憎液。

著名的杨（Young）氏公式可反映出接触角 θ 与固体表面张力的关系：

$$\sigma_L\cos\theta=\sigma_S-\sigma_{SL} \tag{2-8}$$

式中　σ_L——所选用液体的表面张力

　　　σ_S——固体（聚合物）的表面张力

　　　σ_{SL}——液-固两相间的界面张力

利用表面张力与界面张力之间的近似关系式，可以得到下式[3]：

$$1+\cos\theta=2\left[\frac{(\sigma_S^d)^{1/2}(\sigma_L^d)^{1/2}}{\sigma_L}+\frac{(\sigma_S^p)^{1/2}(\sigma_L^p)^{1/2}}{\sigma_L}\right] \tag{2-9}$$

式中，σ^d、σ^p 分别为表面张力的色散分量和极性分量（极性分量包含氢键和极性力的作用），且有：

$$\sigma=\sigma^d+\sigma^p \tag{2-10}$$

选用两种已知 σ_L、σ_L^d、σ_L^p 的液体，分别与聚合物试样测定 θ 角，就可以由式（2-9）和式（2-10）计算出该聚合物试样的 σ_S、σ_S^d 和 σ_S^p，得到聚合物试样的表面张力数据。

除接触角法外，聚合物的表面张力还可以采用如下方法确定[3]：

（1）熔体外推法：利用表面张力与温度的线形关系，由聚合物熔体的表面张力外推到室温的表面张力；

（2）相对分子质量外推法：利用表面张力与聚合物相对分子质量的关系外推；

（3）内聚能密度估算法：根据内聚能密度与表面张力的关系，由内聚能密度估算表面张力；

（4）等张比体积加和法：将构成聚合物的原子或基团的等张比体积数值进行加和，计算表面张力，等等。

聚合物表面张力的数据，对于共混改性的研究有一定意义。两种聚合物若表面张力相近时，在共混过程中，两种聚合物熔体之间就易于形成一种类似于相互浸润的情况，进而，两种聚合物的链段就会倾向于在界面处相互扩散。这不仅有利于一种聚合物在另一种聚合物中的分散，而且可使共混物具有良好的界面结合。

2.2.4　影响聚合物共混物形态的因素

"海-岛结构"两相体系共混物的形态，包括两相之中哪一相为连续相，哪一相为分散相；分散相的粒径及粒径分布；以及两相之间的界面结合，等等。影响共混物形态的因素很多，主要的影响因素有两相组分的配比、两相组分的黏度，以及共混设备及工艺条件（时间、温度）等等。

2.2.4.1　共混组分的配比

在聚合物共混两相体系中，确定哪一相为连续相，哪一相为分散相，是具有重要意义的。一般来说，在两相体系中，连续相主要影响共混材料的模量、弹性；而分散相则主要对冲击性能（在增韧体系中）、光学性能、传热以及抗渗透（在相关体系中）产生影响。譬如，在塑料与橡胶的共混体系中，是塑料为连续相，还是橡胶为连续相，对共混物的性能会有重大的影响。

共混组分之间的配比，是影响共混物形态的一个重要因素，亦是决定哪一相为连续相，哪一相为分散相的重要因素。如图 2-7 所示，为采用熔融共混（机械共混）制备的丁

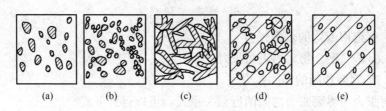

图 2-7　丁苯胶/PS 共混物形态随体积比变化示意图

丁苯胶/PS 体积比

(a) 90/10　(b) 60/40　(c) 50/50　(d) 40/60　(e) 10/90

□——丁苯胶　▨——PS

苯胶/PS 共混物中，共混体系的形态随两种组分的体积比变化的示意图。

从图 2-7 中可以看出，当丁苯胶/PS 体积比为 90/10 和 60/40 时，共混物形态都是组分含量较多的丁苯胶为连续相，组分含量较少的 PS 为分散相的"海-岛结构"两相体系。在体积比为 50/50 时，该共混物形态为两相连续的"海-海结构"。在丁苯胶/PS 体积比为 40/60 时，PS 变为连续相，丁苯胶变为分散相。

影响共混物形态的因素是很多的，组分配比只是其中之一。由于影响共混物形态的因素的复杂性，使得在实际共混物中，组分含量多的一相未必就一定是连续相，组分含量少的一相未必就一定是分散相。尽管如此，仍然可以对于组分含量对共混物形态的影响，作出一个基本的界定。

通过理论推导，可以求出连续相（或分散相）组分的理论临界含量。似设分散相颗粒是直径相等的球形，且以这些球形颗粒以"紧密填充"的方式排布（如图 2-8 所示），在此情况下，其最大填充分数（体积分数）为 74%。由此可以推论，当两相共混体系中的某一组分含量（体积分数）大于 74% 时，这一组分就不再是分散相，而将是连续相。同样，当某一组分含量（体积分数）小于 26% 时，这一组分不再是连续相，而将是分散相。当组分含量介于 26% 与 74% 之间时，哪一组分为连续相，将不仅取决于组分含量之比，而且还要取决于其他因素，主要是两个组分的熔体黏度。

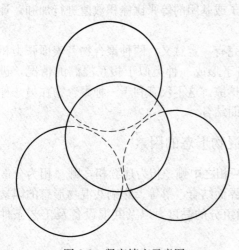

图 2-8　紧密填充示意图

上述理论临界含量是建立在一定的假设的基础之上的，因而并非是绝对的界限，在实际应用中仅具有参考的价值。实际共混物的分散相颗粒，一般都并非直径相等的球形；另一方面，这些颗粒在实际上也是不大可能达到"紧密填充"的状态的。尽管如此，对于大多数共混体系，特别是熔融共混体系，仍然可以用上述理论临界含量对哪一相为分散相，哪一相为连续相作出一个参考性的界定。也有一些例外的情况，譬如 PVC/CPE 共混体系，在 CPE 含量为 10% 时，CPE 仍可为连续网状结构。

如图 2-7 所示，在熔融共混制备的两相共混体系中，随着组分含量的变化，在某一组分的形态由分散相转变为连续相的时候，或反之，由连续相转变为分散相的时候，会出现一个两相连续（"海-海结构"）的过渡形态。而产生这一"海-海结构"形态的组分含量，则与共混体系组分的特性有关，并且与共混组分的熔体黏度有关。

2.2.4.2　熔体黏度

对于熔融共混体系，共混组分的熔体黏度亦是影响共混物形态的重要因素。关于共混组分的熔体黏度对共混物形态的影响，有一个基本的规律：黏度低的一相倾向于生成连续相，而黏度高的一相则倾向于生成分散相。这一规律被形象地称为"软包硬"（意为黏度低的一相为"软相"，黏度高的一相为"硬相"，软相倾向于包裹硬相）。

需要指出的是，黏度低的一相倾向于生成连续相，并不意味着它就一定能成为连续相；黏度高的一相倾向于生成分散相，也并不意味着它就一定能成为分散相。因为共混物的形态还要受组分配比的制约。于是，就有必要来讨论黏度与配比的综合影响了。

2.2.4.3　黏度与配比的综合影响

如前所述，共混组分的熔体黏度与配比都会对形态产生影响。共混组分的熔体黏度与配比对于共混物形态的综合影响，可以用图 2-9 来表示[4]。

如图 2-9 所示，在某一组分含量（体积分数）大于 74% 时，按照上述理论临界含量的界定，这一组分是连续相（如在 A-1 区域，A 组分含量大于 74%，A 组分为连续相）；当组分含量小于 26% 时，这一组分是分散相。在组分含量介于 26% 与 74% 之间时，哪一相为连续相，哪一相为分散相，将取决于配比与熔体黏度的综合影响。由于受熔体黏度的影响，根据"软包硬"的规律，在 A-2 区域，当 A 组分的熔体黏度小于 B 组分时，尽管 B 组分的含量接

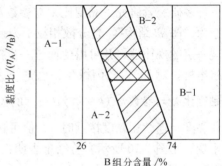

图 2-9　共混组分的熔体黏度与配比对共混物形态的综合影响（示意图）

近甚至超过 A 组分，A 组分仍然可以成为连续相。在 B-2 区域，亦有类似的情况。

在由 A 组分为连续相向 B 组分为连续相转变的时候，会有一个相转变区存在（如图 2-9 中的阴影部分）。从理论上讲，在这样一个相转变区内，都会有两相连续的"海-海结构"出现。但是，在 A 组分与 B 组分熔体黏度接近于相等的区域内，可以较为容易地得到具有"海-海结构"的共混物。A 组分与 B 组分熔体黏度相等的这一点，称为"等黏点"。等黏点在聚合物共混改性中很重要。本章 2.4 节将介绍等黏点的应用。

2.2.4.4　黏度比、剪切应力及界面张力对分散相粒径的综合影响

共混过程中共混体系所受到的外力作用（通常是剪切力），也是影响共混物形态的重要因素。此外，两相之间界面张力亦会对分散相物料的分散过程产生影响，进而影响共混物的形态。

为了更全面地探讨影响共混物形态（主要是分散相粒径）的因素，可引入两个参数，λ 与 k[5]：

$$\lambda = \eta_2 / \eta_1 \tag{2-11}$$

式中　η_1——连续相黏度

　　　η_2——分散相黏度

$$k = \tau d / \sigma \tag{2-12}$$

式中　τ——剪切应力

　　　σ——两相间界面张力

　　　d——分散相粒径

　　令 $\tau = \eta_1 \dot{\gamma}$，则有：

$$k = \eta_1 \dot{\gamma} d / \sigma \tag{2-13}$$

式中　$\dot{\gamma}$——剪切速率

　　以上参数是以稀乳液为模型体系提出的，也被应用于聚合物共混体系。这两个参数本身并不复杂，但却可以用来反映影响聚合物共混物形态（主要是分散相粒径）的错综复杂的因素之间的关系。

　　(1) 黏度比 λ 与分散相粒径的关系

　　许多研究者研究了黏度比 λ 与参数 k 的关系，取得了很有价值的研究结果。当共混物形态为"海-岛结构"，且分散相粒子为接近于球形时，可以发现黏度比 λ 与参数 k 的关系呈现一定的规律性，并可由此而进一步探讨黏度比 λ 与分散相粒径的关系。Wu 采用双螺杆挤出机，对 PET/乙丙橡胶、尼龙/乙丙橡胶等进行试验，并探讨了共混体系物料的熔体黏度比 λ 与参数 k（$k = \eta_1 \dot{\gamma} d / \sigma$）的关系[6]，其结果表明：当 λ 值接近于 1 时，即当分散相黏度与连续相黏度接近时，k 值可达到一极小值，如图 2-10 所示。若 η_1、$\dot{\gamma}$、σ 都保持不变，则图 2-10 所示实验结果表明：当分散相黏度与连续相黏度接近时，分散相颗粒的粒径（d）可达到一个最小值。

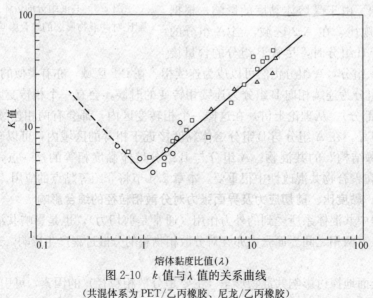

图 2-10　k 值与 λ 值的关系曲线

（共混体系为 PET/乙丙橡胶、尼龙/乙丙橡胶）

　　图 2-10 所示的实验结果则表明，当共混物形态为"海-岛结构"，且分散相粒子为接近于球形时，若分散相黏度与连续相黏度接近时，分散相颗粒的粒径可达到一个最小值。

总体而言，在聚合物共混过程中，两相熔体黏度相差不宜过于悬殊，这是获得分散相良好分散效果的一个基本条件。

（2）剪切应力及界面张力的影响

以上讨论了 η_1、$\dot{\gamma}$、σ 保持不变的情况下，黏度比 λ 与分散相粒径的关系。若 η_1、γ、σ 发生变化，则图 2-10 所示实验结果可反映出 η_1、$\dot{\gamma}$、σ 与分散相颗粒的粒径（d）之间相互影响的关系。譬如，当剪切应力（$\tau = \eta_1 \dot{\gamma}$）增加时，分散相颗粒的粒径（$d$）也会变小。这就表明，增大剪切应力也是降低分散相粒径的途径之一。

共混体系在共混过程中所受到的外力作用（主要是剪切应力）是由共混设备提供的，涉及共混对设备及工艺的要求。关于共混设备及工艺对共混物形态的影响，将在本章 2.4 节中详细介绍。

由图 2-10 所示结果还可以看出，若界面张力（σ）降低，亦可使分散相颗粒的粒径（d）变小。

2.2.4.5　其他因素的影响

如前所述，共混组分的熔体黏度及两相间的黏度比对共混物的形态有重要影响。而聚合物的熔体黏度是受到熔融温度的影响的，这就使得共混过程中的加工温度（熔融温度）可以通过影响熔体黏度，进而影响聚合物共混物的形态。

共混物的形态，还与共混组分之间的相容性密切相关。完全相容的聚合物对，可形成均相共混体系；部分相容的聚合物对，则可形成两相体系。对于部分相容聚合物形成的两相体系，共混物的形态亦受到组分之间相容性的直接影响。相容性较好的聚合物对，易于形成分散相分散较好的共混物。因此，改善共混组分之间的相容性，亦可有效地改善共混物的形态。实际上，相容性与界面张力是相关的。相容性较好的共混体系，两相间的界面张力也较低。对于相容性不甚好的聚合物对，则可以采取措施使之相容化（见本章 2.5 节）。

2.3　共混物的性能

聚合物共混物的性能，包括流变性能、力学性能、光学及电学性能、阻隔及抗渗透性能，等等。在具体介绍聚合物共混物的性能之前，先根据影响共混物性能的因素，介绍共混物性能与单组分性能的一些预测关系式。

2.3.1　共混物性能与单组分性能的预测关系式

影响共混物性能的因素，首先是各共混组分的性能。共混物的性能与单一组分的性能之间，都存在着某种关联。以双组分共混体系为例，若设共混物性能为 P，组分 1 性能为 P_1，组分 2 性能为 P_2，则可建立 P 与 P_1、P_2 之间的关系式。

共混物的性能还与共混物的形态密切相关。对于不同形态的共混物，P 与 P_1、P_2 之间的关系式也是不大相同的。

2.3.1.1　简单关系式：并联与串联

对于共混物性能 P 与单一组分性能 P_1、P_2 之间的关系，若不考虑共混物形态的因

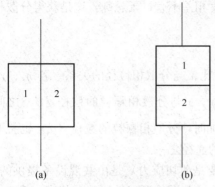

图 2-11　共混物性能与单一组分性能
的组合关系（示意图）
（a）并联组合　（b）串联组合

素，则可以建立一些较为简单的关系式，包括并联关系式与串联关系式。

并联关系式是假定共混物两组分的性能以"并联"的方式组合，如图 2-11（a）所示。对于并联组合，在共混物性能与单一组分性能之间可以建立如下关系式：

$$P = \phi_1 P_1 + \phi_2 P_2 \qquad (2\text{-}14)$$

式中　ϕ_1、ϕ_2——组分 1 与组分 2 的体积分数

在式（2-14）中，共混物性能只是组分 1 与组分 2 性能的算术加和。

串联关系式是假定共混物两组分的性能以串联的方式组合，如图 2-11（b）所示。对于串联组合，可以建立如下关系式：

$$\frac{1}{P} = \frac{\phi_1}{P_1} + \frac{\phi_2}{P_2} \qquad (2\text{-}15)$$

采用式（2-14）与式（2-15）表征共混物性能 P 与单一组分性能 P_1、P_2 之间的关系，由于未考虑共混物的形态因素，因而与实际共混物的性能会有较大的偏差。为了更好地反映共混物性能与单一组分性能之间的关系，应根据不同的共混物形态，分别建立相应的关系式。

2.3.1.2　均相共混体系

均相体系共混物性能与单一组分性能之间的关系式，可在式（2-14）基础上加以改进而获得。式（2-14）实际上表示组分 1 与组分 2 之间没有相互作用。但对于大多数共混物而言，各组分之间通常是有相互作用的。因而，均相体系共混物性能可以用下式表征[7]：

$$P = \phi_1 P_1 + \phi_2 P_2 + I\phi_1\phi_2 \qquad (2\text{-}16)$$

式中，I 是两组分之间的相互作用参数，根据两组分之间相互作用的具体情况，可取正值或负值。若 I 值为 0，则式（2-16）就是式（2-14）。

2.3.1.3　"海-岛结构"两相体系

影响"海-岛结构"两相体系性能的因素，较之均相体系要复杂得多。Nielsen 提出了"海-岛结构"两相体系性能与单一组分性能及结构形态因素的关系式。由于"海-岛结构"两相体系在形态上的复杂性，这些关系式也远较均相体系的关系式复杂。按 Nielsen 的"混合法则"，若两相体系中的分散相为"硬组分"，而连续相为"软组分"（这一设定主要适用于填充体系，或塑料增强橡胶的体系），则两相体系性能与单一组分性能及结构形态因素的关系如式（2-17）所示[7]：

$$\frac{P}{P_1} = \frac{1 + AB\phi_2}{1 - B\psi\phi_2} \qquad (2\text{-}17)$$

式中　P——共混物的性能

　　　P_1——两相体系中连续相的性能

ϕ_2——分散相的体积分数

A、B、ψ 均为参数，其中：

$$A = K_{\mathrm{E}} - 1 \tag{2-18}$$

K_{E} 为爱因斯坦系数，是一个与分散相颗粒的形状、取向、界面结合等因素有关的系数。对于共混物的不同性能，有不同的爱因斯坦系数（譬如力学性能的爱因斯坦系数、电学性能的爱因斯坦系数）。在某些情况下（譬如分散相粒子的形状较为规整时），K_{E} 可由理论计算得到；而在另一些情况下，K_{E} 值需根据实验数据推得。某些体系的力学性能的爱因斯坦系数 K_{E} 如表 2-1 所示[8]。

表 2-1　　　　　　　　　　　　　力学性能的爱因斯坦系数 K_{E}

分散相粒子的类型	取向情况	界面结合情况	应力类型	K_{E}
球形		无滑动		2.5
球形		有滑动		1.0
立方体	无规			3.1
短纤维	单轴取向		拉伸应力，垂直于纤维取向	1.5
短纤维	单轴取向		拉伸应力，平行于纤维取向	$2L/D$[①]

注：①L/D 为纤维长径比。

B 是取决于各组分性能及 K_{E}（体现在 A 值中）的参数：

$$B = \frac{\dfrac{P_2}{P_1} - 1}{\dfrac{P_2}{P_1} + A} \tag{2-19}$$

式中　P_2——分散相的性能

ψ 为对比浓度，是最大堆砌密度 ϕ_{m} 的函数：

$$\psi = 1 + \left(\frac{1 - \phi_{\mathrm{m}}}{\phi_{\mathrm{m}}^2} \right) \phi_2 \tag{2-20}$$

$$\phi_{\mathrm{m}} = \frac{\text{分散相粒子的真体积}}{\text{分散相粒子的堆砌体积}} \tag{2-21}$$

引入这个 ϕ_{m} 因子的前提，是假想将分散相粒子以某种形式"堆砌"起来，"堆砌"的形式取决于分散相粒子在共混物中的具体状况，与分散相粒子的形状、粒子的排布方式（有规、无规、是否聚结）、粒子的粒径分布等有关。换言之，ϕ_{m} 是分散相粒子在某一种特定的存在状况之下所可能达到的最大的相对密度。因此，将 ϕ_{m} 命名为最大堆砌密度。ϕ_{m} 这一因子所反映的，正是分散相粒子的某一种特定的存在状况的空间特征。若干种不同"存在状况"的分散相粒子的 ϕ_{m} 值见表 2-2。

式（2-17）所反映的是分散相为"硬组分"，而连续相为"软组分"时，共混物性能与纯组分性能的关系。如果分散相为"软组分"，而连续相为"硬组分"，譬如橡胶增韧塑料体系，则式（2-17）应改为：

$$\frac{P_1}{P} = \frac{1 + A_i B_i \phi_2}{1 - B_i \psi \phi_2} \tag{2-22}$$

式中

$$A_i = \frac{1}{A} \tag{2-23}$$

$$B_i = \frac{\dfrac{P_1}{P_2} - 1}{\dfrac{P_1}{P_2} + A_i} \tag{2-24}$$

其余符号的含义与式（2-17）相同。

表 2-2   最大堆砌密度 ϕ_m

分散相粒子形状	"堆砌"的形式	ϕ_m（近似值）
球形	六方紧密堆砌	0.74
球形	简单立方堆砌	0.52
棒形（$L/D=4$）	三维无规堆砌	0.62
棒形（$L/D=8$）	三维无规堆砌	0.48
棒形（$L/D=16$）	三维无规堆砌	0.30

2.3.1.4 "海-海结构"两相体系

两相连续的"海-海结构"两相体系，包括聚合物互穿网络（IPN）、许多嵌段共聚物等。采用机械共混法，亦可在一定条件下获得具有"海-海结构"的两相体系。对于"海-海结构"两相体系，共混物性能与单组分性能之间，可以有如下关系式[8]：

$$P^n = P_1^n \phi_1 + P_2^n \phi_2 \tag{2-25}$$

式中　ϕ_1——组分 1 的体积分数

　　　　ϕ_2——组分 2 的体积分数

　　　　n——与体系有关的参数（$-1 < n < 1$）

以结晶聚合物为例，结晶聚合物可以看作是晶相与非晶相的两相体系，且两相都是连续的。一些结晶聚合物（如 PE、PP、尼龙）的剪切模量可满足下式（取 $n=0.2$）[8]：

$$G^{1/5} = G_1^{1/5} \phi_1 + G_2^{1/5} \phi_2 \tag{2-26}$$

式中　G——结晶聚合物样品的剪切模量

　　　　G_1——晶相的剪切模量

　　　　G_2——非晶相的剪切模量

ϕ_1 与 ϕ_2——分别为晶相与非晶相的体积分数

以上分别介绍了均相体系、"海-岛结构"两相体系及"海-海结构"两相体系的性能与纯组分性能的若干关系式。这些关系式对于探讨共混物的性能具有一定的指导意义。对于具体的共混体系，可以根据体系的特点，建立相应的关系式。

2.3.2　共混物熔体的流变性能

熔融共混法是最重要的共混方法，也是最具工业应用价值的共混方法。研究熔融共混，不可避免地要涉及共混物熔体的流变性能，包括共混物熔体的流变曲线、熔体黏度、熔体的黏弹性等。与单一组分的聚合物相比，共混物熔体的流变行为无疑要复杂得多。

　　研究聚合物共混物熔体的流变性能，对于共混过程的设计和工艺条件的选择和优化都具有重要的意义。然而，由于共混物熔体流变行为的复杂性，其普遍性的规律尚未完全弄清。本节仅就已有的研究成果作一介绍。

2.3.2.1　共混物熔体黏度与剪切速率的关系

　　诸多研究结果表明，与一般共聚物熔体一样，聚合物共混物熔体也是假塑性非牛顿流体，共混物熔体的剪切应力与剪切速率之间的关系符合如下关系式：

$$\tau = K \dot{\gamma}^{n} \tag{2-27}$$

式中　τ——剪切应力

　　　$\dot{\gamma}$——剪切速率

　　　n——非牛顿指数

　　　K——稠度系数

　　相应地，共混物熔体黏度 η 可表示为：

$$\eta = K \dot{\gamma}^{n-1} \tag{2-28}$$

　　但是，由于聚合物共混物结构形态的复杂性，使得其流变行为颇为复杂。特别是对于在实际应用中占绝大多数的两相共混体系，其熔体的流变行为会随共混组成（成分、配比）、两相形态及界面作用，以及加工温度等因素的变化，而发生相当复杂的变化。

　　共混物熔体的 η-$\dot{\gamma}$ 关系曲线可以有三种基本类型，如图 2-12 (a)、(b)、(c) 所示[8]。其中，图 2-12 (a) 所示为共混物熔体黏度介于单一组分黏度之间，图 2-12 (b) 所示为共混物熔体黏度比两种单一组分黏度都高，图 2-12 (c) 所示为共混物熔体黏度比两种单一组分黏度都低。

　　图 2-12 (a)、(b)、(c) 所示只是共混物流变曲线的基本类型，实际共混体系的流变行为可能会

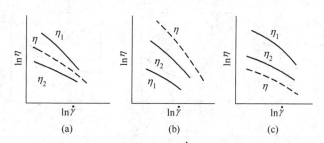

图 2-12　共混物熔体的 η-$\dot{\gamma}$ 关系曲线的类型

复杂得多。同一种共混物，由于配比的变化或熔融温度的变化，可能会表现出两种，甚至两种以上不同的流变类型。还有可能出现一些特殊的流变类型。

2.3.2.2　共混物熔体黏度与温度的关系

　　共混物的熔体黏度随温度的升高而降低。在一定的温度范围内，对于许多共混物，其熔体黏度与温度的关系可以用类似于 Arrehnius 方程的公式来表示：

$$\ln\eta = \ln A + \frac{E_{\eta}}{RT} \tag{2-29}$$

式中　η——共混物的熔体黏度

　　　A——常数

E_η——共混物的黏流活化能

R——气体常数

T——热力学温度

徐卫兵等研究了聚碳酸酯（PC）与 PE 的共混体系[9]，PC/PE 的配比为 95/5（质量比），测定了这一共混体系在不同温度、不同剪切应力下的表观黏度（η_a）。结果表明，这一 PC/PE 共混体系熔体的 $\ln\eta_a$ 与 $1/T$ 关系在一定温度范围内呈直线。根据实测数据计算出 PC/PE 共混物的黏流活化能 E_η 为 51.0kJ/mol。纯 PC 的黏流活化能为 64.9kJ/mol。由此可见，PE 的加入可以改变 PC 的熔体黏度对于温度的依赖关系，从而改善 PC 的加工流动性。通过加入某种流动性较好的聚合物来改善流动性较差的聚合物的加工流动性，这一作法在共混改性中是常用的办法。

对于另一些共混体系，共混物的黏流活化能可高于纯组分。譬如，PC/PBT 共混物（质量比为 95/5）的黏流活化能为 76.46kJ/mol，高于纯 PC 的黏流活化能（64.9kJ/mol）[10]。对于这样的共混体系，需在较高的温度下加工成型。

2.3.2.3　共混物熔体黏度与共混组成的关系

共混物熔体黏度与共混组成的关系，也是很复杂的。特别是对于两相体系，黏度与共混组成的关系就更为复杂。

影响"海-岛结构"两相体系熔体黏度的因素是很复杂的，除了连续相黏度、分散相黏度，以及两相的配比之外，还应包括两相体系的形态、界面相互作用等因素。此外，剪切应力的大小对于组分含量与熔体黏度的关系也有很大影响。因而，实测数据表现出，在共混体系组分含量与熔体黏度之间存在着很复杂的关系。

已研究的共混体系组分含量与熔体黏度的关系，包括如图 2-13 所示的类型。

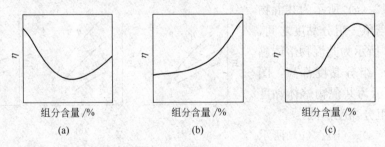

图 2-13　共混体系组分含量与熔体黏度的关系的类型（示意图）

图 2-13（a）所示的类型，共混物的熔体黏度比两种纯组分的黏度都小。且在某一组分中少量加入第二组分后，熔体黏度就明显下降。熔体黏度-组分含量曲线有一极小值。这样的情况在两相共混体系中颇为普遍。譬如 PP/PS 共混物[8]就属这一类型。PMMA/PS 共混体系熔体黏度与组分含量的关系，在较高剪切速率（剪切速率 $\dot{\gamma}$ 大于 $100s^{-1}$）条件下，也符合图 2-13（a）所示的类型[6]。

对于在某一聚合物中少量加入第二组分后使熔体黏度明显下降这一现象，目前尚无一致的解释。有学者认为，这是由于第二组分的加入改变了主体聚合物熔体的超分子结构所致。

图 2-13（b）所示的类型，在低黏度组分含量较高时，共混物的熔体黏度与低黏度组分的黏度接近；而在高黏度组分含量较高时，共混物的熔体黏度随高黏度组分含量明显上升。符合图 2-13（b）所示的类型的共混体系也是较多的。譬如，PMMA/PS 共混体系熔体黏度与组分含量的关系，在低剪切速率（剪切速率 $\dot{\gamma}$ 小于 $10s^{-1}$）条件下，就符合图 2-13（b）所示的类型[6]。

图 2-13（b）所示类型体现了连续相黏度对于共混物黏度的贡献。如图 2-13（b）所示，在高黏度组分为连续相的情况下，与低黏度组分为连续相的情况，连续相组分对于黏度的贡献是明显不相同的。在低黏度组分为连续相的情况下，共混物黏度大体上体现了连续相的贡献；而在低黏度组分为分散相的情况下，又对高黏度组分产生了明显的"降黏"作用。

图 2-13（c）所示的类型，共混物熔体黏度在某一配比范围内会高于单一组分的黏度，且有一极大值。PE/PS 共混体系熔体黏度与组成的关系符合图 2-13（c）所示的类型，共混物熔体黏度有一极大值[8]。熔体黏度出现极大值的原因，据分析是由于共混物熔体为互锁状的交织结构所致。互锁结构增加了流动阻力，使共混物熔体黏度增大。

2.3.2.4　共混物熔体的黏弹性

聚合物熔体受到外力的作用，大分子会发生构象的变形，这一变形是可逆的弹性形变，使聚合物熔体具有黏弹性。共混物熔体与聚合物熔体一样，具有黏弹性行为。在研究共混物熔体流变行为时，都应考虑其熔体弹性。

研究聚合物共混物熔体的弹性，可采用出口压力法（测定出口压力）或挤出胀大法（测定出口膨胀比），也可采用第一法向应力差（$\tau_{11}-\tau_{22}$）来表征[8]。对于常见的橡胶增韧塑料体系，如 HIPS、ABS 等，其熔体的弹性效应（体现为出口膨胀比），都比相应的均聚物要小。但对于某些特殊体系，弹性效应会出现极大值或极小值。

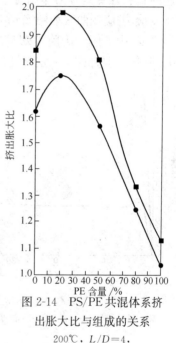

图 2-14　PS/PE 共混体系挤
出胀大比与组成的关系

200℃，$L/D=4$，

τ：●　$8.27\times10^4\mathrm{N/m^2}$
　　　■　$9.65\times10^4\mathrm{N/m^2}$

Han 采用毛细管流变仪研究了 PS/PE 共混体系挤出胀大比与共混组成的关系[11]，如图 2-14 所示。从图 2-14 中可以看出，挤出胀大比在 PS/PE 配比为 80/20 时，出现一极大值。在这一配比下，PS/PE 熔体的弹性效应出现极大值。

2.3.3　共混物的力学性能

共混物的力学性能，包括其热-机械性能（如玻璃化温度）、力学强度，以及力学松弛等特性。其中，共混物的玻璃化温度已作为相容性的重要表征手段，将在本章 2.5 节中介绍。

提高聚合物的力学性能，是共混改性的最重要的目的之一。其中，提高塑料的抗冲击性能，即塑料的抗冲击改性，又称为增韧改性，在塑料共混改性材料中占有举足轻重的地位。因此，本书对于共混物的力学性能，将重点介绍塑料的增韧改性。

2.3.3.1　弹性体增韧塑料体系[12]

弹性体增韧塑料体系，是以弹性体为分散相，以塑料为连续相的两相共混体系。塑料连续相又称为塑料基体。弹性体可以是橡胶，也可以是热塑性弹性体，如 SBS。早期的塑料增韧体系主要采用橡胶作为增韧剂，故称为橡胶增韧塑料体系。20 世纪 80 年代以来，除继续采用橡胶作为增韧剂外，以各种热塑性弹性体作为增韧剂的塑料增韧体系也已获得广泛应用。此外，非弹性体增韧塑料体系也已发展起来，将在本章 2.3.3.2 节中介绍。

（1）塑料基体的形变

塑料的增韧改性与塑料自身的形变及其机理密切相关。因此，在讨论塑料的增韧改性之前，应先了解塑料基体的形变特性及其机理。

塑料材料在受到外力作用时，会发生形变。以拉伸作用为例，当塑料样品受到拉伸作用时，其应力-应变曲线如图 2-15 所示。

图 2-15 中 a 所示为脆性塑料的应力-应变曲线，样品在形变量很小时就会发生脆断。图 2-15 中 b 所示为具有一定韧性的塑料的应力-应变曲线，该应力-应变曲线的初始阶段为直线，这时试样被均匀拉伸，达到一个极大值后，试样出现屈服现象。此后，试样发生大形变，直至断裂。

图 2-15 所示的曲线不仅可适用于塑料的拉伸过程，而且适用于各种处于玻璃态的聚合物。图 2-15 所示只是两种较为典型的情况。具体聚合物的应力-应变曲线可能会表现出自身的特殊性。

在塑料的增韧改性中，不仅要涉及对脆性塑料的增韧，而且要涉及对已具有一定韧性的塑料材料的增韧，使之具有更高的韧性。而已具有一定韧性的塑料材料的屈服及大形变的机理，对进一步探讨增韧机理颇为重要。

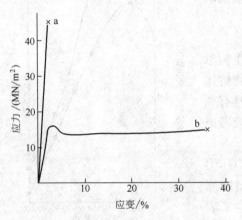

图 2-15　塑料拉伸过程的应力-应变曲线
a—脆性塑料　b—有一定韧性的塑料

塑料的大形变的形变机理，包含两种可能的过程，其一是剪切形变过程，其二是银纹化过程。

A. 剪切形变

材料样品在受到拉伸力的作用时，也会发生剪切形变，这是因为拉伸力可分解出剪切力分量。剪切力的最大值出现在与正应力呈 45°的斜面上。因此，在与正应力大约呈 45°的斜面上，可产生剪切屈服，发生剪切屈服形变。对于塑料

图 2-16　剪切带的构造

样品，在发生剪切屈服形变时，可观察到局部的剪切形变带，称为"剪切带"。剪切带的构造如图 2-16 所示。

塑料样品发生剪切屈服后，即产生细颈现象，并发生大形变，形成如图 2-15 中 b 所示的应力-应变曲线。

塑料样品发生剪切屈服的特征，是产生细颈。在发生剪切屈服时，样品的密度基本不变。

剪切带的形成，可以使外部作用于样品的能量在一定程度上被耗散掉，因而赋予塑料材料一定的韧性。

对于未经共混改性的塑料，其剪切带的形成主要是由于内部结构的不均一性或某种缺陷，也有可能是外部几何尺寸上的缺陷。而通过共混改性，使得剪切带能够被增韧剂颗粒（弹性体）所诱发，正是塑料增韧改性的一个可能的途径。

B. 银纹化

银纹化过程是塑料材料发生屈服及大形变的另一个可能的过程。

银纹是塑料（或其他玻璃态聚合物）在受到应力作用时产生的，其构造如图 2-17 所示[5]。

在图 2-17 中，如银纹内部有聚合物受到拉伸后形成的"细丝"，也有空洞。与剪切带不同，银纹的方向是与外加应力的方向垂直的。

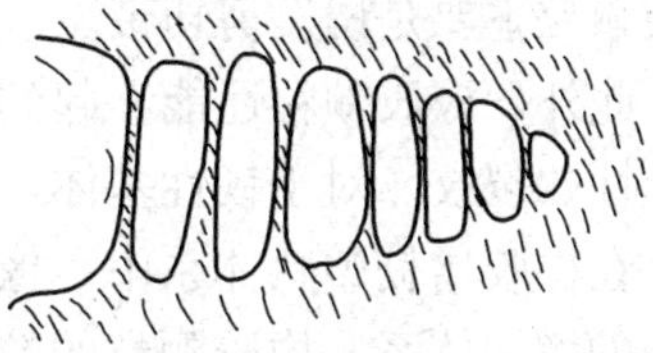

塑料材料产生银纹时，会出现应力发白现象。由于产生银纹时，材料内部会出现大量空洞，因而，银纹化过程会导致样品密度的降低。应力发白现象与密度的下降，是银纹化过程的特征。

图 2-17　银纹构造图

在塑料样品因银纹化而发生屈服时，银纹区域内的大分子会产生很大的塑性形变，这就可以使外力作用于样品的能量被耗散掉。因而，通过共混改性而诱发银纹，就成了增韧改性的又一途径。

银纹化过程，包括银纹的引发、增长和终止三个阶段。银纹的引发，主要是由于塑料基体内部结构的不均一性，造成应力集中，从而引发银纹。在塑料基体中通过共混改性形成弹性体分散相，正是可以造成应力集中点，进而引发银纹。

银纹发展到一定程度后，应能及时被终止。如不能被及时终止，就有可能发展成破坏性裂纹，导致材料的破坏。诸多因素可使银纹终止，包括剪切带与银纹的相互作用、银纹尖端应力集中因子的下降，等等。

（2）塑料基体的分类

不同类型的塑料基体，在受到外力作用时的能量吸收的能力与吸收能量的方式是不同的。Wu 在实验结果的基础上，提出了被增韧的塑料基体的分类。

塑料基体可分为两大类[13]：一类是脆性基体，以 PS、PMMA 为代表；另一类是准韧性基体，以 PC、PA 为代表。这里，"准韧性基体"是指具有一定韧性的基体，其韧性可通过增韧改性而进一步得到提高。

Wu 认为，塑料基体的韧性与其链结构有一定的联系，给出了关于链结构的两个参数：链缠结密度 γ_e 和链的特征比 C_∞。聚合物的大分子链间都存在一定程度的缠结，γ_e 与缠结点间的相对分子质量成反比，表征链缠结点的密度。C_∞ 则与聚合物大分子的均方无扰末端距成正比，表征无扰状态下大分子的柔顺性。

Wu 指出，聚合物的基本断裂行为是银纹与剪切屈服的竞争。当 γ_e 较小而 C_∞ 较大时，塑料基体偏向于脆性，易于产生银纹；当 γ_e 较大而 C_∞ 较小时，塑料基体表现出一定的韧性，易于剪切屈服。

关于被增韧的塑料基体的分类，对塑料的增韧改性具有重要意义。在对不同类型（脆性或准韧性）基体进行增韧改性时，即使同为采用弹性体增韧，其增韧机理也会有巨大的差异。

（3）弹性体增韧塑料的机理

关于弹性体增韧塑料机理的研究，早在 20 世纪 50 年代就已开始。在早期增韧理论的基础上，增韧理论研究不断取得进展。这里主要介绍目前普遍接受的"银纹-剪切带"理论。此外，还要介绍"界面空洞化"及"橡胶粒子空洞化"理论等增韧机理研究进展。

A. 银纹-剪切带理论

在橡胶（或其他弹性体）增韧塑料的两相体系中，橡胶是分散相，塑料是连续相。橡胶"小球"可以作为应力集中体，诱发大量的银纹或剪切带。外面作用于材料的能量，可以通过银纹或剪切带的形成而耗散掉，使材料的抗冲击性能明显提高。

对于脆性基体，橡胶颗粒主要是在塑料基体中诱发银纹；而对于有一定韧性的基体，橡胶颗粒主要是诱发剪切带。

此外，橡胶颗粒还能够起到终止银纹的作用，使银纹及时终止，而不至于发展成具有破坏性的裂纹。对于韧性基体，剪切带也可以起到终止银纹的作用。

在橡胶增韧塑料体系中，橡胶颗粒的粒径及粒径分布对增韧效果是至关重要的。对于不同的增韧体系，橡胶颗粒的粒径都有相应的最佳尺度。确定橡胶粒径的合适尺度，要考虑多方面的因素。

首先，要保证增韧体系中橡胶颗粒有足够多的数量，以诱发大量的小银纹或剪切带。而在橡胶增韧塑料体系中，橡胶的总用量是有限度的，超过限度就会明显降低材料的刚性。这就要求橡胶颗粒的粒径不能太大，以保证体系中有足够数量的橡胶颗粒。

其次，从诱发银纹或剪切带考虑。较小粒径的橡胶颗粒对诱发剪切带有利，而较大粒径的橡胶颗粒对于诱发银纹有利。

第三，从终止银纹的角度考虑。对于脆性基体，由于橡胶颗粒还要起到终止银纹的作用，要求其粒径与银纹的尺度相当。太小的橡胶粒子会被银纹"淹没"，起不到终止银纹的作用。而对于有一定韧性的基体，可以靠剪切带的生成来终止银纹，而不需要依赖橡胶颗粒来终止银纹，橡胶颗粒的粒径就可以小一些。

综上所述，对于脆性基体，橡胶颗粒要引发银纹，又要终止银纹，其粒径要大一些。譬如，热塑性弹性体 SBS 增韧 PS 体系，PS 是脆性基体，SBS 颗粒的粒径以 $1\mu m$ 左右为宜。对于准韧性基体，橡胶颗粒主要引发剪切带，又不需要其终止银纹，橡胶颗粒的粒径就要小一些。譬如，三元乙丙橡胶（EPDM）增韧尼龙（PA）体系，PA 是准韧性基体，EPDM 的粒径可为 $0.1\sim1.0\mu m$。

一般来说，在橡胶增韧塑料体系中，橡胶颗粒的粒径分布不宜过宽。这是因为过小的橡胶粒不能发挥增韧作用；而过大的橡胶粒不仅影响体系中的橡胶颗粒总数，而且会对力学性能产生不良影响。也有一些情况，对于基体的增韧要兼顾引发银纹和引发剪切带，橡胶颗粒的粒径分布就要适当宽一些。

B. 界面空洞化理论

20 世纪 80 年代，Evens 等人在对聚合物的增韧过程（即增韧聚合物受到外力时产生增韧作用直至破坏的过程）进行研究时，分析了界面空洞化现象。

当增韧塑料受到外力作用并产生裂纹时，其增韧过程可分为两类：第一类增韧过程仅仅发生在裂纹的表面，而对内部没有影响；第二类增韧过程，则会在裂纹附近生成一个宽度为 b 的"过程区"。在"过程区"内，可见白化现象。该白化区域会随着裂纹的增长而发展扩大。在这个区域内，存在着"空化空间"。这种空化空间是以两相界面脱离或橡胶粒子内部空洞化的形式存在的。其中，两相界面脱离而产生的空洞化，对于增韧过程尤为重要。这一机理即为"界面空洞化"理论。

如前所述，当塑料基体产生银纹时，也会产生空洞，产生应力发白。但银纹中的空洞是产生于塑料基体内部，而"界面空洞"则产生于橡胶颗粒与塑料基体的界面之间。此外，银纹现象主要出现于脆性基体，而"界面空洞"造成的白化现象可出现于韧性基体。"界面空洞"产生的白化现象出现在裂缝附近的"过程区"内，"过程区"的宽度为 b。增韧改性的幅度与"过程区"宽度有关。b 越大，增韧改性的幅度也越大。

"界面空洞化"可用于解释一些增韧体系的增韧机理。譬如，PC/MBS 共混体系，是以弹性体 MBS 增韧 PC 的增韧体系。PC 为连续相，是有一定韧性的基体，MBS 为分散相。在外力作用下，由于 PC 与 MBS 之间的界面结合力较弱，同时两者的泊松比也不相同，就会在两相界面上形成界面空洞化[13]。界面空洞化可阻止基体内部裂纹的产生，同时可使 PC 基体变形时所受的约束减小，使之易于发生强迫高弹形变。界面空洞化以及随之产生的强迫高弹形变吸收了大量能量，使材料的抗冲击性能显著提高。

"界面空洞化"理论主要应用于某些准韧性基体的增韧（以弹性体增韧）的机理研究。

C. 橡胶粒子空洞化理论

"空洞化"不仅产生于橡胶与塑料的界面，而且可以产生于橡胶粒子的内部。在对这一现象深入研究的基础上，产生了橡胶空洞化理论。

在橡胶增韧塑料体系中，橡胶粒子内部的"空洞化"早已被观察到。产生于橡胶与塑料的界面的空洞化属于"黏合破坏"，而产生于橡胶粒子内部的空洞化则属于"内聚破坏"，近年来，橡胶粒子空洞化的作用受到增韧机理研究者的重视。

橡胶空洞化理论认为，在橡胶（或其他弹性体）增韧塑料体系中，橡胶粒子要先后经历应变软化和应变硬化。

在橡胶增韧塑料材料受到冲击时，橡胶粒子先发生空洞化，空洞化的橡胶粒子对形变的阻力降低（应变软化），在比较低的应力水平下就可以诱发大量的银纹和剪切带，显著增加了能量耗散，提高了增韧效果。在形变的后期，橡胶的链段取向，导致显著的应变硬化。

（4）弹性体增韧塑料实例

弹性体增韧塑料体系，早已获得了广泛的工业应用。譬如，PVC、PS 等通用型塑料，属于脆性基体，以弹性体对其增韧，至今仍是工业上对这些塑料品种进行增韧改性的主要方法。

以 PVC 为例，可采用丁腈橡胶（NBR）、氯化聚乙烯（CPE）、乙烯-醋酸乙烯共聚物（EVA），以及 EPDM 等多种弹性体对其增韧改性。

A. NBR 改性 PVC

为了改善 PVC 的抗冲击性能，人们很早就采用橡胶与 PVC 共混。由于 NBR 与 PVC 相容性良好，所以成为增韧 PVC 中最常用的橡胶品种。

NBR 与 PVC 的相容性与 NBR 中的丙烯腈（AN）含量有关，而 NBR/PVC 共混物的抗冲性能也与 NBR 中的 AN 含量密切相关。实验结果表明，当 AN 含量为 10％～26％时，共混体系可获得较高的抗冲性能[14]。

NBR 增韧 PVC 体系，是最早获得工业应用的 PVC 增韧改性体系。但由于 NBR 中的双键易于降解，故使 NBR/PVC 共混体系的耐老化性能受到影响，也使这一共混体系的应用受到限制，难以应用于户外使用的材料。

B. CPE 改性 PVC

CPE 是 PE 经氯化后制成的。为使 CPE 增韧 PVC 体系具有较高的抗冲性能，CPE 中的氯含量是一个重要的影响因素。一般来说，氯含量为 25％～40％的 CPE，都可产生增韧改性效果。综合考虑加工流动性在 PVC 中的分散性及抗冲改性效果，氯含量为 36％的 CPE 具有较好的综合性能，因而也是最常用于改性 PVC 的 CPE 品种。

CPE 作为 PVC 抗冲改性剂，显著的优点是具有优良的耐候性。因此，CPE 增韧 PVC 材料可广泛应用于塑料门窗等制品。

CPE 与 PVC 有良好的相容性。为进一步改善 CPE 与 PVC 的相容性，改善 CPE 与 PVC 的界面结合，可将氯乙烯接枝于 CPE，开发出接枝共聚产品 CPE-g-VC[14]。将 CPE-g-VC 用于增韧 PVC，抗冲击性能明显优于 PVC/CPE 体系。

C. EVA 改性 PVC

EVA 与 PVC 的相容性，与 EVA 中的醋酸乙烯（VA）含量密切相关。当 VA 含量为 65％～70％时，与 PVC 的相容性最好。但是，在 EVA 改性 PVC 体系中，随着 VA 含量的增大，抗冲击性、加工流动性提高，而模量、强度、热变形温度却会下降。考虑各种性能的综合效果，一般选用 VA 含量为 14％～30％的 EVA 作为 PVC 的抗冲改性剂。

为了在较低 VA 含量下改善 EVA 与 PVC 的相容性，开发了一些三元共聚物，如 E-VA-CO 三元共聚物。这种三元共聚物是美国杜邦公司开发的，商品名为 E-LVALOY。E-VA-CO 三元共聚物与 EVA 相比，在分子结构中引入了羰基，使极性提高，促进了与 PVC 的相容性。

EVA 改性 PVC 体系，还具有耐候性好、手感好等优点，适于制造户外用品，其低发泡产品可制造仿木材料。

除以上抗冲改性剂外，MBS（苯乙烯-丁二烯-甲基丙烯酸甲酯共聚物）、ABS、EPDM、TPU（热塑性聚氨酯）等，都可用作 PVC 的抗冲改性剂。

2.3.3.2　非弹性体增韧

早期的塑料增韧体系，是弹性体增韧体系，增韧的对象是脆性塑料基体。以弹性体增韧塑料，在提高抗冲击性能的同时，也产生一些不利影响。随着弹性体用量的增大，抗冲击性能提高，刚性却会下降。此外，橡胶的加工流动性一般较差，用量过大，也会使共混体系的加工流动性变差。

进入 20 世纪 80 年代以来，国外出现了非弹性体增韧的新思想，提出以刚性有机填料

（Rigid Organic Filler，缩写为 ROF）粒子来对韧性塑料基体进行增韧的方法。这一新思想的实施，使塑料的共混改性进入了一个新纪元。

近年来，非弹性体增韧已在塑料合金的制备中获得广泛应用。

（1）非弹性体增韧机理[15]

这里所说的非弹性体，主要是指脆性塑料。广义的非弹性体增韧还应包括无机填料粒子对塑料基体的增韧，将在本书第 4 章中介绍。

以非弹性体对塑料进行增韧改性，是将脆性塑料（如 PS、AS 等）与有一定韧性的塑料进行共混，形成脆性塑料为分散相，韧性塑料为连续相的"海-岛结构"两相体系。

非弹性体增韧的对象，必须是有一定韧性的塑料基体，如尼龙、聚碳酸酯等。对于脆性基体，则需要用弹性体对其进行增韧，变成有一定韧性的基体，然后再用非弹性体对其进行进一步的增韧改性。

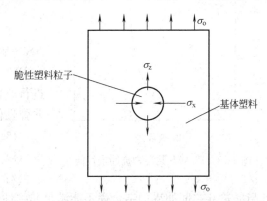

图 2-18　脆性塑料对韧性基体的增韧机理（示意图）

采用脆性塑料对韧性基体进行增韧的机理，与弹性体增韧塑料的机理是不同的。脆性塑料对韧性塑料基体的增韧机理，可参见图 2-18。

如图 2-18 所示，当韧性基体受到外界拉伸应力时，会在垂直于拉伸应力的方向上对脆性塑料粒子施以压应力。脆性粒子在强大的静压力作用下会发生形变，从而将外界作用的能量耗散掉。

（2）非弹性体增韧与弹性体增韧的比较

非弹性体增韧与弹性体增韧在增韧改性剂、增韧对象、对性能的影响等方面，都有明显的不同。

首先，非弹性体增韧的增韧改性剂是脆性塑料（广义的非弹性体增韧还包括无机填料粒子），而弹性体增韧的增韧改性剂是橡胶或热塑性弹性体。

非弹性体增韧的对象，是有一定韧性的基体；而弹性体增韧的对象，可以是准韧性基体，也可以是脆性基体。

从增韧机理来看，弹性体增韧的机理主要是由橡胶球引发银纹或剪切带，橡胶球本身并不消耗多少能量；而非弹性体增韧则是依赖脆性塑料的形变，将外界作用的能量耗散掉。

从增韧剂的用量来看，弹性体增韧与非弹性体增韧也是明显不同的。对弹性体增韧体系，共混物的抗冲击性能会随弹性体用量增大而增加；而对于非弹性体增韧，脆性塑料的用量却有一个范围。在此范围内，可获得良好的抗冲改性效果，超过此范围，抗冲击性能却会急剧下降。例如，PC/AS 共混体系的抗冲击性能（见图 2-19），在 AS 用量为 10％～20％时，达到较高的数值；而在 AS 用量超过 30％后，就急剧下降。

以非弹性体（脆性塑料）对塑料基体进行增韧的最大优越性，就在于脆性塑料在提高材料抗冲击性能的同时，并不会降低材料的刚性。而弹性体增韧体系，却会随着弹性体用量的增大而使材料的刚性下降。

此外，脆性塑料一般具有良好的加工流动性。因而，非弹性体增韧体系也可使加工流动性获得改善。而弹性体增韧的体系，其加工流动性往往要受到橡胶加工流动性差的影响。

非弹性体增韧与弹性体增韧也有相同之处，两者都要求增韧改性剂与基体有良好的相容性，有较好的界面结合。其中，非弹性体增韧体系对界面结合的要求更高一些。

（3）非弹性体增韧实例

在 PC、PA 等韧性基体中添加 PS、PMMA、AS 等脆性塑料，可制备非弹性体增韧共混材料。在 PVC 这样的脆性基体中，先用 CPE、MBS 等进行改性，再添加 PS 等脆性塑料，也可以进行非弹性体增韧。

PC/AS 共混体系的增韧效果如图 2-19 所示。也可以用 PMMA 对 PC 进行增韧改性。

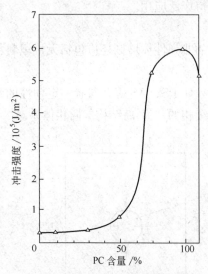

图 2-19　PC/AS 共混物抗冲击性能

对于尼龙-6，可以用 AS 进行增韧改性。但 AS 与尼龙-6 之间的界面结合尚不能满足非弹性体增韧的要求，因此，要添加（苯乙烯-马来酸酐共聚物）（SMA）来改善界面结合。

添加 SMA 后，尼龙大分子与马来酸发生反应，形成接枝共聚，使尼龙-6 与 AS 界面结合得到改善，冲击强度随 SMA 用量增加而显著增加。

在 PVC/CPE、PVC/MBS 共混体系中添加 PS，共混物的力学性能如表 2-3 所示[16]。可以看出，PS 不仅可以提高 PVC/CPE（或 PVC/MBS）体系的冲击强度，而且可以使拉伸强度及模量提高或基本保持不变。对于 PVC/CPE/PS 共混体系，PS 的用量也有一个最佳值，约为 3％，超出此最佳用量，冲击强度就急剧下降。如图 2-20 所示。

关于非弹性体增韧的实例，还将在本书第 3 章中进一步介绍。

2.3.3.3　共混物的其他力学性能

共混物的其他力学性能，包括拉伸强度、伸长率、拉伸模量、弯曲强度、弯曲模量、硬度等，以及表征耐磨性的磨耗，对弹性体还应包括定伸应力、拉伸永久变形、压缩永久变形、回弹性等。

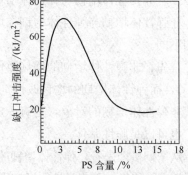

图 2-20　PS 用量对 PVC/CPE/PS
共混体系冲击强度的影响
PVC/CPE 配比为 100/10（质量比）

在对塑料基体进行弹性体增韧时，在冲击强度提高的同时，拉伸强度、弯曲强度等常常会下降。例如，PVC/MBS 共混体系拉伸强度、弯曲强度与 MBS 含量的关系如图 2-21、图 2-22 所示[8]。可以看出，两者都随 MBS 用量增大而呈下降之势。

非弹性体增韧则可使冲击强度与拉伸强度在一定的改性剂用量范围内同时增高，或者在冲击强度提高时，使拉伸强度及模量保持基本不变（参见表 2-3）。

表 2-3　　　　　　　　　　　　　　　PVC 共混体系的力学性能

性　　能	PVC	PVC/MBS	PVC/CPE	PVC/MBS/PS	PVC/CPE/PS
冲击强度/(kJ/m²)	2.5	8.4	16.2	20.6	69.5
拉伸强度/MPa	58.4	47.5	41.0	47.1	43.7
杨氏模量/MPa	14.1	9.8	11.1	9.8	12.1

注：CPE、MBS 用量为 10 质量份，PS 用量为 3 质量份。

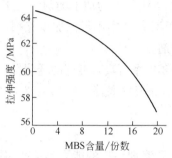

图 2-21　PVC/MBS 共混物拉伸
强度与 MBS 含量的关系

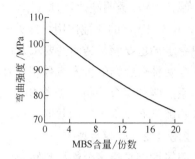

图 2-22　PVC/MBS 共混物弯曲强度
与 MBS 含量的关系

　　王淑英等研究了在 PVC/ABS 共混物中添加 SAN 作为增韧剂[18]，结果表明，在 SAN 用量为 3 质量份以内时，共混物的冲击强度、拉伸强度、伸长率、屈服强度都随 SAN 用量增大呈上升之势。

　　关于耐磨性，某些弹性体与塑料共混，可提高塑料的耐磨性，譬如粉末丁腈橡胶与 PVC 的共混体系（参见本书第 3 章）。关于弹性的有关内容，可参见本书第 3 章 3.4 节的相关部分。

　　共混物的耐热性、耐寒性，也可以借助于力学性能测试来表征，如软化点、低温脆性等。

2.3.4　共混物的其他性能

　　聚合物共混物的性能，还有光学及电学性能、阻隔及渗透性能等。

2.3.4.1　电性能

　　聚合物的电性能，包括体积电阻率、表面电阻率、介电损耗等。

　　聚合物共混物的电性能与组成及温度等因素有关。例如，丁基橡胶（IIR）与 PE 的共混体系，丁基橡胶在 20℃时的体积电阻率为 $3 \times 10^{15} \Omega \cdot cm$，PE 的体积电阻率则为 $>10^{16} \Omega \cdot cm$。IIR/PE 共混物体积电阻率与组成、温度的关系如图 2-23 所示[4]。在 IIR/PE 配比为 90/10 时，体积电阻率为 $8 \times 10^{16} \Omega \cdot cm$，比纯 IIR 增大了一个数量级。继续增加 PE 用量，体积电阻率呈下降之势。随温度上升，电阻率也呈下降之势。

　　某些用途的聚合物，要求表面有抗静电

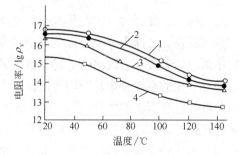

图 2-23　IIR/PE 共混物的体积电阻率与
组成及温度的关系
IIR/PE 质量比：1—90/10　2—70/30
3—50/50　4—100/0

性能，可通过共混改性，添加抗静电剂来解决。抗静电剂包括一些表面活性剂及炭黑等填充剂。

2.3.4.2　光学性能

聚合物共混物的两相体系，大多数是不透明的或半透明的。制备透明的聚合物共混物，首先基体材料要采用透明的聚合物。其次，各种添加剂也要不妨碍材料的透明性。例如，制备 PVC 透明硬片，宜选用 MBS 作为抗冲改性剂，ACR 作为加工助剂。关于 MBS 与 ACR 对 PVC 的改性作用，详见本书第 3 章。透明 PVC 硬片中不得添加填充剂，选用的热稳定剂也要满足透明性要求，可选用有机锡类稳定剂。

当两种聚合物的折光指数相近时，聚合物共混物两相体系可具有良好的透明性。若两相体系的两种聚合物折光指数相差较大时，则会具有珍珠般的光泽。譬如，PC/PMMA 共混物就是有珍珠光泽的共混材料。

2.3.4.3　阻隔性能

阻隔性能是指聚合物材料防止气体或化学药品、化学溶剂渗透的能力。某些聚合物，如尼龙，具有优越的阻隔性能，但价格较为昂贵。将尼龙与 PE 共混，可以制成具有优良阻隔性能而且成本又较为低廉的材料。详见本书第 3 章 3.2.3.5 节。

2.3.4.4　透气性

气体对于高分子膜的选择透过性，是一个颇具应用意义的研究领域，可应用于果蔬保鲜、废气处理等诸多方面。气体在高分子膜中的透过性，决定于气体自身的特性和高聚物的自由体积。通过选用不同聚合物共混，可以调节聚合物的自由体积，进而实现对不同气体的选择性透过。HDPE/SBS 共混体系，就是一种适用于保鲜膜的共混物（详见第 3 章 3.2.3.4 节）。

2.4　共混过程、共混工艺与共混设备

在聚合物的共混改性中，共混的工艺条件与共混设备是影响共混改性效果的重要因素。为了能够合理地选择共混工艺与设备，应先对共混过程作一探讨。

2.4.1　分布混合与分散混合

从理论上，混合的方式可分为分布混合与分散混合两大类型。

分布混合，又称为分配混合。对于"海-岛"结构两相体系，分布混合指分散相粒子不发生破碎，只改变分散相的空间分布状况、增加分散相分布的随机性的混合过程。该过程可使分散相的空间分布趋于均匀化。

分散混合是指既增加分散相空间分布的随机性，又减小分散相粒径，改变分散相粒径分布的过程。在熔融共混中，分散相粒子在外界（混合设备）的剪切力的作用下破碎，分散相粒子的粒径变小，粒径分布也发生变化，就是分散混合的过程。

由于在共混过程的初始阶段，分散相物料的粒径通常大于"海-岛"结构两相体系理想的粒径，所以，分散混合是对于共混过程是不可或缺的。即使是聚合物填充体系，由于填充剂会发生聚结，成为团聚态的大颗粒，因而分散混合也是必须要有的。

2.4.2　分散相的分散过程与集聚过程

在聚合物共混过程中，同时存在着"分散过程"与"集聚过程"这一对互逆的过程。

首先，共混体系中的分散相物料在剪切力作用下发生破碎，由大颗粒经破碎逐渐变为小粒子。由于在共混过程的初始阶段，分散相物料的颗粒尺度通常是较大的，即使是粉末状原料，其粒径也远远大于所需的分散相粒径，所以这一破碎过程是必不可少的。

在共混的初始阶段，由于分散相粒径较大，而分散相粒子数目较少，所以破碎过程占主要地位。但是，在破碎过程进行的同时，分散相粒子互相之间会发生碰撞，并有机会重新集聚成较大的粒子。这就是与破碎过程逆向进行的集聚过程。破碎过程与集聚过程的示意图如图 2-5 所示（参见 2.2.3 节）。

本章 2.2.3 节已介绍过，破碎过程是界面能增大的过程，需在外力的作用下才能完成。而集聚过程则是界面能降低的过程，是可以自发进行的。

影响破碎过程的因素，主要来自两个方面，其一是外界作用于共混体系的剪切能，对于简单的剪切流变场而言，单位体积的剪切能可由下式表示[19]：

$$\dot{E}=\tau\dot{\gamma}=\eta\dot{\gamma}^2 \tag{2-30}$$

式中　$\dot{E}$——单位体积的剪切能

　　　τ——剪切应力

　　　η——共混体系的黏度

　　　$\dot{\gamma}$——剪切速率

影响破碎过程的另一个方面的因素，是来自分散相物料自身的破碎能。分散相物料的破碎能可由下式表示：

$$E_{Db}=E_{Dk}+E_{Df} \tag{2-31}$$

式中　E_{Db}——分散相物料的破碎能

　　　E_{Dk}——分散相物料的宏观破碎能

　　　E_{Df}——分散相物料的表面能

其中，表面能 E_{Df} 与界面张力 σ 和分散相的粒径都有关系。宏观破碎能则取决于分散相物料的黏滞力，包括其熔体黏度、黏弹性等。

很显然，增大剪切能 $\dot{E}$ 可使破碎过程加速进行，可采用的手段包括增大剪切应力 τ 或增大共混体系的黏度。而降低分散相物料的破碎能（包括降低宏观破碎能 E_{Dk}，或降低分散相物料的表面能），也可使破碎过程加速。

作为破碎过程的逆过程的集聚过程，是因分散相粒子的相互碰撞而实现的。因此，集聚过程的速度就决定于碰撞次数和碰撞的有效率。所谓碰撞的有效率，就是分散相粒子相互碰撞而导致集聚成大粒子的几率。而碰撞次数则决定于分散相的体积分数、分散相粒子总数，以及剪切速率等因素。

在共混过程中，在初始阶段占主导地位的是破碎过程，而随着分散相粒子的粒径变小，分散相粒子数目增多，集聚过程的速度就会增大。反之，对于破碎过程而言，由于小粒子比大粒子难于被破碎，所以随着分散相粒子的粒径变小，破碎过程会逐渐速度降低。于是，在破碎过程与集聚过程之间，就可以达到一种平衡状态。达到这一平衡状态后，破碎速度与集聚速度相等，分散相粒径也达到一平衡值，被称为"平衡粒径"。

　　Tokita 根据上述关于破碎过程与集聚过程的影响因素，提出一个关于分散相平衡粒径与共混体系黏度、剪切速率、界面张力、分散体积分数、分散相物料宏观破碎能、有效碰撞几率的关系式[19]：

$$R^* = \frac{\dfrac{12}{\pi} P б \phi_D}{\eta \dot{\gamma} - \dfrac{4}{\pi} P \phi_D E_{Dk}} \tag{2-32}$$

式中　R^*——分散相平衡粒径

　　　P——有效碰撞几率

　　　$б$——两相间的界面张力

　　　ϕ_D——分散相的体积分数

　　　η——共混物的熔体黏度

　　　$\dot{\gamma}$——剪切速率

　　　E_{Dk}——分散相物料的宏观破碎能

　　Tokita 所提出的这一关系式，为进一步探讨降低分散相粒径的途径，创造了有利的条件。

2.4.3　控制分散相粒径的方法

　　在实际共混过程中，得到的共混物的分散相粒径时常比最佳粒径大。因此，通常受到关注的是如何降低分散相的粒径，以及如何使粒径分布趋于均匀。可从共混时间、物料黏度等方面加以调节，以降低分散相粒径。

2.4.3.1　共混时间的影响

　　在共混过程中，分散相粒子破碎的难易与粒子的大小有关。大粒子易于破碎，而小粒子较难破碎。因此，共混过程就伴随着分散相粒径的减小和粒径的自动均化过程。因而，为达到降低分散相粒径和使粒径均化的目的，应该保证有足够的共混时间。

　　对于同一共混体系，同样的共混设备，分散相粒径会随共混时间延长而降低，粒径分布也会随之均化，直至达到破碎与集聚的动态平衡。

　　当然，共混时间也不可过长。因为达到或接近平衡粒径后，继续进行共混已无降低分散相粒径的效果，而且会导致高聚物的降解。

　　此外，通过提高共混设备的分散效率，可以大大降低所需的共混时间，改善共混组分之间的相容性，也有助于缩短共混时间。

2.4.3.2　共混组分熔体黏度的影响

　　共混组分的熔体黏度，对于混合过程及分散相的粒径大小有重要影响，是共混工艺中需考虑的重要因素。

　　（1）分散相黏度与连续相黏度的影响

　　由式（2-32）中可以看出，分散相物料的宏观破碎能 E_{Dk} 减小，可以使分散相平衡粒径降低。宏观破碎能 E_{Dk} 决定于分散相物料的熔体黏度，以及其黏弹性。降低分散相物料的熔体黏度，可以使宏观破碎能 E_{Dk} 降低，进而可以使分散相粒子易于被破碎分散。换言之，降低分散相物料的熔体黏度，将有助于降低分散相粒径。

另一方面，外界作用于分散相颗粒的剪切力，是通过连续相传递给分散相的。因而，提高连续相的黏度，有助于降低分散相粒径。

综上所述，提高连续相黏度或降低分散相黏度，都可以使分散相粒径降低。但是，连续相黏度的提高与分散相黏度的降低，都是有一定限度的，是要受到一定制约的。"软包硬"规律就是制约黏度变化的一个重要规律。

（2）"软包硬"规律

在聚合物共混改性中，可将两相体系中熔体黏度较低的一相称为"软相"，而将熔体黏度较高的一相称为"硬相"。

理论研究和应用实践都表明，在共混过程中，熔体黏度较低的一相倾向于成为连续相，而熔体黏度较高的一相倾向于成为分散相[5]。这一规律被形象地称为"软包硬"规律。

需要指出的是，"软包硬"规律涉及的只是一种倾向性。倾向于成为连续相的物料组分并不一定就能够成为连续相，对分散相也是一样。这是因为熔体黏度并不是影响共混过程的唯一因素，共混过程还要受许多其他因素的影响，譬如共混物组成的配比。尽管如此，"软包硬"规律仍然是共混过程中发挥重要作用的因素。

（3）等黏点的作用与黏度相近原则

综合考虑分散相黏度与连续相黏度对分散相粒径的影响，以及"软包硬"规律，就不难看出，分散相黏度的降低是有限度的，通常不能低于连续相黏度，因为，如果分散相黏度低于连续相黏度，就会变为"软相"，按"软包硬"的规律，就会倾向于成为连续相，而不再成其为分散相。同样的，连续相黏度的提高，通常也不能高于分散相黏度。

根据上述分析，可以得到一个推论：在两相黏度接近的情况下，有利于获得良好的分散效果。这就是"黏度相近原则"。两相熔体黏度相等的一点，被称为"等黏点"。在本章2.2.4 节中，已介绍了等黏点的概念。

对于橡胶-塑料共混体系，以及一部分塑料-塑料共混体系，在两相黏度接近于等黏点时，分散相粒径最小。对于另一些塑料-塑料共混体系，则在两相黏度有一定差别，但差别不大的情况下，分散相粒径最小。因而，熔体黏度相近原则是具有普遍意义的。此外，还应考虑熔体弹性，尽可能使熔体弹性相近。

在共混中，运用熔体黏度相近与分散相分散的这一关系，对改善分散效果具有重要的应用意义。以橡胶-塑料共混体系为例，如图2-24 所示，橡胶的熔体黏度对温度的变化较为不敏感，而塑料的熔体黏度对温度的变化则较为敏感。相应地，在橡胶与塑料的熔体黏度-温度曲线上，就会有一个交汇点。这个交汇点就是等黏点。

在图 2-24 中，T^* 为等黏温度，即达到两相黏度相等的混合温度。在适当的配比范围之内，将橡胶-塑料共混体系在高于等黏温度的温度下共混，这时橡胶黏度较高，是"硬相"，而塑料黏度较低，是"软相"。根

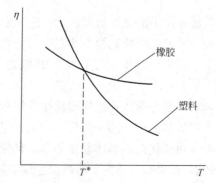

图 2-24　橡胶与塑料的熔体黏度-温度
曲线（示意图）

据"软包硬"规律，塑料易于成为连续相。若所制备的产品需要以塑料为连续相，则适宜在高于等黏温度的条件下共混。

反之，在低于 T^* 的条件下，橡胶相是"软相"，而塑料相是"硬相"，宜于制备以橡胶为连续相的共混物。

此外，考虑到在接近于等黏点的条件下，可获得较小的分散相粒径，所以，宜在略高于或略低于等黏点的条件下共混。

以上讨论的共混方法，是在"一步法"条件下采用的。所谓"一步法"，是指共混过程一步完成的方法。在下面将要讨论的"两阶共混"方法中，对于等黏点的利用与"一步法"是有着不同之处的。

(4) 调控熔体黏度的方法

从以上讨论中可以看出，熔体黏度对共混过程及分散相粒径有重要影响。因而，对熔体黏度进行调控，就成了共混过程的调节中需要考虑的重要因素。

① 采用温度调节：温度调节是对熔体黏度进行调控的最有效的方法。利用不同物料对温度变化的敏感性的不同，常常可以找到接近于两相等黏的温度。

② 用助剂进行调节：许多助剂，如填充剂、软化剂等，可以调节物料的熔体黏度。譬如，在橡胶中加入炭黑，可以使熔体黏度升高；给橡胶充油，则可以使熔体黏度降低。

③ 改变相对分子质量：聚合物的相对分子质量也是影响熔体黏度的重要因素。在其他性能许可的条件下，适当调节共混组成的相对分子质量，将有助熔体黏度的调控。

2.4.3.3　界面张力与相容剂的影响

在式（2-32）中，若降低界面张力 σ，也可以使分散相粒径变小。通过添加相容剂的方法，可以改善两相间的界面结合，使界面张力降低，从而使分散相粒径变小。

譬如，在聚乙烯与聚酰胺的共混体系中，加入聚乙烯-马来酸酐接枝共聚物作为相容剂，与未加相容剂的共混物相比，加入相容剂的共混的分散相粒径明显变小。

利用相容剂来控制分散相粒径的方法，已获得了广泛的应用。

除了以上讨论的共混时间、熔体黏度以及相容剂可影响分散相粒径之外，设备因素也是影响分散相粒径的重要因素。关于共混设备因素对分散相粒径的影响，将在本章 2.4.5 节中讨论。

2.4.4　两阶共混分散历程

共混改性中的分散历程，很有些类似高分子聚合中的反应历程。通过对于共混分散历程的设计，可以有效地提高共混产品的质量。

除了较为简单的"一步法"共混之外，目前较为成熟的分散历程是两阶共混分散历程。

两阶共混分散历程是我国科技工作者提出的[20,4]。两阶共混的方法，是将两种共混组分中用量较多的组分的一部分，与另一组分的全部先进行第一阶段共混。在第一阶段共混中，要尽可能使两相熔体黏度相等，且使两组分物料用量也大体相等，在这样的条件下，制备出具有"海-海结构"的两相连续中间产物。

在两阶共混的第二阶段，将组分含量较多的物料的剩余部分，加入到"海-海结构"的中间产物中，将"海-海结构"分散，可制成具有较小分散相粒径，且分散相粒径分布较为均匀的"海-岛结构"两相体系，如图 2-25 所示[20]。

采用两阶共混分散历程。可以解决降低分散相粒径和使分散相粒径分布较窄的问题。两阶共混历程的关键，是制备具有"海-海结构"，的中间产物，这是两

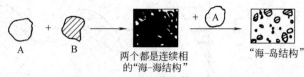

图 2-25　两阶共混分散历程示意图

阶共混分散历程不同于一般的"母粒共混"的特征所在。在聚合物共混改性中，母粒共混也是一种常用的共混方法，如预先制备的填充母粒、色母粒等。但由于母粒共混并不要求制备"海-海结构"中间产物，所以，与两阶共混分散历程是并不相同的。

两阶共混分散历程，是建立在"等黏点"以及共混分散过程的一系列理论的基础之上的。这一分散历程，已成功地应用于 PP/SBS、PS/SBS 等共混体系之中。在 PP/SBS 与 PS/SBS 共混体系中，SBS 为分散相，对 PP、PS 起增韧改性的作用。通过采用两阶共混分散历程，制成了 SBS 分散相粒径约为 1μm，且粒径分布较窄的共混材料，使 PP（或 PS）的冲击强度显著提高。

两阶共混分散历程也可应用于以橡胶为主体，用塑料改性橡胶的共混体系。譬如，在 NR/PE 共混体系中，采用一步共混法，与采用两阶共混法的性能数据对比（见表 2-4）中，可以看出，两阶共混法制备的 NR/PE 共混物的拉伸强度明显高于一步共混法。其他力学性能，两阶共混法的产物也较一步法为优[4]。

表 2-4　　　　　　　　　　不同共混方法制备的 NR/PE 共混物性能对比

共混方法 性能	一步法共混	两阶共混
拉伸强度/MPa	21.9	33.0
扯断伸长率/%	803	872
300%定伸应力/MPa	5.1	6.5
永久变形/%	38	36

两阶共混与"一步法"都是共混中可采用的方法。对于分散相较易分散的体系，可以采用"一步法"；而对于分散相难于分散的体系，则可采用两阶共混。

2.4.5　剪切应力对分散过程的影响

在共混过程中，共混设备对共混物料施加剪切应力。在外部剪切应力作用下，分散相物料发生破碎，分散成小粒子。分散相物料在外部剪切应力作用下破碎的过程是一个很复杂的过程。如图 2-26 所示，可以概略地对这一过程进行描述，并探讨分散相物料运动的基本规律。

如图 2-26 所示，分散相颗粒在外界剪切应力作用下，首先会发生变形，由近似于球形，变为棒形，与此同时，粒子发生转动。如果粒子的变形足够大，就会发生破碎，分散为小粒子。但也有一些粒子，其变形尚不足以发生破碎，粒子就已转动到了与剪切应力平行的方位。如果作用于物料的剪切应力场是单一方向的，那么，转动到与剪切应力方向平行取向的粒子，就难以进一步破碎了。

为了使共混设备能够有效地对分散相粒子进行破碎，首先应该保证设备能够向物料施

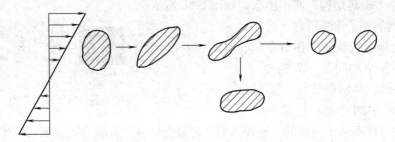

图 2-26　分散相颗粒在外界剪切力作用下运动、变形乃至破碎的变化（示意图）

加足够的剪切应力。在式（2-32）中，随着剪切应力 τ（$\tau = \eta \dot{\gamma}$）的增大，分散相粒径 R^* 就会降低。因此，剪切应力是降低分散相粒径的又一重要因素。

此外，剪切应力的作用方向也很重要。如果剪切应力是单一方向的，那么，沿剪切应力方向取向的分散相粒子就难以被进一步分散破碎。为解决这一问题，共混设备的设计中，应使混合部件能够向共混物料提供不断地或周期性改变方向的剪切应力，使料流方向不断地或周期性地变化。这样，处于不同方位的粒子就都有机会被分散、破碎，共混设备的混合效率就可以得到提高了。

2.4.6　共混设备简介[2,8]

共混设备包括对聚合物粉料进行混合的设备和熔融共混设备。对粉料进行混合的过程相当于"简单混合"。所用的设备有高速搅拌机（又称高速捏合机）以及 Z 型混合机等。粉料的混合设备主要用于使聚合物粉料与各种添加剂均匀混合，以便于进一步的熔融共混。对于 PVC 粉料，特别是软制品或半硬制品，粉料的混合还要使增塑剂等液体助剂渗透到 PVC 粉粒中。

熔融共混的设备包括开炼机、密炼机、挤出机等。

开炼机的主要工作部件是可加热的两个相向转动的辊筒，又称双辊开炼机。调节两个辊筒的间隙，可以改变物料所受到的剪切力的大小。调节辊筒温度，可以调整共混物料的熔体温度。开炼机结构简单，操作直观，但操作较为繁重，且安全性、卫生性较差，已逐渐被更先进的共混设备所替代。

密炼机具有密闭的混炼室，操作安全，生产效率也较高。密炼机对物料的剪切作用较强，具有较好的共混分散效果。但是，密炼机属于间歇操作，这就给应用带来了一些不便。

单螺杆挤出机是一种可连续实施共混的设备，不仅可以对聚合物进行共混，而且可以配合口模，挤出成型各种管材、异型材等。单螺杆挤出机的设备参数，包括螺杆直径、长径比、螺槽深度、螺杆各段长度比等。为增强单螺杆挤出机的共混效果，可以采用屏障型、销钉型等混炼元件。这些混炼元件可以增大剪切力，更有利于混合作用的发挥。

单螺杆挤出机具有结构简单、工作可靠、易于操作、维修方便等优点。但是，也有一些不足。首先是混炼效果不理想，难以对共混体系实现理想的分散效果；对于硬质 PVC 物料，不能实现粉料的直接加工；对高填充体系、纤维增强改性体系，混合效果不太好。此外，物料存在逆流与漏流，导致一部分物料在料筒中停留时间过长，可能导致降解。双螺杆挤出机的应用,可以克服单螺杆挤出机的上述缺点。

双螺杆挤出机种类很多,根据分类方法的不同可分为:平行和锥形双螺杆挤出机,同向旋转和异向旋转双螺杆挤出机,啮合型与非啮合型双螺杆挤出机等。

啮合型同向双螺杆挤出机可实现多点加料和多处排气,因而可适用于有多个加料口的分段加料,以及设置多处排气口。此外,啮合型同向双螺杆挤出机的螺杆和机筒通常是积木式的组合结构。其中,螺杆的积木式组合包括轴芯和若干不同类型的螺杆元件,将螺杆元件按一定类型和顺序插装在轴芯上。采用组合结构螺杆,可以根据物料体系的需要设计和选用不同的螺杆结构(螺杆元件的组合),也可以随时改变和调整螺杆结构。以上这些特点,都使啮合型同向双螺杆挤出机很适合于聚合物共混体系、高填充体系等方面的应用。

双螺杆挤出机良好的混合效果,已使其成为聚合物共混改性中最得力的设备。

2.4.7　共混工艺因素对共混物性能的影响

共混工艺因素,包括共混时间、共混温度、加料顺序、混合方式等诸多因素,它们对共混物的性能有重要的影响。

共混时间对混合效果有重要作用。随着混合时间的延长,两相体系中分散相的粒径变小,粒径分布趋于均匀。这些因素可使共混物性能提高。但是,共混时间过长,则会使聚合物降解,反而导致性能下降。例如,PVC/NBR 共混体系的拉伸强度与混炼时间的关系如图 2-27 所示[4]。在混炼时间为 20min 时,拉伸强度接近峰值。继续延长混炼时间,拉伸强度趋于下降。

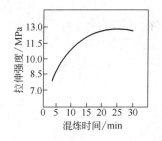

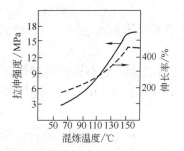

图 2-27　混炼时间对 PVC/NBR
共混体系拉伸强度的影响
PVC/NBR 配比为 30/70(质量比)

图 2-28　PVC/NBR 共混物拉伸强度、
伸长率与混炼温度的关系
PVC/NBR 配比为 30/70(质量比)

共混温度对共混体系的性能也很重要。共混温度会影响物料的黏度,进而影响分散相物料的破碎与分散过程,并影响共混体系的形态与性能。对不同的共混体系,都有特定的较为适宜的混合温度。以 PVC/NBR 共混体系为例,如图 2-28 所示,在 150℃混炼,拉伸强度和伸长率都较高[4]。

加料顺序也是影响性能的重要因素。例如,对于 PVC/ABS 共混物,混合时应先将 PVC 与稳定剂、增塑剂混合,再加入 ABS,即采用"二段加料法"。这是因为 ABS 与助剂的相容性高于 PVC,如果采用一段加料法,PVC 相中就分配不到足够的助剂,无法充分塑化。

混合方式也很重要。前述两阶共混历程就是一种较为有利于改善混合效果的共混方式。张桂云等采用"两段加料法"，用于 PVC/CPE/SBR 共混体系，即先将部分 PVC 与 CPE 及 SBR 制成母料，再与已塑化的 PVC 共混，产物的缺口冲击强度 79kJ/m²，明显高于其他加料方式[21]。

2.5　共混组分的相容性与相容化

相容性，不仅是聚合物共混理论中最重要的概念，而且也是共混改性实施中需要考虑的最重要的因素。由于相当大一部分共混物的组成之间彼此相容性欠佳，这就使改善相容性（又称"相容化"）成了许多共混体系制备中成败的关键。

关于相容性的基本概念，已在本章 2.1.4 节中作了介绍。本节主要介绍相容热力学、相容性的表征及相容化的方法。

2.5.1　相容热力学

从热力学角度来探讨聚合物共混组分之间的相容性，实际上研究的范畴是互溶性，或称溶解性、相溶性。这里称之为"热力学相容性"，以便与广义的相容性相区分。

共混体系的混合自由能的变化（ΔG），在恒温条件下，可用下式表示：

$$\Delta G_m = \Delta H_m - T\Delta S_m \tag{2-33}$$

式中　ΔH_m——混合热焓

　　　ΔS_m——混合熵

　　　　T——热力学温度

若共混体系的 $\Delta G < 0$，则可满足热力学相容的必要条件。当 $\Delta G < 0$ 时，有：

$$\Delta H_m < T\Delta S_m \tag{2-34}$$

式（2-34）也可用于判定热力学相容是否成立。

在式（2-34）中，对于两种聚合物的共混：

$$\Delta S_m = -R(n_1\ln\phi_1 + n_2\ln\phi_2) \tag{2-35}$$

式中　n_1，n_2——两种聚合物的物质的量

　　　ϕ_1，ϕ_2——两种聚合物的体积分数

　　　　R——气体常数

由式（2-35）可以看出，ΔS_m 为正值，即在混合过程中，熵总是增加的。但是，对于大分子之间的共混，熵的增加是很小的。且聚合物相对分子质量越高，熵的变化就越小。这时，ΔS_m 的值很小，甚至接近于 0。

溶解度参数 δ 可用于判定聚合物之间的热力学相容性[4]：

$$\Delta H_m = V_m(\delta_1 - \delta_2)^2\phi_1\phi_2 \tag{2-36}$$

式中　δ_1，δ_2——两种聚合物的溶解度参数

　　　V_m——共混物的摩尔体积

　　　ϕ_1，ϕ_2——两种聚合物的体积分数

为满足热力学相容的条件，即 $\Delta H_m < T\Delta S_m$，且 ΔS 的值很小，甚至接近于 0，从式（2-36）中可以看出，δ_1 与 δ_2 必须相当接近，才能使 ΔH_m 的值足够地小。因此，δ_1 与 δ_2

之间的差值，就成了判定热力学相容性的判据。

若干聚合物的溶解度参数如表 2-5 所示。

表 2-5　　　　　　　　　　　若干聚合物的溶解度参数值[4]

聚　合　物	$\delta/(J/cm^3)^{\frac{1}{2}}$
聚甲基丙烯酸甲酯	18.9~19.4
聚乙烯	16.1~16.5
聚丙烯	16.3~17.3
聚苯乙烯	17.3~18.6
聚氯乙烯	19.2~19.8
聚丙烯腈	26.0~31.4
尼龙-6	27.6

利用溶解度参数相近的方法来判定两种聚合物之间的相容性，可用于对两种聚合物的相容性进行预测，具有一定价值。但是，这一方法也是有缺陷的。

其一，溶解度参数相近的方法，在预测小分子溶剂对于高聚物的溶解性时，就有一定的误差，用于预测大分子之间相容性，误差就会更大。

其二，对于聚合物共混物两相体系而言，所需求的只是部分相容性，而不是热力学相容性。一些达不到热力学相容的体系，仍然可以制备成具有优良性能的两相体系材料。

其三，对于大多数聚合物共混物而言，尽管在热力学上并非稳定体系，但其相分离的动力学过程极其缓慢，所以在实际上是稳定的。

尽管溶解度参数法有如上所述的不足，这一方法仍然可以在选择聚合物对进行共混时用作初步筛选的参考。

2.5.2　相容性的测定与研究方法

在聚合物共混物制备完成之后，可以对组分之间的相容性进行测定和研究。测定相容性的方法有玻璃化转变温度法、红外法、电镜法、浊点法、反相色谱法等。

2.5.2.1　玻璃化转变温度法

用测定共混物的玻璃化转变温度（T_g），并与单一组分玻璃化温度进行对比的方法，是测定与研究共混组分相容性的最常用的方法。

一般可采用动态力学性能方法测定玻璃化转变时的力学损耗峰，作为 T_g 的表征。共混物的 T_g 峰与单一组分的 T_g 峰的关系，可以有三种基本情况，如图 2-1 所示（参见2.1.4 节）。

除了动态力学性能测试方法外，其他可用于测定玻璃化转变温度的方法，如 DSC 法，也可以用来表征共混组分之间的相容性。

2.5.2.2　红外光谱法

红外光谱法也可以用于共混组分的相容性研究。对于具有一定相容性的共混体系，各组分之间彼此相互作用，会使共混物的红外光谱谱带与单一组分的谱带相比，发生一定的偏移。偏移主要发生在某些基团的谱带位置上。当共混组分之间生成氢键时，偏移会更为明显。

2.5.2.3　电镜法

采用电子显微镜拍摄的共混物形态照片，也可用于研究共混组分之间的相容性。

一般来说，当共混组分之间相容性较好，且形成了一定厚度的界面过渡层时，在电镜上可观测到两相之间界面较为模糊。

此外，当共混工艺相同时，相容性好的共混体系其分散相粒径也较为细小。

电镜法可与其他表征方法合并使用，作为相容性的辅助表征方式。

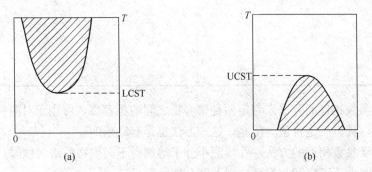

图 2-29　共混体系发生相分离的类型（示意图）
（a）具有低临界相容温度的体系　（b）具有高临界相容温度的体系（图中阴影部分为两相区域）

2.5.2.4　浊点法

两种聚合物形成的共混物，往往不能在任意的配比和温度下实现彼此相容。有一些聚合物对，只能在一定的配比和温度范围内是完全相容（形成均相体系）的，超出此范围，就会发生相分离，变为两相体系。按照相分离温度的不同，又分为具有"低临界相容温度"（LCST）与"高临界相容温度"（UCST）两大类型，如图 2-29 所示[8]。

共混物的相分离温度和发生相分离的组成的关系图，被称为共混物的相图。共混物相图所表征的相分离行为，显然可以用来研究共混组分之间的相容性。

当共混物由均相体系变为两相体系时，其透光率会发生变化，这一相转变点就被称为浊点，且可以用测定浊点的方法测定出来。浊点法在对于相容性进行理论研究时，是常用的方法。

2.5.2.5　反相色谱法

将反相色谱法用于研究共混体系的相容性，其方法也是测定共混组分的相分离行为。

反相色谱法以某种小分子作为"探针分子"，测定体系的保留体积（V_g）。当共混物发生相分离时，探针分子的保留机制发生变化，使得 $\lg V_g$-$1/T$ 偏离直线。在发生拐点之处，就是共混体系出现相态变化之处。对于一些折射率相近的共混组分，无法用浊点法测定相分离行为，则可以用反相色谱法进行测定。

2.5.3　提高相容性的方法（相容化）

聚合物共混物通常为两相体系，为获得良好的性能，要求共混组分之间有良好的相容性。然而，能够具有良好的相容性并可以直接共混的体系是相当少的。大多数共混体系中都要加入相容剂（或称增容剂），或者对聚合物进行化学改性，引入某些官能团，以提高共混组分之间的相容性。这就是聚合物共混组分的相容化。

本节重点介绍共混改性用的相容剂。相容剂的作用机理是富集在两相界面处，改善两相之间的界面结合。此外，相容剂还可以促进分散相组分在共混物中的分散。相容剂对提高共聚物性能有重要意义。相容剂的类型有非反应性共聚物、反应性共聚物等，也可以采用原位聚合的方法制备。

2.5.3.1　非反应性共聚物

在聚合物 A 与聚合物 B 的共混体系中，可以加入 A-B 型接枝或嵌段共聚物作为相容剂。其中，相容剂中的 A 组分与聚合物 A 相容性良好，B 组分与聚合物 B 相容性良好。A-B 型共聚物富集在两相界面处，可改善两相的界面结合，如图 2-30 所示[4]。

如果 A-B 型共聚物难以合成，也可以加入 A-C 型共聚物。其中，C 组分与聚合物 B 有良好的相容性。当然，也有一些非反应性共聚物，不属于 A-B 型或 A-C 型，也能起相容剂作用。相容剂的具体应用详见第 3 章。

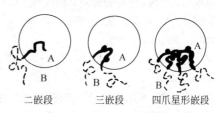

二嵌段　　　三嵌段　　　四爪星形嵌段

图 2-30　非反应性共聚物作为相容剂的作用机理示意图

2.5.3.2　反应性共聚物

使用 A-C 型反应性共聚物，可以改善聚合物 A 与 B 的相容性。其中，共聚物的组分 C 可以与聚合物 B 发生化学反应。例如，在 PP/PA 共混体系中，可以采用马来酸酐（MAH）接枝到 PP 上作为相容剂。在共混过程中，MA 可以与 PA 发生化学反应，从而改善 PP 与 PA 的相容性。

2.5.3.3　原位聚合方法

原位聚合法中的相容剂不是预先合成的，而是在加工成型过程中产生的。例如，将三元乙丙橡胶（EPDM）与甲基丙烯酸甲酯（MMA）在过氧化物存在的条件下从双螺杆挤出机中挤出，形成 EPDM、PMMA 与 EPDM 接枝 MMA 三种组分的共混物。其中，EPDM 接枝 MMA 在共混物中起相容剂作用。

原位聚合方法又称为反应共混，由于具有简便易行的特点，已成为共混改性的新途径。

习　题

1. 共混物形态可分为哪 3 种基本类型？
2. 简述均一性与分散度概念。
3. 试述聚合物两相体系的配比与熔体黏度对哪一相为连续相、哪一相为分散相的综合影响。
4. 试述影响共混体系熔融流变性能的因素。
5. 简述弹性体增韧塑料体系中，分散相粒径对增韧效果的影响。
6. 简述非弹性体增韧与弹性体增韧的区别，以及非弹性体增韧的优势。
7. 对于 PVC 等脆性基体，如何进行非弹性体增韧？
8. 简述分布混合与分散混合的概念。
9. 试述影响分散相粒径的因素。
10. 相容剂有哪些类型？

参 考 文 献

［1］ ［美］O. 奥拉比瑟等. 项尚田，等译. 聚合物-聚合物溶混性［M］. 北京：化学工业出版社，1987. 13，4.

［2］ 耿孝正，张沛. 塑料混合及设备［M］. 北京：中国轻工业出版社，1992. 30.

［3］ 胡福增，郑安呐，张群安. 聚合物及其复合材料的表界面［M］. 北京：中国轻工业出版社，2001. 10-15，49-66.

［4］ 邓本诚，李俊山. 橡胶塑料共混改性［M］. 北京：中国石油化工出版社，1996. 15-64，235.

［5］ ［美］J. A. 曼森，等. 汤华远，等译. 聚合物共混物及复合材料［M］. 北京：化学工业出版社，1983. 282，108，288.

［6］ M. J. Folkes, P. S. Hope. Polymer Blends and Alloys［J］. Blackie Academic and Professional, 1993. 96-98.

［7］ 金关泰，金日光，汤宗汤，陈耀庭. 热塑性弹性体［M］. 北京：化学工业出版社，1983. 544.

［8］ 吴培熙，张留城. 聚合物共混改性［M］. 北京：中国轻工业出版社，1998. 66，121.

［9］ 徐卫兵，朱士旺. PC/PE 共混物的流变行为研究［J］. 现代塑料加工应用，1996（3）：21.

［10］ 徐卫兵，朱士旺. PC/PBT 共混物的流变行为研究［J］. 现代塑料加工应用，1994（5）：10.

［11］ C. D. Han, T. C. Yu. Rheological Behavior of Two-Phase Polymer Melts［J］. Polym. Eng. Sci.，1972（2）：81.

［12］ 孙载坚. 塑料增韧［M］. 北京：化学工业出版社，1982.

［13］ 邓如生. 共混改性工程塑料［M］. 北京：化学工业出版社，2003. 30-32.

［14］ 张宇东，金日光. 聚氯乙烯增韧与加工流动性的改善［J］. 塑料，1994（2）：35.

［15］ 李东明，漆宗能. 非弹性体增韧——聚合物增韧的新途径［J］. 高分子通报，1989（3）：32.

［16］ 杨文君，吴其晔，等. 刚性聚合物对聚氯乙烯韧性体的改性研究［J］. 塑料，1992（1）：7.

［17］ 黎学东. 塑料的刚性填料增韧［J］. 塑料，1995（5）：7.

［18］ 王淑英，陈碧筠. SAN 与 ABS 增韧改性聚氯乙烯的研究［J］. 聚氯乙烯，1996（1）：1.

［19］ Tokita N. Analysis of Morphology Formation in Elastomer Blends［J］. Rubber Chem. Technol，1977（2）：292.

［20］ 陈耀庭. 橡塑并用共混原理及应用系统讲座（二）［J］. 橡胶工业，1982（1）：30.

［21］ 张桂云，毕丽景，等. PVC/CPE/SBR 共混工艺及其力学性能研究［J］. 聚氯乙烯，1997（5）：1.

第3章 聚合物共混的应用

3.1 概　述

本章介绍聚合物共混的应用实例。聚合物共混的应用体系的选取，需考虑性能因素、价格因素、相容性因素等诸多因素。其中，性能因素主要是考虑共混组成之间的性能互补，或改善聚合物的某一方面性能，或者引入某种特殊的性能。例如，对于加工流动性较差的聚合物，可以与加工流动性较好的品种共混，以改善其加工流动性。又如，ABS 具有良好的电镀性能，许多塑料与 ABS 共混，都可以改善其电镀性能。考虑价格因素，则是通过价格昂贵的聚合物品种与较为廉价的品种共混，在性能影响不大的前提下，使成本下降。此外，相容性也是选取共混体系时应考虑的因素。一般应首先选用相容性较好的聚合物体系进行共混。在相容性得不到满足时，则考虑采取措施改进相容性。

聚合物共混物，从总体上来说，可以分为以塑料为主体的共混物和以橡胶为主体的共混物两大类。其中，以塑料为主体的共混物又可进一步按塑料的档次进行分类，分为通用塑料的共混改性和工程塑料的共混改性。其中，工程塑料又可进一步分为通用工程塑料和高性能工程塑料（或称为特种工程塑料）。

以橡胶为主体的共混体系，包括以橡胶为主体的橡/塑共混体系和橡胶与橡胶的共混体系。其中，橡胶组分也可以按档次划分为通用橡胶（如顺丁胶、丁苯胶、天然胶、丁腈胶、氯丁胶等），以及特种橡胶（如硅橡胶、氟橡胶）。对于以塑料为主体的橡/塑共混体系，则在塑料共混改性的部分中介绍。

在塑料的共混体系中，两种或两种以上不同塑料品种的共混改性占主要地位，特别是在塑料合金的制备中，更是如此。塑料合金通常是指具有较高性能的塑料共混体系。塑料合金可分为通用型工程塑料合金与高性能工程塑料合金等不同类型。其中，通用型工程塑料合金是以通用型工程塑料（如尼龙、聚酯、聚碳酸酯等）为主体，与其他通用型工程塑料或通用塑料的共混体系。必要时，体系中可以加入弹性体。高性能工程塑料合金则是指特种工程塑料与特种工程塑料，或特种工程塑料与通用工程塑料的共混体系。关于通用塑料、通用工程塑料与特种工程塑料的划分，可参阅本书第 2 章 2.1.5 节。

在制备塑料合金时，为使不同塑料组分的性能达到较好的互补，塑料组分的结晶性能是需要考虑的重要因素。结晶性塑料与非结晶性塑料在性能上有明显的不同。结晶性塑料通常具有较高的刚性和硬度，较好的耐化学药品性和耐磨性，加工流动性也相对较好。结晶性塑料的缺点是较脆，且制品的成型收缩率高。非结晶性工程塑料则具有尺寸稳定性好而加工流动性较差的特点。

结晶性塑料的品种有 PO、PA、PET、PBT、POM、PPS、PEEK 等。非结晶性塑料的品种有 PS、ABS、PC、PSF、PAR 等。

按结晶性能分类，塑料合金可分为非结晶性工程塑料/非结晶性通用塑料，非结晶性工程塑料/结晶性通用塑料，结晶性工程塑料/非结晶性通用塑料，结晶性工程塑料/结晶性通用塑料，非结晶性工程塑料/结晶性工程塑料，非结晶性工程塑料/非结晶性工程塑料，以及结晶性工程塑料/结晶性工程塑料等类型。

在工程塑料与通用塑料的共混体系中，由于通用塑料与工程塑料相比，一般都具有较好的加工流动性，所以，不仅结晶性通用塑料可以用于改善非结晶性工程塑料的加工流动性（如 PC/PO 体系），非结晶性通用塑料也可以起改善加工流动性的作用（如 PPO/PS、PC/ABS 体系）。此外，脆性的通用塑料可以对工程塑料起增韧作用，这一增韧作用属于非弹性体增韧，已在工程塑料共混体系中广泛应用。通用塑料加入工程塑料中，还可以降低成本。

在工程塑料与工程塑料的共混体系中，采用非结晶性品种与结晶性品种共混，制成的共混物可以兼有结晶性品种与非结晶性品种的优点，譬如非结晶性品种的高耐热性，结晶性品种加工流动性较好等。由于这一类型的塑料合金所具有的优越特性，在近年来已得到较多的开发，主要品种有 PC/PBT、PC/PET、PPO/PA、PAR/PA、PAR/PET 等。

在对聚合物共混物进行分类时，通常还可采用以主体聚合物进行分类的方法，譬如 PVC 共混物，尼龙共混物等。本书采用按主体聚合物分类的方法，介绍一些主要的聚合物共混改性体系。

3.2 通用塑料的共混改性

塑料品种可按档次划分为通用塑料、通用工程塑料与高性能工程塑料三大类。通用塑料包括 PVC、PP、PE、PS 等品种，其产量占塑料总产量的大部分份额，具有价格较低、应用广泛、易于成型加工等特点。通用塑料性能上的缺点，如冲击强度低等，可以通过共混改性加以改善。

3.2.1 聚氯乙烯（PVC）的共混改性

聚氯乙烯（PVC）是一种用途广泛的通用塑料，其产量仅次于聚乙烯而居于第二位。

PVC 在加工应用中，因添加增塑剂量的不同而分为"硬制品"与"软制品"。其中，PVC 硬制品又称硬质 PVC 制品，是不添加增塑剂或只添加很少量的增塑剂。硬质 PVC 若不经改性，其抗冲击强度甚低，无法作为结构材料使用。因而，作为结构材料使用的硬质 PVC 都要进行增韧改性。增韧改性以共混的方式进行，所用的增韧改性聚合物包括氯化聚乙烯（CPE）、MBS、ACR、EVA 等。

软质 PVC 是指加入适量增塑剂，使制品具有一定柔软性的 PVC 材料。PVC 与增塑剂混合塑化后的产物，也可视为 PVC 与增塑剂的共混物。PVC 的传统增塑剂为小分子液体增塑剂，如邻苯二甲酸二辛酯（DOP）。液体增塑剂具有良好的增塑性能，但却易于挥发损失，使 PVC 软制品的耐久性降低。采用高分子弹性体取代部分或全部液体增塑剂，与 PVC 进行共混，可大大提高 PVC 软制品的耐久性。这些高分子弹性体实际上起了 PVC 的大分子增塑剂的作用。可用作 PVC 大分子增塑剂的聚合物有 CPE、NBR、EVA 等。

此外，为改善 PVC 的热稳定性，需在 PVC 配方中添加热稳定剂；为降低成本，需添加填充剂，等等。这些，也可视为广义的共混。

经共混改性的 PVC 硬制品可广泛应用于门窗异型材、管材、片材等。添加高分子弹性体的 PVC 软制品可适于户外用途及耐热、耐油等用途。

3.2.1.1　PVC/CPE 共混体系

（1）用于 PVC 硬质品

在 PVC 硬制品中添加 CPE，主要是起增韧改性的作用。

CPE 是聚乙烯经氯化后的产物。氯含量为 25%～40% 的 CPE 具有弹性体的性质。其中，氯含量为 35% 左右的 CPE 与 PVC 的相容性较好，可用于 PVC 的共混改性。通常采用氯含量为 36% 的 CPE 作为 PVC 的增韧改性剂。

在 PVC/CPE 共混体系中，体系的组成、共混温度、共混方式、混炼时间等因素都会影响增韧效果。

据刘晓明等的研究结果，当 CPE 的用量为 10 质量份，即 PVC 与 CPE 的质量份比为 10∶1 时，在 160℃ 条件下，用开炼机进行混炼，获得的 PVC/CPE 共混物具有较高的抗冲击性能[1]。

杨文君等研究了 PVC/CPE 共混物中 CPE 含量对力学性能的影响[2]，于 170℃ 在开炼机上混炼 10min，所得的 PVC/CPE 共混物中 CPE 含量与力学性能的关系如图 3-1 所示。

从图 3-1 中可以看出，随着 CPE 用量的增加，缺口冲击强度上升，且曲线呈 S 形，在 CPE 用量为 5～20 质量份时，冲击强度上升幅度较大。断裂伸长率在 CPE 用量为 15 质量份以内时呈上升趋势，在超过 15 份后不再增大。拉伸强度则随着 CPE 用量增加而呈下降趋势。

综合考虑 PVC/CPE 共混体系的各方面性能，在具体应用中，CPE 的用量一般为 8～12 质量份。

（2）在 PVC 软制品中的应用

在 PVC 软制品中添加高分子弹性体以取代部分（或全部）小分子液体增塑剂，其主要目的是将高分子弹性体用作 PVC 的不迁移、不挥发的永久性增塑剂，以提高 PVC 软制品的耐久性。

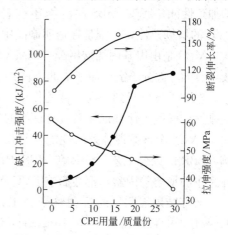

图 3-1　CPE 用量对 PVC/CPE 共混物力学性能的影响

因此，所选用的弹性体本身也应具有良好的耐久性、耐候性。CPE 的大分子中不含双键，因而具有良好的耐候性。通常选用氯含量为 35%～40% 的 CPE 作为 PVC 软制品的共混改性剂。在此氯含量范围内，CPE 与 PVC 之间有良好的相容性，且 CPE 为类似橡胶的弹性体。

在 CPE 与 PVC 共混配制的软质 PVC 中，CPE 用量通常不低于 20 质量份，同时要添加适量的液体增塑剂。在此共混物体系中，CPE 本身具有良好的耐候性，而且 CPE 与液体增塑剂相容性很好，可以减少液体增塑剂的挥发，进一步改善共混物的耐候性。

在软质 PVC/CPE 共混材料中，随 CPE 用量的增大，一般会导致拉伸强度略有下降，而耐老化性能则明显提高。

软质 PVC/CPE 共混体系可以按照通常的软质 PVC 加工工艺条件进行成型加工。例如，选用 SG-4 型 PVC 树脂，加入氯含量 36％的 CPE 20 份，液体增塑剂 30 份，其他助剂适量，可以在 160～180℃条件下挤出或压延成型。

（3）作为相容剂的应用

由于 PE 在氯化时，反应主要发生在非晶区，所以 CPE 是由含氯较高的链段与含氯较低的链段组成的。其中，含氯较高的链段与 PVC 的相容性较好；含氯较低的链段则与聚烯烃等非极性聚合物相容性较好。CPE 的这一特性，使它不仅可以单独与 PVC 共混，而且可以与 PVC 及其他聚合物构成三元共混体系，譬如 PVC/CPE/PE 体系。在此体系中，CPE 可在 PVC 与 PE 之间起相容剂的作用。PVC 与 PE 是不相容体系，加入 CPE后，可使相容性得到改善。

PVC 与 PE 都是用量很大的通用塑料，在废旧塑料中占有很大比例，而回收废旧塑料时又往往难于分拣。采用 CPE 作为 PVC 与 PE 的相容剂，可以提高共混物的性能，对于PVC 与 PE 废旧塑料的回收再利用很有意义[3]。

在 PVC/SBR 共混体系中，也可以加入 CPE 作为相容剂。

3.2.1.2　PVC/MBS 共混体系

MBS 树脂与 PVC 有良好的相容性，能显著地提高 PVC 的冲击强度，又能改善 PVC的加工性能，PVC/MBS 共混物还有着较好的透明性，因而，MBS 被广泛应用于硬质PVC 的增韧改性，特别是在透明制品中。

MBS 是由甲基丙烯酸甲酯（MMA）和苯乙烯（ST）接枝于聚丁二烯（PB）或丁苯胶（SBR）大分子链上而形成的接枝共聚物。在 MBS 中，含有橡胶小球和塑料组分。其中，橡胶小球可起到增韧改性的作用，MMA 可与 PVC 形成良好的相容性，苯乙烯形成的刚性链段则可使共混体系具有良好的加工流动性。

PVC/MBS 共混体系的性能受到诸多因素的影响。以用 SBR 为橡胶主链的 MBS 为例，SBR 的聚合工艺、SBR 在 MBS 中的含量、MBS 在共混体系中的用量、MBS 在共混体系中的形态等因素，都会影响 PVC/MBS 共混体系的性能。

研究结果表明，通过调整聚合工艺，使 MBS 中的 SBR 橡胶小球的粒径较小，而MBS 粒子的粒径在 0.3～0.5μm，且 MBS 粒子呈包含若干橡胶小球和塑料支链的"簇状结构"时，PVC/MBS 可获得最佳的增韧改性效果和较高的透光性能。这一簇状结构的示意图如图 3-2 所示[4]。

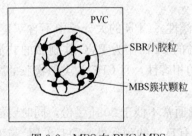

图 3-2　MBS 在 PVC/MBS
体系中的形态

为改善共混体系的透光性，通常有两种可供选择的途径，其一是使共混物的组成之间具有相近的折射率，其二是使分散粒子的粒径小于可见光波长。在PVC/MBS 共混体系中，则同时利用了上述两种途径。其中，MBS 簇状结构中的塑料支链与 PVC 有相近的折射率，而微小的橡胶球的粒径则小于可见光波长。因此，PVC/MBS 共混体系可具有良好的透光性，透光率可达 80％以上。

为提高 MBS/PVC 共混体系的冲击性能，调节MBS 中的 SBR 含量，以及 MBS 在共混体系的用量，都是可起重要作用的。当 MBS 在共混体系中的用量较低时，随 MBS 中 SBR 含量增大，共混物的抗冲性能可显著提高[5]。当然，还要考虑 MBS 与 PVC 的相容性、加工流动性能等因素，以确定 SBR 的适宜含量。MBS 在 PVC/MBS 共混体系中的用量，一般以 10%～17% 为宜。在用量超过 20% 后，增韧改性效果反而下降。此外，随着 MBS 用量的增大，共混物的拉伸强度、弯曲强度都会下降。随着 MBS 用量增大，共混物的透光率也呈下降之势。MBS 的价格较为昂贵，用量较多时，在成本上也是较高的。因此，应综合考虑各方面因素，确定适宜的 MBS 用量。

由于 MBS 易于吸湿，所以在共混前应先对 MBS 进行干燥，以免加工成型中产生气泡。

3.2.1.3　PVC/NBR 共混体系

丁腈橡胶（NBR）也是常用的 PVC 共混改性剂。NBR 可用于软质 PVC 的共混改性，也可用于硬质 PVC 的共混改性。市场上的丁腈橡胶产品有块状和粉末状的。其中，粉末丁腈橡胶因易于与 PVC 混合，易于采用挤出、注射等成型方式，所以在 PVC/NBR 共混体系中获得广泛应用。粉末丁腈橡胶最早由美国 Goodyear 公司研制生产，其中，型号为 P83 的粉末丁腈用途最为广泛。P83 是经轻度预交联的粉粒，粒度约为 0.5mm，粉粒表面有 PVC 层作为隔离剂。隔离剂层的存在，使粉末丁腈橡胶在存放中不易黏连，保持粉末状态。

将丁腈橡胶用于 PVC 软制品中，丁腈橡胶可以起到大分子增塑剂的作用，避免或减少增塑剂的挥发，提高 PVC 软制品的耐久性。用于 PVC 软制品的丁腈橡胶，宜选用丙烯腈含量为 30% 左右的品种。例如，广泛应用于 PVC 软制品的粉末丁腈橡胶 P83 含有 33% 的丙烯腈。

在 PVC 软制品中加入粉末丁腈橡胶，不仅可以提高增塑剂耐久性，而且可以改善其力学性能。研究结果表明，在软质 PVC 鞋用粒料中加入 P83，在 P83 用量为 15 质量份以内时，物料的耐磨性、拉伸强度等性能随 P83 用量增大而呈上升之势。在 P83 用量增至 30 份时，耐磨性进一步提高，拉伸强度则略有下降。因此，对于鞋用粒料等用途，PVC/NBR 共混体系以 PVC 为主体，粉末丁腈的用量一般宜在 15～30 质量份之间。此外，粉末丁腈橡胶还可以降低软质 PVC 的压缩永久变形，提高其弹性[6]，还可以改善软质 PVC 的耐挠曲性。

在粉末丁腈与 PVC 及液体增塑剂等助剂的共混工艺中，必须考虑到粉末丁腈对液体增塑剂的吸收速度比 PVC 快这一因素。因而，在捏合时，应先将 PVC 与液体增塑剂混合，待液体增塑剂被 PVC 吸收后，再加入粉末丁腈。

对于以 PVC 为主体的 PVC/NBR 体系，一般不需要对 NBR 进行硫化。但对于以 NBR 为主体的 PVC/NBR 体系，则需要对 NBR 进行硫化。

软质 PVC/NBR 共混体系广泛应用于鞋料、密封圈、密封条、软管、电线包覆材料、电器绝缘材料以及泡沫材料等。

NBR 也可以在硬质 PVC 中用作 PVC 的增韧改性剂。NBR 中的丙烯腈含量对 PVC/NBR 体系的冲击性能有重要影响。在丙烯腈含量约为 20% 时，PVC/NBR 共混体系的冲击性能最高。丙烯腈含量过低的 NBR，与 PVC 的相容性不好。而丙烯腈含量达到 40% 以上时，NBR 与 PVC 接近于完全相容。在丙烯腈含量为 20% 左右时，NBR 与 PVC 有一定相容性，共混体系为分散相粒径较小，且两相界面结合较好的两相体系，因而具有良好的抗冲性能。

3.2.1.4　PVC/ACR 共混体系

作为一种通用塑料，PVC 有不少需要克服的缺点，其中包括加工流动性差。因而，对 PVC 的加工流动性进行改性，就成了 PVC 制品配方设计中需考虑的重要问题。ACR 是 PVC 最重要的高分子加工助剂。

ACR（丙烯酸酯类共聚物）是一大类不同组成的含有丙烯酸酯类成分的共聚物的总称。用在 PVC 制品中的 ACR 有两种类型，其一是用作加工流动改性剂的，其二是用作抗冲改性剂的。

（1）用于加工流动改性剂的 ACR

用于加工流动改性剂的 ACR，其主要品种为甲基丙烯酸甲酯-丙烯酸乙酯乳液法共聚物。

在硬质 PVC 中加入少量 ACR，可明显改善其加工流动性。研究结果表明，在硬质 PVC 配方中加入 1.5% 的 ACR，即可使塑化时间明显缩短。加入量增至 3%，则塑化时间进一步缩短[7]。

ACR 能够缩短 PVC 的塑化时间，其主要原因在于 ACR 在混炼过程中可以在 PVC 粒子之间产生较大的内摩擦力，促进 PVC 多重粒子的破碎和熔融。

ACR 不仅可以缩短塑化时间，而且可以改善 PVC 的塑化效果，使材料的均匀性提高。此外，ACR 还可以提高 PVC 在加热状态下的伸长率。热态伸长率的提高，使得 PVC 更易于在中空吹塑或真空吹塑中成型，有利于这一类制品的加工制造。

将 ACR 应用于 PVC 压延制品中，由于共混物料释压后的膨胀效应（巴拉斯效应），可使辊间存料的表面张力增大，易于形成回转的圆筒形状，可消除压延产品的边缘裂口等，有利于提高压延产品的质量。

ACR 还可使 PVC 的熔体黏度有所提高，用于发泡制品，易于形成均匀的发泡体，且发泡倍率较高。

在 ACR 用量较低（5 质量份以内）时，对透光性影响不大。因而，ACR 可以与 MBS 并用，用于制造透明 PVC 膜、片。其中，ACR 起加工流动改性剂作用，MBS 作为抗冲改性剂。

用于加工流动改性剂的 ACR，其相对分子质量以 30～60 万范围之内为宜。相对分子质量过小，可能会影响共混物的冲击性能；相对分子质量过大，则会使加工流动性变差，不能发挥流动改性剂的作用。

（2）用作抗冲改性剂的 ACR

用作 PVC 抗冲改性剂的 ACR，最典型的品种是以聚丙烯酸丁酯（PBA）弹性体为核，接枝甲基丙烯酸甲酯（MMA）[8]；也可以以聚丙烯酸丁酯弹性体为核，接枝甲基丙烯酸甲酯、苯乙烯[9]。所形成的具有核-壳结构的共聚物，其弹性体"核"可以起到良好的增韧作用，而壳层则与 PVC 有良好的相容性。此外，ACR 还具有良好的透光性，可用作透明 PVC 材料的抗冲改性剂。

ACR 抗冲改性剂除了能显著提高 PVC 抗冲性能外，对 PVC 的其他力学性能则影响不大。ACR 改性 PVC 的力学性能与未添加 ACR 的 PVC 的对比如表 3-1 所示[7]。从表 3-1 中可以看出，ACR 改性 PVC 的缺口冲击强度比未改性的 PVC 显著增大，其他力学性能则仅略有变化。

表 3-1　　　　　　　　　　　　　　ACR 改性 PVC 的力学性能

配　　方	缺口冲击强度 /(kJ/m²)	拉伸屈服强度 /MPa	拉伸断裂强度 /MPa	维卡软化点 /℃
PVC 与 ACR 质量比为 100∶8	30.0	45.3	36.2	83.6
未添加 ACR 的 PVC	4.5	46.9	34.6	84.4

ACR 对 PVC 的抗冲改性作用与 ACR 的组成和用量有关。据侣庆波等的研究结果，当 ACR 中聚丙烯酸丁酯弹性体（核层）含量为 50%～60%，且壳层 PMMA 的量足以均匀包裹弹性体粒子时，ACR/PVC 共混物的抗冲击性能较高[9]。关于用量，在 ACR 用量为 6～10 质量份时，已可产生显著抗冲改性效果。进一步再增加 ACR 的用量，抗冲性能的提高已不明显。

ACR 除了可以提高 PVC 的抗冲击性能之外，也可以改善其加工流动性。此外，由于 ACR 分子链中不含双键，因而具有良好的耐候性。

3.2.1.5　PVC/EVA 共混体系

EVA 是乙烯和醋酸乙烯的无规共聚物。PVC 与 EVA 进行共混改性，可采用机械共混法，也可采用接枝共聚-共混法。其中，接枝共聚-共混法是将氯乙烯接枝于 EVA 主链，形成以 EVA 为主链，PVC 为支链的接枝共聚物。EVA 可用于硬质 PVC 的增韧改性，也可用于软质 PVC，作为 PVC 的大分子增塑剂。

用作硬质 PVC 的抗冲改性剂的 EVA，如采用机械共混法，可选用较高 VA 含量和较低熔体流动速率的 EVA，如 VA 含量为 30% 和熔体流动速率为 10 的 EVA 30/10。较高的 VA 含量可以改善 PVC 与 EVA 的相容性。如采用接枝共聚-共混法，则可选用 VA 含量较低的 EVA，也可以用高、低 VA 含量的 EVA 共用，改性效果更好[4]。

将 EVA 用于软质 PVC，可明显改善 PVC 的耐寒性，PVC/EVA 共混物的脆化温度可达到−70℃。此外，软质 PVC/EVA 共混物还具有良好的手感。

硬质 PVC/EVA 共混物可用于生产板材和异型材，也可用于生产低发泡产品。软质 PVC/EVA 共混物可用于生产耐寒薄膜、片材、人造革等，也可用于生产发泡制品。

由于 EVA 与 PVC 仅有中等程度的相容性，为改善相容性，美国 Du Pont 公司开发了 E-VA-CO 三元共聚物，商品名为 Elvaloy。这种三元共聚物是在 EVA 中引入了羧基，使其与 PVC 的相容性得到改善。Elvaloy 的品种有 741 和 742 两种。Elvaloy 用于软质 PVC 材料，已在室外用途的片材、汽车用人造革及靴鞋方面获得应用。其中，PVC/Elvaloy 共混制造的片材，不仅使用寿命长，而且易于热风焊接或高频热合。用于汽车用人造革，不仅可防止因增塑剂挥发而导致的车窗玻璃雾化现象，而且具有良好的手感和低温柔软性。用于靴鞋，则具有耐磨性、耐油性、弹性、柔韧性等优良性能。

3.2.1.6　PVC/ABS 共混体系

ABS 为丙烯腈-丁二烯-苯乙烯共聚物，具有冲击性能较高、易于成型加工、手感良好以及易于电镀等特性。PVC 则具有阻燃、耐腐蚀、价格低廉等特点。将 PVC 与 ABS 共混，可综合二者的优点，成为在电器外壳、电器元件、汽车仪表板、纺织器材、箱包等方面有广泛用途的新型材料。

ABS 可以用作硬质 PVC 的增韧改性剂。用于增韧改性 PVC 的 ABS，可采用丁二烯含量为 30％的标准 ABS，也可采用丁二烯含量为 50％的高丁二烯 ABS，后者的增韧效果优于前者。在 ABS 与 PVC 的质量比为 40：60 时，共混物冲击强度可达 $20kJ/m^{2[10]}$，加工流动性也明显改善。

由于 PVC 与 ABS 之间为中等程度的相容性，所以在共混时应加入相容剂，如 CPE、SAN 等。在 ABS/PVC 共混体系中加入相容剂 CPE 后，共混体系的冲击强度可显著提高[11]。此外，由于 ABS 含不饱和双键，其热稳定性及抗氧性等较低，故在配方中除加入热稳剂外，还应添加抗氧剂。

ABS 与 PVC 共混，还可显著提高 ABS 的阻燃性能。ABS/PVC 共混物的氧指数如表 3-2 所示[12]。这一特性使 ABS/PVC 共混物适合于制造电器外壳及元件，可避免添加小分子阻燃剂造成的性能劣化及助剂逸出的缺点。

表 3-2　　　　　　　　　　　　　ABS/PVC 共混体系的氧指数

ABS/PVC 配比（质量比）	100/0	80/20	60/40	40/60	20/80	0/100
氧指数（OI）	18.9	21.2	24.3	26.8	33.1	42.4

在 PVC/ABS 共混体系中也可以加入适量增塑剂而成为半硬制品，可用于制造汽车仪表板。

3.2.1.7　PVC/TPU 共混体系

PVC 可与热塑性聚氨酯（TPU）共混，制备软质 PVC 材料，用于医用制品。热塑性聚氨酯是一种新型的热塑性弹性体，又称为聚氨酯橡胶。聚氨酯具有优异的物理化学性能和极好的生物相容性，已在医学领域获得了广泛的应用，可用于人工心脏和心脏的辅助装置、人造软骨、医用分离膜等。将 TPU 与 PVC 共混，以 TPU 取代 DOP 等液体增塑剂，制成软质 PVC 医用制品，可避免液体增塑剂的迁移。

TPU 有许多种类。总体上，TPU 通常由二异氰酸酯、低分子二元醇及双官能团聚酯型或聚醚型长链二元醇反应而成。与聚酯反应的称为聚酯型 TPU，与聚醚反应的称为聚醚型 TPU。各种 TPU 的大分子都由两部分组成，一部分是长链二元醇与二异氰酸酯反应生成的柔软段；另一部分是低分子二元醇与二异氰酸酯反应生成的刚性段（又称为硬段）。调节软段与硬段的比例，可以得到不同力学性能及不同加工性能的 TPU。

选用与 PVC 共混的 TPU 品种时，应首先考虑 TPU 与 PVC 的相容性。此外，软段与硬段比例的适当调整，对调节共混物的力学性能，以及改善加工性能都是有作用的。用于医疗用途时，选用的 TPU 和 PVC 的理化性能都应符合卫生标准。

PVC/TPU 共混体系用于医用材料时，为避免液体增塑剂的迁移，可以用 TPU 完全取代液体增塑剂。在这种情况下，TPU 与 PVC 的用量应接近相等。例如，将一种专门为医用而合成的聚酯型 TPU 与 PVC 共混，制成的共混材料的性能如表 3-3 所示[13]。可以看出，TPU 对 PVC 有良好的增塑作用。

表 3-3　　　　　　　　　　　　　PVC/TPU 共混材料的性能

PVC/TPU 用量（质量比）	拉伸强度/MPa	断裂伸长率/％	邵氏硬度
100：107.5	7.7	434	69.3
100：88.2	13.6	398	77.9

在 PVC/TPU 共混体系中，为提高力学性能，可添加补强剂。各种补强剂中，白炭黑（二氧化硅）的补强效果较好[14]。PVC 的热稳定剂则可选用硬脂酸钙等。

TPU 也可以用在 PVC 硬制品中，用作 PVC 的增韧剂，制备 PVC/TPU 共混增韧材料[15]。

此外，PVC 还可以与 EPDM、LLDPE 等聚合物共混[16]。

3.2.1.8　不同品种 PVC 的共混

PVC 的共混改性，不仅包括 PVC 与其他聚合物的共混，也应包括不同品种 PVC 的共混。

（1）高聚合度 PVC 与普通 PVC 共混

高聚合度 PVC 树脂（HPVC）是指聚合度大于 2000 的 PVC 树脂。HPVC 可用于制造 PVC 热塑性弹性体。但由于聚合度较高，HPVC 的加工成型有一定困难。将 HPVC 与普通 PVC 共混，可以改善 HPVC 的加工流动性。对于普通 PVC 而言，HPVC 则可以看作是一种改性剂，可提高普通 PVC 的性能。HPVC 对增塑剂的容纳量较普通 PVC 高，在 HPVC/PVC 共混体系中，可以添加较多的增塑剂，提高制品的耐寒性和弹性。在这里，HPVC 起到了类似丁腈橡胶的作用。例如，在软质 PVC 薄膜中加入 20 质量份以上的 HPVC，制品富有弹性，且具有良好的低温柔软性[17]。

（2）悬浮法 PVC 与 PVC 糊树脂共混

在机械共混（熔融共混）中使用的 PVC 树脂，一般为悬浮法 PVC。这一共混方法相应于工业上所用的挤出、压延等成型方式。在某些产品中，可采用 PVC 糊树脂与悬浮法 PVC 共混，以改善加工性能。PVC 糊树脂的颗粒远较悬浮法 PVC 树脂为小，易于塑化。此外，在悬浮法 PVC 中加入少量发泡性能好的 PVC 糊树脂，还可改善发泡性能[18]。

3.2.2　聚丙烯（PP）的共混改性

聚丙烯（PP）是一种应用十分广泛的塑料。PP 具有原料来源丰富、合成工艺较简单、密度小、价格低、加工成型容易等优点。PP 的拉伸强度、压缩强度等都比低压聚乙烯高，而且还有很突出的刚性和耐折叠性，以及优良的耐腐蚀性和电绝缘性。PP 均聚物的主要缺点是冲击性能不足，特别是低温条件下易脆裂，且成型收缩率较大，热变形温度不高，等等。PP 的耐磨性和染色性也有待提高。

通过共混改性，可以使 PP 的性能得到显著改善。

3.2.2.1　PP/弹性体共混体系

与弹性体共混，是 PP 增韧改性的主要方法。PP/弹性体共混体系是弹性体增韧塑料的代表性体系，其研究已有数十年的历史，早已实现了工业化。常用于 PP 共混的弹性体有三元乙丙橡胶（EPDM）、乙丙橡胶（EPR）、乙烯-1-辛烯共聚物（POE）、SBS、SBR 等。

近年来，共聚 PP 得到大规模开发、生产与应用。与均聚 PP 相比，共聚 PP 具有较高的抗冲击性能，适合于制造高抗冲制品。共聚 PP 也可以与弹性体共混，使抗冲击性能进一步得到提高。一般来说，均聚 PP 的缺口冲击强度为 $3 \sim 5 kJ/m^2$，共聚 PP 的缺口冲击强度为 $8 \sim 20 kJ/m^2$；而共聚 PP 与弹性体共混后，缺口冲击强度可达 $30 \sim 40 kJ/m^2$。

PP/弹性体共混可以是二元体系，也可以添加第三种聚合物而成为三元体系。在二元体系中，EPDM、POE 对 PP 的增韧改性效果最佳，EPR 也常用于 PP 的增韧改性。也可以在 PP/弹性体二元体系中添加无机纳米颗粒（如纳米碳酸钙），制备 PP/弹性体/无机纳米颗粒三元共混体系，使冲击强度进一步提高[19]。

（1）PP/EPDM 共混体系

EPDM 是最常用于 PP 增韧的弹性体。汽车工业所用的 PP 保险杠，通常就是 PP/EPDM 的共混体系，是 PP/弹性体共混物的重要应用范例。采用一种共聚 PP 与 EPDM 制备共混材料，其简支梁缺口冲击强度如表 3-4 所示。可以看出，EPDM 使 PP 的缺口冲击强度显著提高。添加纳米 CaCO$_3$ 后，缺口冲击强度进一步提高。

表 3-4　　　　　　　　　　　共聚 PP/EPDM 共混体系的缺口冲击强度

序号	配比/质量份			简支梁缺口冲击强度（23℃）/(kJ/m^2)
	共聚 PP	EPDM	纳米 CaCO$_3$	
1	100	0		17.5
2	100	4	8	21.4
3	100	8		36.5
4	100	8		46.3

（2）PP/POE 共混体系

乙烯-1-辛烯共聚物（POE）是近年来开发的新型热塑性弹性体，已应用于塑料增韧等领域。PP/POE 共混体系已得到深入研究和大规模工业化应用。

POE 是美国陶氏化学公司开发的以茂金属为催化剂，乙烯、辛烯共聚生成的热塑性弹性体，分子量分布相对比较窄，短支链分布也比较均匀[20-21]。POE 适合用于 PP 的抗冲改性[22-23]。首先是因为 POE 易于在 PP 基体中分散，形成较小的分散相粒径和较为均匀的粒径分布[20]，从而可以获得较好的抗冲改性效果和综合力学性能。此外，POE 在加工流动性、耐老化性能等方面，都有优势。

采用一种共聚 PP 与 POE 制备共混材料，其简支梁缺口冲击强度如表 3-5 所示。

表 3-5　　　　　　　　　　　共聚 PP/POE 共混体系的缺口冲击强度

序号	配比/质量份		简支梁缺口冲击强度（23℃）/(kJ/m^2)
	共聚 PP	POE	
1	100		12.1
2	100	18	50.2
3	100	25	59.9

薛刚等采用一种均聚 PP 与 POE 共混，使用的设备为一种新型双螺杆挤出机[24]，当 POE 用量为 15％时，悬臂梁缺口冲击强度达到 21.01kJ/m^2。其均聚 PP 的冲击强度为 4.66kJ/m^2，可以看到 POE 具有显著的抗冲改性效果。

在 PP 基体中，POE 分散相的粒径对于抗冲改性效果有重要影响。敖玉辉等的研究结果表明[25]，当 POE 分散相的粒径为 0.1～0.2μm 时，PP/POE 共混物的冲击强度较高。而 POE 分散相的粒径与双螺杆挤出机的转速有关。

EPDM、POE 与 PP 的相容性较好，因而一般不需要在共混时添加相容剂，就可以获得良好的增韧效果。EPDM、POE 都有许多不同的牌号，性能上各有差异，应根据与 PP 的相容性、熔融流动性等因素，加以适当选择。

（3）PP/SBS 共混体系

苯乙烯-丁二烯-苯乙烯嵌段共聚物（SBS）是最早应用于 PP 增韧的新型热塑性弹性体之一。采用一种共聚 PP 与 SBS 制备共混材料，其缺口冲击强度如表 3-6 所示。SBS 不仅提高了 PP 的常温冲击强度，而且可以提高其低温冲击强度。

表 3-6　　　　　　　　　　共聚 PP/SBS 共混试样的冲击强度

序　号	配比/质量份		简支梁缺口冲击强度/(kJ/m²)	
	共聚 PP	SBS	23℃	−20℃
1	100		16.7	7.6
2	100	10	47.6	10.2

（4）PP 的三元共混体系

采用三元共混体系，可以提高增韧效果。例如，在 PP/SBS 共混体系中添加 HDPE，成为 PP/SBS/HDPE 三元共混体系。由于第三组分 HDPE 的引入，可以减少弹性体 SBS 的用量，少量弹性体就可以显著提高冲击强度。张增民等研究了 PP/HDPE/SBS 三元共混体系，发现 HDPE 的引入使共混物的冲击强度明显提高，如图 3-3 所示[26]。在 SBS 用量为 5％时，PP/HDPE/SBS 三元共混物的冲击强度明显高于 PP/SBS 二元共混物。由于弹性体用量过大会导致材料的刚性下降，所以采用较少的弹性体而获得较高的增韧效果对增韧体系是颇为重要的。

已研究的 PP 三元共混体系还有 PP/POE/HDPE 体系和 PP/EPDM/SBS 体系。在 PP/POE/HDPE 体系中，POE 能大幅度地提高材料的抗冲击性能，HDPE 则具有协同增韧效应[27]。薛刚等研究了 PP/POE/HDPE 三元共混体系，结果表明，PP/POE/HDPE 三元共混体系的冲击强度明显高于 PP/POE 二元共混体系[24]，使材料的抗冲击性能在二元体系的基础上得到进一步提升。

在 PP/EPDM/SBS 体系中，双组分增韧剂 EPDM/SBS 也有明显的协同效应，增韧效果明显优于单一使用 EPDM 或 SBS 增韧。

（5）PP 与其他弹性体的共混体系

赵永仙等[28]研究了 PP/聚丁烯热塑性弹性体共混体系，结果表明：聚丁烯热塑性弹性体对 PP

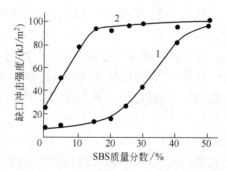

图 3-3　PP 共混体系的缺口冲击强度
与 SBS 含量的关系
1—PP/SBS 二元共混体系
2—PP/HDPE/SBS 三元共混体系
PP：HDPE 配比为 1：1（质量比）

有显著的增韧作用。添加 18 质量份的聚丁烯热塑性弹性体，共混物的冲击强度从 20kJ/m² 增加到 60kJ/m²，断裂伸长率从 10％增加到 500％，拉伸强度、硬度和耐热温度则有一定的下降。相对分子质量较大的聚丁烯热塑性弹性体对 PP 的改性效果更好。

PP 也可与 CPE、热塑性聚氨酯（TPU）、顺丁胶（BR）、NBR 等弹性体共混。据研究，PP/CPE 共混体系，在 CPE 用量为 35％时，缺口冲击强度明显提高，拉伸屈服强度则有所下降[29]。PP/TPU 共混体系，可采用 EPDM-g-MAH 为相容剂[30]。

（6）PP/弹性体的共混方法

关于 PP/弹性体共混体系的共混方法，也进行了不少研究。例如，在 PP/SBS 共混体系中，可采用两阶共混法（关于两阶共混法参阅本书第 2 章 2.4.4 节），制成抗冲击性能优良的共混物。在 PP/HDPE/SBS 三元共混体系中，也可采用两阶共混法，即先将 SBS 与部分 PP 混炼，然后再将 HDPE 及剩余的 PP 加入共混，可得到分散相粒径在 0.5 μm 以下，冲击强度提高 7.5 倍的共混物[31]。

黎珂等在 PP/POE/PA6 三元共混物研究中，采用了两种不同的混炼顺序[32]。其一，是将 3 种聚合物一起进行共混，由于 PA6 熔点较高，且 POE 与 PP 相容性很好，POE 可迅速分散于 PP 中，共混物中形成了相互独立的 POE 和 PA6 分散相粒子（呈液滴形态）；其二，是将 POE 与 PA6 先行共混，再加入 PP，最终共混物中 PA6 呈纤维状和液滴状的混合形态，POE 则部分包覆在 PA6 液滴（或纤维）表面，仅有部分 POE 迁移到 PP 相中。

共混工艺条件与设备对于提高共混改性效果也有重要意义。薛刚在 PP/POE 二元体系及 PP/POE/HDPE 三元体系共混研究中使用了一种新型双螺杆挤出机[24]，优化了分散相粒子的粒径及分布，使冲击性能得到提高。

敖玉辉等研究了双螺杆挤出机螺杆转速对 PP/POE 共混物形态及冲击性能的影响[25]，发现当螺杆转速增大到一定值时，共混物中 POE 的粒径尺寸达到该实验中的最小值（为 0.1～0.2 μm），而共混物的冲击强度则相应达到最大值。

（7）弹性体对 PP 的增韧机理

弹性体作为分散相分散在 PP 基体中，有引发银纹和剪切带的作用。均聚 PP 自身抗冲击强度很低，为脆性基体，增韧机理应以引发银纹为主；共聚 PP 自身抗冲击强度较高，为韧性基体，增韧机理应以引发剪切带为主。

此外，PP 为结晶聚合物，且易于生成大的球晶，这是 PP 脆性的主要原因。弹性体分散相粒子可以抑制 PP 的结晶，使其形成微晶，这也是弹性体使 PP 增韧的重要机理。诸多研究者的工作表明，使 PP 的晶体细微化，可提高其抗冲击性能。马晓燕等[33]采用差示扫描量热仪（DSC）研究了 PP/POE 共混物降温过程的非等温结晶动力学。当相对结晶度相同时，PP/POE 共混物所需要的降温速率比纯 PP 小，这说明弹性体起到了 PP 结晶成核剂的作用。采用偏光显微镜研究了 PP 及 PP/POE 共混物的结晶形貌，结果表明，弹性体改性的共混物的结晶晶粒明显细化。

3.2.2.2　PP/PE 共混体系

PP 为结晶性聚合物，其生成的球晶较大，这是 PP 易于产生裂纹，冲击性能较低的主要原因。若能使 PP 的晶体细微化，则可使冲击性能得到提高。

PP 与 PE 同属聚烯烃，都是产量很大的通用塑料品种，因而，PP 与 PE 的共混成为受到关注的体系。PP 与 PE 共混体系中，PP 与 PE 都是结晶性聚合物，它们之间没有形成共晶，而是各自结晶。但 PP 晶体与 PE 晶体之间发生相互制约作用，这种制约作用可破坏 PP 的球晶结构，PP 球晶被 PE 分割成晶片，使 PP 不能生成球晶。随着 PE 用量增大，PP 晶体进一步被细化[4]。PP 晶体尺寸的变小，使其冲击性能得到提高。

田野春等[34]研究了 PP/LLDPE 共混体系，随着 LLDPE 用量增加，材料的冲击强度增加，而拉伸屈服强度、拉伸模量、维卡软化点降低。

梁基照研究了 PP/LDPE 共混物的加工流动性能，PP/LDPE 共混物熔体流动速率与 LDPE 质量分数的关系如图 3-4 所示[35]。从图中可以看出，LDPE 可提高 PP 的熔体流动速率，改善加工性能。

PP 与 PE 相容性不好。为改善相容性，可以采用添加相容剂的方法。EPDM 可以用作 PP/LDPE 共混的增容剂。

此外，交联也是增进 PP/PE 体系相容性的方法。可在 PP/PE 体系中添加三烯丙基异三聚氰酸酯（TAIC），并进行辐射交联。由于 TAIC 主要分布在 PP/PE 共混物的相界面，所以交联反应可以改善两相间的界面结合，使 PP/PE 共混物性能提高[36]。

庞纯等[37] 将交联法应用于 PP/LLDPE/SBS 三元体系，制备出具有优良力学性能的共混物。PP/LLDPE/SBS 交联共混物的冲击强度、拉伸强度和断裂伸长率都大幅度提高。

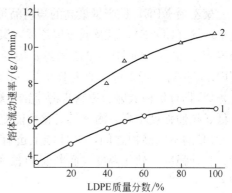

图 3-4　PP/LDPE 共混物的熔体流动速率
与 LDPE 质量分数的关系
1—210℃　2—230℃

李炳海等[38] 采用不同结构的 PP 分别与不同流动性能的超高分子量聚乙烯（UHM-WPE）进行共混，发现流动性较好的 UHMWPE 对熔体质量流动速率较小的嵌段共聚型 PP（即 PPB）增韧增强效果突出，缺口冲击强度可达 74.2kJ/m²，断裂伸长率大于 700%；同时共混物的强度和刚性也有一定程度的提高。在 PPB/UHMWPE 二元共混物中加入适当线性低密度聚乙烯（LLDPE），抗冲性能进一步提高。

刘功德等[39] 研究了不同物料比和加工工艺对 PP/UHMWPE 共混体系性能的影响，当 UHMWPE 的质量分数为 60% 时，共混物具有很高的冲击强度。

3.2.2.3　PP 与其他聚合物的共混体系

如前所述，PP 的耐热性、耐磨性和着色性都较差，这些缺点在以 PP 为原料制造纤维时尤为明显。将 PP 与 PA 进行共混，可以改善 PP 的上述性能。为了增进 PP 与 PA 的相容性，可以利用少量的马来酸酐（MAH）接枝 PP 作为相容剂。此外，PP/PA 共混体系的相容剂还有 EPR-g-MAH，SEBS-g-MAH 等。添加有适当相容剂的 PP/PA 共混体系，其冲击强度比 PP 有明显提高，刚性则基本不变。

PP 与 PBT 共混，采用马来酸酐接枝 EVA 作为相容剂，可使力学性能得到提高[40]。此外，PP 还可与 PC 共混，制成具有优良耐热性和尺寸稳定性的共混物。PP 与 EVA 共混，则可得到加工性能、印刷性能优良的共混材料。

3.2.2.4　均聚 PP 与共聚 PP 的共混体系

均聚 PP（PP-H）的冲击强度较低。为适应高抗冲制品的需要，开发了各种共聚 PP，并已经获得广泛应用。共聚 PP 分为无规共聚（PP-R）和嵌段共聚（PP-B）。均聚 PP 与共聚 PP 之间，也可以进行共混。

沈经纬等[41] 研究了一种 PP-R 和一种 PP-B 的结构形态及其共混体系，结果表明，PP-R 和 PP-B 都能结晶，但 PP-R 结晶较慢、结晶度较低；PP-B 含有呈球状分散的乙丙橡胶相和乙烯嵌段相；随共混物中 PP-B 含量增加，常温和低温冲击强度显著提高。安峰等[42]研究了 PP-H/PP-R/PP-B 共混体系，其冲击强度随 PPB 用量的增加而增加。

3.2.3　聚乙烯（PE）的共混改性

聚乙烯（PE）是产量最高的塑料品种。PE 有多种品种，包括高压聚乙烯，又称低密度聚乙烯（LDPE），以及低压聚乙烯，又称高密度聚乙烯（HDPE）。此外，还有线形低密度聚乙烯（LLDPE），是乙烯与 α-烯烃的共聚物。还有一类超高分子量聚乙烯（UHMWPE），相对分子质量一般为 200 万～400 万，分子结构与 HDPE 相同。

PE 具有价格低廉、原料来源丰富、综合性能较好等优点。但也有一些缺点，如软化点低、拉伸强度不高、耐大气老化性能差、对烃类溶剂和燃油类阻隔性不足，等等。

PE 的不同品种之间，在性能上也有差别，如 HDPE 与 LDPE 相比，具有较高的硬度、拉伸强度、软化温度，而断裂伸长率则较低。此外，LLDPE、UHMWPE 的加工性较差。

对 PE 进行共混改性，可以改善 PE 的一些性能，使之获得更为广泛的应用。

3.2.3.1　LDPE 与 HDPE 共混体系

LDPE 与 HDPE 在性能上各有所长，也各有不足。将 LDPE 与 HDPE 共混，可以在性能上达到互补，使综合性能得到提高。LDPE 与 HDPE 的性能对比如表 3-7 所示。HDPE 硬度大，因缺乏柔韧性而不适宜制造薄膜等制品；LDPE 则因强度和气密性较低（气体透过率较高）而不适宜制造容器等。将 HDPE 与 LDPE 共混，可以制备出软硬适中的 PE 材料，适应更广泛的用途。在 LDPE 中适量添加 HDPE，可降低气体透过率和药品渗透性，还可提高刚性，更适合于制造薄膜和容器。不同密度的 PE 共混可使熔融的温度区间加宽，这一特性对发泡过程有利，适合于 PE 发泡制品的制备。

表 3-7　LDPE 与 HDPE 的性能对比

	LDPE	HDPE
密度/(g/cm³)	0.910～0.925	0.950～0.965
拉伸强度/MPa	4～16	20～40
洛氏硬度	D41～D46	D60～D70
结晶熔点/℃	108～126	126～136
气体透过率	较高	较低

3.2.3.2　PE/EVA 共混体系

PE 为非极性聚合物，印刷性、黏结性能较差，且易于应力开裂。EVA 则具有优良的黏结性能和耐应力开裂性能，且挠曲性和韧性也很好。将 PE 与 EVA 共混，可制成具有较好的印刷性和黏结性，且柔韧性、加工性能优良的材料。

在 PE/EVA 共混体系中，EVA 中的 VAc 含量、EVA 的相对分子质量、EVA 的用量以及共混工艺等因素，都会影响共混物的性能。HDPE/EVA 共混体系拉伸强度与组成的关系如图 3-5 所示[4]。从图 3-5 中可以看出，EVA 的加入会降低 HDPE 的拉伸强度，而在 EVA 用量较大时，拉伸强度下降也较为明显。因而，考虑到力学性能，EVA 的加入量不宜过多。

少量添加 EVA，可使 HDPE 的加工流动性明显改善。HDPE/EVA 共混物还很适合于制造发泡制品。

3.2.3.3　PE/CPE 共混体系

PE/CPE 共混体系，可用于提高 PE 的印刷性能。所用的 CPE 宜采用氯含量较高的品种。例如，采用氯含量为 55% 的 CPE 与 HDPE 共混，当 CPE 用量为 5% 时，共混物表面与油墨的黏结力比 HDPE 可提高 3 倍。

PE/CPE 共混物的力学性能也与 CPE 中的氯含量有关。当 CPE 的氯含量为 45%～55% 时，与 HDPE 相容性良好，共混物的力学性能与 HDPE 基本相同。

CPE 中因含有氯的成分而具有阻燃性。将 CPE 与 PE 共混，可以提高 PE 的耐燃性。此外，阻燃剂三氧化二锑需在有卤素存在的条件下才能发挥阻燃作用。在 PE/CPE 中加入三氧化二锑，可获得较好的阻燃效果。

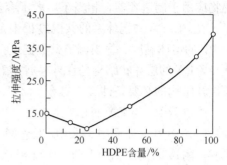

图 3-5　HDPE/EVA 共混体系拉伸强度与组成的关系

此外，CPE 还可改善 HDPE 的耐环境应力开裂性。HDPE 对环境应力开裂极为敏感，与 CPE 共混后，可使其抵抗开裂的能力大为提高。

3.2.3.4　PE/弹性体共混体系

HDPE 与 SBS 共混体系是颇有应用价值的 PE/弹性体共混体系。SBS 是一种用途广泛的热塑性弹性体。HDPE/SBS 共混体系具有卓越的柔软性和良好的拉伸性能、冲击性能，还具有优良的加工性能和高于 100℃ 的软化点。HDPE/SBS 共混体系适合于采用常规的挤出吹塑法生产薄膜。

徐定宇等将 HDPE/SBS 共混体系应用于保鲜膜的研究[43]。采用的共混方法为两阶共混法，即先将等量的 HDPE 与 SBS 共混制得母粒，再用母粒与 HDPE 共混，吹塑薄膜。采用两阶共混法制备的 HDPE/SBS 共混物，其分散相分布均匀，具有良好的气体透过性和透湿性，适合于制造果蔬保鲜膜。SBS 加入 HDPE 后，能够提高其透气、透湿性，原因在于 SBS 本身具有良好的透气、透湿性，而且 SBS 加入 HDPE 可降低其结晶度和大分子取向度，也有利于透气、透湿性提高。

除 HDPE/SBS 共混体系外，HDPE/SIS、HDPE/丁基橡胶（IIR）也是重要的 HDPE/弹性体共混体系。SIS 是苯乙烯-异戊二烯-苯乙烯嵌段共聚物。HDPE/SIS 共混体系的伸长率大大高于 HDPE，且加工流动性良好。HDPE/丁基橡胶共混体系可显著提高 HDPE 的冲击性能。

3.2.3.5　PE/PA 共混体系

如前所述，PE 对烃类溶剂的阻隔性较差。为提高 PE 的阻隔性，可采用 PE/PA 共混的方法。

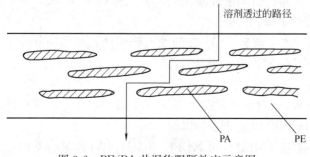

图 3-6　PE/PA 共混物阻隔效应示意图

PA 本身具有良好的阻隔性。为使 PE/PA 共混体系也具有理想的阻隔性，PA 应以层片状结构分布于 PE 基体之中。PE/PA 共混体系的阻隔效应示意图如图 3-6 所示。当溶剂分子透过层片状结构的共混物时，透过的路径发生曲折，路径变长。将此具有层片状 PA 分散相的 PE/PA 共混物应用于制造容器，相当于增大了容器壁的厚度，阻隔性能可显著提高。

在 PE/PA 共混体系的共混过程中，为使 PA 呈层片状结构，应使 PA 的熔体黏度高于 PE 的熔体黏度。适当调节共混温度，可以使 PA 的黏度与 PE 的黏度达到所需的比例。此外，PA 的层片状结构是在外界剪切力的作用下形成的。因而，适当的剪切速率也是形成层片结构的必要条件。

为改善 PE 与 PA 的相容性，在 PE/PA 共混体系中应添加相容剂。承民联等[44]在 LDPE/PA6 共混体系中，采用 PE-g-MAH 作为相容剂，吹塑制成 LDPE/PA6 共混阻透薄膜，阻透性能与纯 LDPE 薄膜相比提高了 10 倍以上。美国 Du Pont 公司生产的 SELAR-RB 树脂，就是加有相容剂的 PA 树脂，用于与 HDPE 共混生产阻隔性材料。SE-LAR-RB 在 HDPE 中的用量一般为 5%～20%，可获得良好阻隔效果。

3.2.3.6　PE 的其他共混体系

罗卫华等[45]将 HDPE 和聚碳酸酯（PC）在双螺杆挤出机中熔融共混挤出，提高对挤出物施加的牵引速度，进行热拉伸，使分散相 PC 在基体 HDPE 中成纤维状，共混物冲击强度有较大提高。

PE 还可以与 PMMA 共混，改善其印刷性能[4]。

3.2.3.7　LLDPE 的共混改性

线性低密度聚乙烯（LLDPE）的分子链基本为线形，有许多短小而规整的支链。与 LDPE 相比，在相对分子质量相同的情况下，LLDPE 的主链较长，分子排列较为规整，结晶也更完整。因而，LLDPE 比 LDPE 有较高的拉伸强度和耐穿刺性。用 LLDPE 制造的薄膜，在强度相同的条件下，膜的厚度可以减少，从而可以使生产单位面积薄膜的成本降低。

但是，LLDPE 也有一些缺点。如熔体在挤出机中易产生高背压、高负荷、高剪切发热，易于发生熔体破裂等。对于这些弊病，可以通过共混改性加以避免。将 LLDPE 与 LDPE 共混，可以改善 LLDPE 的加工流动性。LLDPE/LDPE 共混体系已在吹塑薄膜中获得广泛应用。当两者以等量之比共混时，吹塑薄膜的力学性能明显优于 LDPE，而接近于 LLDPE。

LLDPE 也可以与 EVA 共混，改善加工流动性能。吴彤等[46]研究了 LLDPE/EVA 共混体系，采用的 LLDPE 是茂金属催化的 mLLDPE。结果表明，EVA 添加到 mLLDPE 中，增加了 mLLDPE 的剪切敏感度（切力变稀的幅度），降低了 mLLDPE 的熔体黏度，改善了 mLLDPE 的加工流动性；在一定的添加比例范围内 mLLDPE 和 EVA 具有很好的相容性，可以在改善 mLLDPE 加工性能、引入极性基团的同时，保持与纯 mLLDPE 相近的拉伸等性能，但会导致材料的刚性下降。

在 LLDPE 中添加低分子聚合物，也可改善 LLDPE 的加工流动性。常用的低分子聚合物有含氟聚合物、有机硅树脂、聚乙烯蜡、聚 α-甲基苯乙烯等。

3.2.3.8　UHMWPE 的共混改性

超高分子量聚乙烯（UHMWPE），相对分子质量一般为 200 万～400 万，具有优越的力学性能，但是加工流动性差，可以采用共混方法加以改善。

李炳海等[47]采用不同熔体流动速率（MFR）的 HDPE 与 UHMWPE 进行共混。结果表明，UHMWPE/HDPE 共混物流动性和力学性能的变化受共混体系组成、熔体黏度比等因素的影响。HDPE 的 MFR 过高、过低都不利于共混物熔融流动性及综合力学性能的改善。HDPE 的 MFR 过低，显然不利于共混物熔融流动性的改善；而当 HDPE 的 MFR 过高，UHMWPE 与 HDPE 二者熔体黏度比相差过大时，混合效果变差，共混物综合力学性能下降。

3.2.4　聚苯乙烯（PS）及 ABS 的共混改性

聚苯乙烯（PS）具有透明性、电绝缘性能好，刚性强，以及耐化学腐蚀性、耐水性、着色性和良好的加工流动性，且价格低廉，在电子、日用品、玩具、包装、建筑、汽车等领域有广泛应用。PS 最大的缺点是冲击性能较差。提高 PS 的冲击性能，是使其更具应用价值的重要途径。早在 1948 年，DOW 化学公司就开发出了抗冲聚苯乙烯；1952 年，DOW 化学公司又开发出高抗冲聚苯乙烯（HIPS）。此后，关于高抗冲聚苯乙烯的研究不断取得进展，其他 PS 共混体系的研究也取得了成果。此外，ABS、AS 等改性 PS 系列产品也纷纷开发出来。ABS 为丙烯腈-丁二烯-苯乙烯共聚物，是一种改性的 PS，而 ABS 本身也可以通过共混加以进一步改性。

3.2.4.1　PS/聚烯烃共混体系

PS 与聚烯烃共混，可以有助于提高 PS 的冲击性能。但是，PS 与聚烯烃相容性差，需采取措施提高 PS 与聚烯烃的相容性。

在 PS/PE 共混体系中，可以添加 SEBS（即氢化 SBS）作为相容剂，用于制备具有良好冲击性能的 PS/PE 共混物。此外，反应共混也可应用于提高 PS/聚烯烃共混体系的相容性。

PS 与聚烯烃都是通用塑料，在回收废旧塑料时往往难于分拣。因此，研究 PS/聚烯烃的共混，对于废旧塑料的回收再利用也很有意义。

3.2.4.2　高抗冲聚苯乙烯（HIPS）的制备

将 PS 与各种弹性体共混，可以制备高抗冲聚苯乙烯（HIPS）。主要方法有机械共混法、接枝共聚-共混法等。

（1）机械共混法

机械共混法生产 HIPS，所用的弹性体有 SBS、（丁苯橡胶）（SBR）等。SBR、SBS 与 PS 的相容性较好。在 PS 中加入 15% 的 SBR，制成的 HIPS 的冲击强度可达 $25kJ/m^2$ 以上。

（2）接枝共聚-共混法

接枝共聚-共混法生产 HIPS，是以橡胶为骨架，接枝苯乙烯单体而制成的。在共聚过程中，也会生成一定数量的 PS 均聚物。聚合过程中要经历相分离和相反转，最终得到以 PS 为连续相，橡胶粒为分散相的共混体系。接枝共聚-共混法又可分为本体-悬浮聚合与本体聚合两种制备方法。

本体-悬浮法是先将橡胶（聚丁二烯橡胶或丁苯橡胶）溶解于苯乙烯单体中，进行本体预聚，并完成相反转，使体系由橡胶溶液相为连续相转化为 PS 溶液相为连续相。当单体转化率达到 33%～35% 时，将物料转入置有水和悬浮剂的釜中进行悬浮聚合，直至反应结束，得到粒度分布均匀的颗粒状聚合物[48]。

本体聚合法首先将橡胶溶于苯乙烯单体中进行预聚，当转化率达 25%～40% 时，物料进入若干串联反应器中进行连续本体聚合[48]。

在 HIPS 中，橡胶含量一般在 10%以下，过高的橡胶含量会导致共混物的刚性下降。但因在 HIPS 的橡胶粒子中包藏有微小的塑料粒子，形成包藏结构，使橡胶粒的体积分数大为增加，可超过 20%。这就大大提高了增韧效果，且对刚性的降低较小。

HIPS 具有良好的韧性、刚性、加工性能，可通过注射成型制造各种仪器外壳、纺织用纱管、电器零件、生活用品等，也可采用挤出成型方法生产板材、管材等。

3.2.4.3　HIPS 的共混改性

对于 HIPS，可以进一步进行共混改性，使其性能进一步提高。将 HIPS 与 SBS 共混，可使冲击强度提高，但拉伸强度、硬度等有所下降。

HIPS 与 PP、PPO 共混，可提高其耐环境应力开裂性能。关于 PPO/PS 共混体系，将在 PPO 的共混改性一节中详细介绍。

3.2.4.4　ABS 的共混改性

ABS 作为 PS 的改性产品，以其优良的综合性能，已经获得了广泛的应用。ABS 还可与其他聚合物共混，制成具有特殊性能和功能的塑料合金材料，以满足不同应用领域的不同要求。如 ABS/PC、ABS/PVC、ABS/PA、ABS/PBT、ABS/PET、ABS/PMMA 等共混体系。ABS 有许多牌号，力学性能、流变性能各有差异。例如，其丁二烯含量不同，会使冲击强度不同，因而有高抗冲 ABS、中抗冲 ABS 等品种。在研究 ABS 共混物时，采用不同性能的 ABS，共混的效果也会有差别的。

以 ABS/PMMA 共混体系为例。ABS 和 PMMA 都可以用于制作板材等装饰、装修材料，ABS 的冲击强度优于 PMMA，而 PMMA 的表面粗糙度优于 ABS。金敏善等[49]研究了 ABS/PMMA 共混体系，结果表明，ABS、PMMA 的品种及配比对共混体系的性能很有影响。有选择地采用 ABS、PMMA 品种，当 PMMA 含量达到 40%时，共混物的表面粗糙度降低，拉伸强度由 44.8MPa 提高到 55.3MPa，冲击强度则有所下降。

ABS 与其他聚合物的共混体系可参见本章有关各节，ABS/PVC 体系见 PVC 共混体系，ABS/PA 体系见 PA 共混体系，ABS/PC 体系见 PC 共混体系。

3.3　工程塑料的共混改性[50]

工程塑料按档次分类，可分为通用型工程塑料和高性能工程塑料。通用型工程塑料的品种有 PA、POM、PPO、PC、PET、PBT 等。高性能工程塑料包括 PPS、PEK、PEEK、PES、PSF、PAR 等。以工程塑料为主体的共混物通常称为主体塑料的合金，如 PA 合金、PPO 合金等。本节对各种工程塑料的共混改性体系分别进行介绍。

3.3.1　聚酰胺（PA）的共混改性

聚酰胺（PA）通常称为尼龙，主要品种有尼龙 6、尼龙 66、尼龙 1010 等，是应用最广泛的通用型工程塑料。

PA 为具有强极性的结晶性聚合物，它有较高的弯曲强度、拉伸强度，耐磨、耐腐蚀，有自润滑性，加工流动性较好；其缺点是吸水率高、低温冲击性能较差。其耐热性也有待提高。

PA 共混改性的主要目的之一是提高冲击强度。一般认为，改性尼龙的缺口冲击强度小于 $50kJ/m^2$ 的为增韧尼龙，缺口冲击强度大于 $50kJ/m^2$ 的则称为超韧尼龙[51]。

此外，PA 共混体系还包括增强体系、阻燃体系等。这些体系也可以相互组合，形成增韧增强体系、增韧阻燃体系等，以满足相应的应用需求。

3.3.1.1　PA 共混体系的组成

不同 PA 共混体系，根据改性的需要，有不同的组成。包括增韧剂、相容剂、增强剂、阻燃剂等等，分述如下。

（1）增韧剂

PA 增韧体系所用的增韧剂，主要是弹性体。常用的弹性体为三元乙丙橡胶（EPDM）。1975 年，美国 Du Pont 公司开发出超韧尼龙，开发的品种中包括 EPDM 增韧 PA，此后，世界各大公司相继开发出增韧、超韧 PA 产品。

热塑性弹性体，如 SBS，也可以用于 PA 的增韧。此外，在 PP 增韧获得广泛应用的 POE，作为新兴的热塑性聚烯烃弹性体，也可以在 PA 增韧中应用。近年来，PP/POE 共混体系的研究报告较多。

另一类应用于 PA 的弹性体增韧剂，是具有"核-壳"结构的弹性体。这种增韧剂是通过共聚的方法制备的，以微小的弹性体粒子为核，以塑料（如 PMMA）为壳。由于弹性体粒子的粒径在聚合中已控制在适宜的范围内，可以不受共混工艺的影响，因而，有利于获得较好的增韧效果。

除弹性体增韧剂外，PA 的非弹性体增韧剂，包括有机刚性粒子增韧和无机纳米粒子增韧，也在研究之中。

（2）其他聚合物组分

除弹性体之外，PA 还可以与其他聚合物组分共混，以改善有关性能。常见的 PA 共混体系，包括 PA/PP、PA/ABS、PA/PET、PA/PPO 等，详见下面的介绍。

（3）相容剂

PA 的共混体系，如 PA/弹性体、PA/PP 等，相容性较差，因而需添加相容剂以改善相容性。用于 PA 共混体系的相容剂，其分子上应含有能与 PA 的极性基团反应的基团，主要有如下类型：

其一，马来酸酐接枝共聚物，如 EPDM-g-MAH、PP-g-MAH、PE-g-MAH 等，分别用于 PA/EPDM、PA/PP 等共混体系。马来酸酐接枝聚合物目前是 PA 共混体系中应用最为普遍的相容剂。

其二，丙烯酸（AA）、甲基丙烯酸（MAA）等接枝共聚物，如 EPDM-g-AA、PP-g-AA 等。例如，PP-g-AA 可用于 PA/PP 共混体系，可显著提高相容性；PS-g-AA 可用于 PA/PS 共混体系。

其三，甲基丙烯酸缩水甘油酯（GMA）接枝共聚物，由于这类环氧型接枝共聚物具有很高的反应活性，已越来越多地应用于聚合物共混体系的相容剂，在 PA 共混体系中也有应用。

此外，也可以采用接枝率较低的马来酸酐接枝共聚物（或其他接枝共聚物），不是作为第三组分（相容剂）使用，而是直接作为增韧剂添加。这样的经接枝改性的增韧剂，与 PA 基体有良好的相容性。

（4）增强剂、阻燃剂

增强尼龙复合材料，主要采用玻璃纤维增强。此外，碳纤维、芳纶纤维，也可用于增强尼龙复合材料。

阻燃尼龙所用的阻燃剂，可以采用卤素阻燃剂、磷系阻燃剂、氮系阻燃剂，以及氢氧化镁阻燃剂。由于卤素阻燃剂对于环境的不利影响，无卤阻燃体系的开发正在深入进行。

3.3.1.2 PA/聚烯烃弹性体共混体系

PA 与聚烯烃弹性体的共混，主要目的在于提高 PA 的冲击强度。PA 与聚烯烃的相容性不佳，因而要添加相容剂。目前主要采用马来酸酐（MAH）接枝共聚物作为相容剂。所用的弹性体一般为聚烯烃共聚物，如 EPDM、POE。

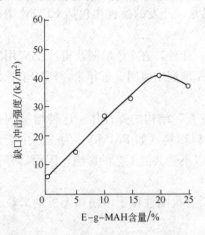

图 3-7　PA6/E-g-MAH 共混物冲击强度与组成的关系

图 3-7 所示为 PA-6 与马来酸酐接枝聚烯烃弹性体（E-g-MAH）共混物的冲击强度与组成的关系[52]。这里，是直接采用马来酸酐接枝聚烯烃弹性体作为增韧剂。从图中可以看出，经改性的聚烯烃弹性体可以显著提高 PA 的冲击强度，且在弹性体用量为 20％时，冲击强度达到峰值。

Du Pont 公司以马来酸酐改性的聚烯烃弹性体对 PA-66 进行改性，制得的超韧尼龙的冲击强度可达 PA-66 的 17 倍，同时还保留了 PA 的耐磨性、抗挠曲性和耐化学药品性[53]。

陈晓松等研究了 PA11/POE/POE-g-MAH 共混体系[54]，其中 POE-g-MAH 也是弹性体，起到增韧剂和 PA11 与 POE 之间增容剂的双重作用。当弹性体 POE/POE-g-MAH 的配比为 4∶3，弹性体总用量为 25％时，共混物的悬臂梁缺口冲击强度接近 50kJ/m^2，比纯 PA11 的冲击强度（5.7kJ/m^2）有大幅度提高；而拉伸强度仅有小幅下降。

3.3.1.3 PA/PE 共混体系

关于 PA/PE 共混体系，进行了不少研究[55]。该体系的研究也首先要选择相容剂，如马来酸酐接枝 PE、丙烯酸类接枝 PE 等。

李澜鹏等研究了 PA6/EPDM-g-MAH/HDPE 三元共混体系[56]。研究中采用了两种共混方法：其一是"一步法"，把 3 种聚合物物料同时进行共混；其二是"两步法"，将EPDM-g-MAH 与 HDPE 按 1∶1 的比例先制作共混物母料，再与 PA6 进行共混。结果显示，采用"两步法"制备的 PA6/EPDM-g-MAH/HDPE 共混物试样的悬臂梁缺口冲击强度达到 72.5kJ/m^2，约为纯 PA6 的 8.8 倍，约为"一步法"试样的 3 倍。这表明，对于适宜的体系，在适当的条件下采用"两步法"，可以收到良好的共混改性效果。

3.3.1.4 PA/PP 共混体系

PA/PP 共混体系，也是常见的 PA 共混体系。由于 PA 与 PP 相容性不好，所以共混中要添加相容剂，常用的相容剂为马来酸酐接枝聚丙烯（PP-g-MAH）[57]。

马来酸酐接枝热塑性弹性体（TPE-g-MAH）也可作为 PP/PA6 共混体系的相容剂，使 PP/PA6 共混物的韧性大大提高，同时拉伸强度及模量仍保持较好的水平[58]。

李海东等[59]用甲基丙烯酸环氧丙酯（GMA，即甲基丙烯酸缩水甘油酯）对 PP 进行接枝，以改善 PP/PA1010 共混体系的相容性。将接枝 PP 与 PA1010 共混，力学性能比普通 PP/PA1010 共混物有明显的改善。

3.3.1.5 PA/苯乙烯系共聚物共混体系

多种苯乙烯系共聚物，如苯乙烯-丙烯腈共聚物（SAN）、ABS、苯乙烯-马来酸酐共聚物等，都可以与 PA 共混。

PA 与 ABS 之间有一定的相容性。为进一步提高 ABS 与 PA 的相容性，可先用丙烯酰胺接枝改性 PA，再与 ABS 共混。PA/ABS 共混物具有良好的耐热性，热变形温度明显高于 PA。此外，ABS 还对 PA 有增韧作用。

3.3.1.6 PA 与其他聚合物的共混体系

PA 与聚酯（PET、PBT）共混[60]，共混物具有良好的耐热性、耐溶剂性和尺寸稳定性。

以 PP-g-MAH 为相容剂，可将 PA6 与 SEBS 进行共混改性，当 SEBS 加入量达到 20份时，共混物冲击强度大幅度提高[61]。PA 与聚苯醚（PPO）共混，采用聚苯乙烯接枝马来酸酐作为相容剂，共混物冲击强度高，尺寸稳定性优良，且具有突出的耐热性，以及较低的吸湿性。

张世杰等[62]在 PA6 中混入 3%～10% 的聚乙烯吡咯烷酮（PVP），研究了共混物的吸湿性。

PA 合金在汽车、纺织机械零件及电子、体育器械等领域有广泛的应用。

3.3.2 聚碳酸酯（PC）的共混改性

聚碳酸酯（PC）是指主链上含有碳酸酯基的一类高聚物，可分为芳香族 PC、脂环族 PC 和脂肪族 PC。通常所说的聚碳酸酯是指芳香族聚碳酸酯，其中，双酚 A 型 PC 具有更为重要的工业价值。现有的商品 PC 大部分为双酚 A 型 PC。

PC 是透明且冲击性能好的非结晶型工程塑料，且具有耐热、尺寸稳定性好、电绝缘性能好等优点，已在电器、电子、汽车、医疗器械等领域得到广泛的应用。

PC 的缺点是熔体黏度高，流动性差，尤其是制造大型薄壁制品时，因 PC 的流动性不好，难以成型，且成型后残余应力大，易于开裂。此外，PC 的耐磨性、耐溶剂性也不好，而且售价也较高。

通过共混改性，可以改善 PC 的加工流动性。PC 与不同聚合物共混，可以开发出一系列各具特色的合金材料，并使材料的性能/价格比达到优化。

3.3.2.1 PC/ABS 共混体系

PC/ABS 合金是最早实现工业化的 PC 合金。这一共混体系可提高 PC 的冲击性能，改善其加工流动性及耐应力开裂性，是一种性能较为全面的共混材料。

PC/ABS 共混物缺口冲击强度与组成的关系如图 3-8 所示[63]。可以看出，在配比为PC/ABS=60/40（质量比）时，共混物冲击性能明显优于纯 PC。

PC/ABS 共混物的性能还与 ABS 的组成有关。PC 与 ABS 中的 SAN 部分相容性较好，而与聚丁二烯（PB）部分相容性不好。因此，从相容性方面考虑，在 PC/ABS 共混体系中，不宜采用高丁二烯含量的 ABS。但是，高丁二烯含量的 ABS 对 PC 的增韧效果

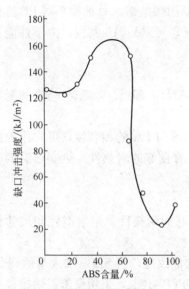

图 3-8　PC/ABS 共混物缺口
冲击强度与组成的关系

较好。所以，两方面的因素应综合加以考虑，选择适宜的 ABS 品种。为改善 PC/ABS 共混体系的相容性，可以添加马来酸酐接枝 ABS 作为增容剂。

ABS 具有良好的加工流动性，与 PC 共混，可改善 PC 的加工流动性。GE 公司已开发出高流动性的 PC/ABS 合金。

ABS 本身具有良好的电镀性能，因而，将 ABS 与 PC 共混，可赋予 PC 以良好的电镀性能。日本帝人公司开发出电镀级的 PC/ABS 合金，可采用 ABS 的电镀工艺进行电镀加工。

PC/ABS 合金还有阻燃级产品，可用于汽车内装饰件、电子仪器的外壳和家庭用具等。

3.3.2.2　PC/PET、PC/PBT 共混体系

PC 为非结晶聚合物，PET、PBT 为结晶性聚合物，PC 与 PET 或 PBT 共混，可以在性能上互相补充。PC/PET、PC/PBT 共混物可以改善 PC 在成型加工性能、耐磨性和耐化学药品性方面的不足，同时又可以克服 PET、PBT 耐热性差、冲击强度不高的缺点。PC/PET、PC/PBT 合金可用于汽车保险杠、车身侧板等用途。在 PC/PET、PC/PBT 体系中，可以适当添加弹性体作为增韧剂，以提高抗冲击性能。

在 PC 与 PBT 或 PET 进行熔融共混时，易于发生酯交换反应。酯交换反应是在两种聚合物的主链之间进行的，会导致共混物的耐热性等性能下降。因此，在 PC 与 PBT、PET 共混中，应避免酯交换反应的发生。特别是以本体聚合法生产的 PBT，其聚合催化剂残存于 PBT 中，对酯交换反应有促进作用。

一些助剂可以对酯交换反应起抑制作用。白绘宇、张隐西等[64]研究了亚磷酸三苯酯（TPP）和焦磷酸二氢二钠（DSDP）对 PBT/PC 共混体系中酯交换反应的抑制作用和对共混物性能和结构的影响。结果表明：TPP 和 DSDP 均能提高共混物的维卡软化点；但是在有增韧剂的 PBT/PC 共混体系中，TPP 会降低其冲击性能，DSDP 则不会降低其冲击性能。对抽提分离物做的 FTIR 和 DSC 分析结果，证实了 DSDP 是酯交换反应有效的抑制剂。

3.3.2.3　PC/PE 共混体系

在众多 PC 共混体系中，PC/PE 颇为引人注意。PE 可以改善 PC 的加工流动性，并使 PC 的韧性得到提高。此外，PC/PE 共混体系还可以改善 PC 的耐热老化性能和耐沸水性能。PE 是价格低廉的通用塑料，PC/PE 共混也可起降低成本的作用。因此，PC/PE 共混是很有开发前景的。

PC 与 PE 相容性较差，可加入 EPDM、EVA 等作为相容剂，也可采用马来酸酐进行反应增容。在共混工艺上，可采用两步共混工艺。第一步制备 PE 含量较高的 PC/PE 共混物，第二步再将剩余 PC 加入，制成 PC/PE 共混材料。此外，PC、PE 品种及加工温度的选择，应使其熔融黏度较为接近。

在 PC 中添加 5% 的 PE，共混材料的热变形温度与 PC 基本相同，而冲击强度可显著提高。

美国 GE 公司和日本帝人化成公司分别开发了 PC/PE 合金品种。PC/PE 合金适于制作机械零件、电工零件，以及容器等。

3.3.2.4　PC/PLA 共混体系

聚乳酸（PLA）是脂肪族聚酯，其生产原料主要为玉米等天然原料，既可降低对于石油资源的依赖，又具有可降解的优点，是一种很有发展前景的聚合物材料。PLA 的主要缺点是耐热性和抗冲击性能差，阻燃性能也不高。将 PLA 与芳香族 PC 共混，制备综合性能优异的材料，成为近几年的研究热点[65]。

采用熔融共混制备 PLA/PC 共混物时，由于 PLA 是脂肪族聚酯，与芳香族 PC 的相容性较差，需要对共混体系进行改性。据研究，PC 与 PLA 在共混过程中会发生酯交换反应，生成的共聚物对共混体系有增韧作用。因而，在共混中可以尝试加入酯交换催化剂。一些增容剂，如苯乙烯-丙烯腈共聚物接枝马来酸酐，也被证明可显著提高 PC/PLA 体系的相容性。

还需要对 PC/PLA 体系进行增韧改性和阻燃改性。应用较多的增韧剂为丙烯酸酯类抗冲改性剂（ACR）。可选用的阻燃剂包括溴系阻燃剂、磷系阻燃剂、含氮化合物类阻燃剂、硅系阻燃剂和无机阻燃剂。由于含卤阻燃剂对环境影响较大，无卤阻燃成为发展趋势。

PC/PLA 共混体系已获得工业化应用。韩国三星第一毛织株式会社开发出一种名为 GL-1401 的 PC/PLA 复合材料，可用作手机外壳。其耐疲劳性能比常用于手机外壳的 PC/ABS 材料要好，熔体流动速率也比 PC 和 PC/ABS 都高。PC/PLA 材料的性能与 PC 及 PC/ABS 的对比如表 3-8 所示[66]。可以看出，PC/PLA 的悬臂梁冲击强度和弯曲模量都高于 PC/ABS，也高于 PC。

表 3-8　　　　　　　　　　　PC/PLA 材料性能与 PC 及 PC/ABS 对比

	PC/PLA	PC/ABS	PC		PC/PLA	PC/ABS	PC
拉伸强度/MPa	55	57	62	悬臂梁冲击强度/(J/m)	750	590	740
弯曲强度/MPa	80	81	90	负荷变形温度/℃	100	115	128
弯曲模量/MPa	2600	2500	2000	维卡软化温度/℃	130	133	140

3.3.2.5　PC 与其他聚合物的共混体系

PC/PS 共混体系，可改善 PC 的加工流动性。在 PS 用量为 6~8 质量份时，共混物的冲击性能可以得到提高。

PC 与 PMMA 共混，产物具有珍珠光泽。由于 PC 的折射率为 1.59，PMMA 的折射率为 1.49，相差较大，共混后形成的两相体系，因光的干涉现象而产生珍珠光泽。PC/PMMA 共混物适于共混物适合于制作装饰品、化妆品容器等。

PC 与热塑性聚氨酯（TPU）共混，可获得具有优异的低温冲击性能、良好的耐化学药品性及耐磨性的材料，可用作汽车车身部件。

3.3.3　PET、PBT 的共混改性

聚对苯二甲酸乙二醇酯（PET）的早期用途主要是制造涤纶纤维。在塑料用途方面，

PET 主要用于制造薄膜和吹塑瓶。在塑料薄膜中，PET 薄膜是力学性能最佳者之一。但是，PET 的结晶速度较慢，因而不适合于注射和挤出加工成型。对于 PET 进行共混改性，可使上述性能得到改善。此外，PET 共混体系还可用于制备共混型纤维等用途。

聚对苯二甲酸丁二醇酯（PBT）是美国在 20 世纪 70 年代首先开发的工程塑料，具有结晶速度快、适合于高速成型的优点，且耐候性、电绝缘性、耐化学药品性、耐磨性优良，吸水性低，尺寸稳定性好。PBT 的缺点是缺口冲击强度较低。另外，PBT 在低负荷（0.45MPa）下的热变形温度为 150℃，但在高负荷（1.82MPa）下的热变形温度仅为 58℃。PBT 的这些缺点可通过共混改性加以改善。

此外，PET、PBT 都适合于以纤维填充改性，大幅度提高其力学性能。

3.3.3.1　PET/PBT 共混体系

PET 与 PBT 化学结构相似，共混物在非晶相是相容的，因而 PET/PBT 共混物只有一个 T_g。但是二者在晶相是分别结晶，而不生成共晶，于是，共混物就出现了两个熔点。PET/PBT 共混物 T_g 及 T_m 与组成的关系如图 3-9 所示[67]。

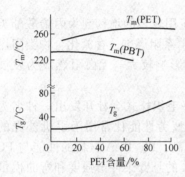

图 3-9　PET/PBT 共混物
T_g 及 T_m 与组成的关系

PET 与 PBT 共混，对于 PET 而言，可以使结晶速度加快。对于 PBT 而言，在 PET 用量较高时，可提高冲击性能。此外，共混物具有较好的表面光泽。

PBT/PET 共混过程中易发生酯交换反应，最终可生成无规共聚物，使产物性能降低。因此，PBT/PET 共混物应避免酯交换反应发生。可采取的措施包括预先消除聚合物中残留催化剂（可促进酯交换反应），控制共混时间（避免时间过长），外加防止酯交换的助剂，等等。

美国 GE 等公司有 PET/PBT 共混物商品树脂。PET/PBT 共混物价格较 PBT 低，表面光泽好，适于制造家电把手、车灯罩等。

3.3.3.2　PET/PE 及 PET/PP 共混体系

PE 或 PP 可以与 PET 共混。PET 与 PE、PP 为不相容体系，需要添加增容剂，才能进行共混，并获得较好的性能。可采用的增容剂包括：甲基丙烯酸缩水甘油酯（GMA）接枝 PE（或 PP）、乙烯-GMA 共聚物、乙烯-丙烯酸乙酯-GMA 三元共聚物、马来酸酐（MAH）接枝 PE（或 PP）等。

PET/PE 及 PET/PP 共混物的主要研究方向是针对废旧材料[68]，属于废弃 PET 再利用制备工程塑料的研究，有可观的发展前景。

3.3.3.3　PET/弹性体共混体系

用于 PET 增韧的弹性体，包括 EPDM、EPR、SEBS、POE 等。为改善弹性体与 PET 的相容性，需进行增容改性。

采用 EPDM 对 PET 增韧改性，加入烷基琥珀酸酐改善两者的相容性，可制成高抗冲 PET 合金，可用于制造电子仪器外壳、汽车部件等。采用 EPR 与 PET 共混，添加少量的 PE-g-MAH 接枝共聚物，也可获得良好的增韧效果。PE-g-MAH 不仅起到相容剂的作用，还可提高 PET 的结晶速度。也可采用甲基丙烯酸缩水甘油酯接枝乙烯-辛烯共聚物

（POE-g-GMA）作为增韧剂。此外，PET 与 PC 及弹性体（EPDM）共混，也可制成高抗冲 PET 合金。

3.3.3.4　PBT 的共混改性

如前所述，PBT 的主要缺点是冲击强度不高。将 PBT 与乙烯类共聚物共混，可以提高 PBT 的冲击强度。

EVA 与 PBT 有一定的相容性，与 PBT 共混，在 PBT/EVA 的比例为 85：15 时，冲击性最佳，且 PBT 原有的优良性能保持率也较高[69]。

PBT 与马来酸酐接枝的乙烯-丁烯共聚物共混，在共聚物添加量为 20%（质量分数）时，共混物的冲击强度可比 PBT 提高 2 倍以上。但采用上述共聚物改性 PBT，PBT 的刚性损失较大，表现为弯曲模量和弯曲强度有较大降低。

任华等[70]选用适当品种的 ABS 对 PBT 进行改性，用含环氧官能团的聚合物作为相容剂，使共混体系分散良好，能有效地改善 PBT 的性能，得到性能稳定的共混物。

3.3.4　聚苯醚（PPO）的共混改性

聚苯醚（PPO）是一种耐热性较好的工程塑料，其玻璃化温度为 210℃，脆化温度为 −170℃，在较宽的温度范围内具有良好的力学性能和电性能。PPO 具有高温下的耐蠕变性，且成型收缩率和热膨胀系数小，尺寸稳定，适于制造尺寸精密的制品。PPO 还具有优良的耐酸、耐碱、耐化学药品性，水解稳定性也极好。PPO 的主要缺点是熔体流动性差，成型温度高，制品易产生应力开裂。

PPO 的另一个特点是与 PS 相容性良好，可以以任意比例与 PS 共混。PS 具有良好的加工流动性，可以改善 PPO 的加工性能。

由于 PPO 本身在加工性能上的不足，必须进行改性才能应用；又由于 PPO 与 PS 相容性好，易于进行改性，所以，工业上应用的 PPO 绝大部分是改性产品。除了 PPO/PS 共混体系外，PPO 还可以与 PA、PBT、PTFE 等共混。

3.3.4.1　PPO/PS 共混体系

PPO 与 PS 相容性良好，PPO/PS 共混体系是最主要的改性 PPO 体系。为提高 PPO/PS 共混体系的冲击性能，要加入弹性体，或采用 HIPS 与 PPO 共混。

PPO/PS/弹性体共混物的力学性能与纯 PPO 相近，加工流动性能明显优于 PPO，且保持了 PPO 成型收缩率小的优点，可以采用注射、挤出等方式成型，特别适合于制造尺寸精确的结构件。改性 PPO 的代表性品种有美国 GE 公司的 Noryl。Noryl 有适应不同用途的品级牌号达 30 余种。

PS 改性 PPO 的耐热性比纯 PPO 低。纯 PPO 热变形温度（1.82MPa 负荷下）为 173℃，改性 PPO 的热变形温度因不同品级而异，一般在 80～120℃之间[71]。

PS 改性 PPO 主要用于制造电器、电子行业中。

3.3.4.2　PPO/PA 共混体系

将非结晶性的 PPO 与结晶性的 PA 共混，可以使两者性能互补。PPO/PA 共混体系综合了 PPO 的尺寸稳定性、耐热性好和 PA 的加工流动性好等优点。但是，PPO 与 PA 的相容性差。因此，制备 PPO/PA 合金的关键是使两者相容化。

PPO/PA 合金主要采用反应型增容剂，如 MAH-g-PS。如果加入的相容剂本身又是一种弹性体，则可以进一步提高 PPO/PA 共混物的冲击强度。这样的弹性体相容剂有 SEBS-g-MAH、SBS-g-MAH 等。

孙皓等[72]在双螺杆挤出机中，将 PPO 与 MAH 接枝反应，然后与 PA66、SEBS 挤出共混，制成的合金具有较高的抗冲击性能。

国外一些公司已商品化的 PPO/PA 合金具有优异的力学性能、耐热性、尺寸稳定性。热变形温度可达 190℃，冲击强度达到 20kJ/m² 以上，适合于制造汽车外装材料。

PPO/PBT 也是非结晶聚合物与结晶聚合物的共混体系。PPO/PBT 共混物在潮湿环境中仍能保持其物理性能，更适合于制造电器零部件。

3.3.4.3　PPO/PTFE 共混体系

PPO 可与聚四氟乙烯（PTFE）共混。PPO/PTFE 合金吸收了 PTFE 的耐磨性、润滑特性，适合于制造轴承部件。由于 PPO/PTFE 合金尺寸稳定性好，成型收缩率小，更适合于制造大型的轴承部件。

PTFE 具有极好的自润滑性能，可以和 PPO、POM 等多种工程塑料共混，以改善摩擦性能。但添加 PTFE 的共混体系也要面对一些问题。其一，是 PTFE 的熔点高、熔融黏度很大，难以采用常规的熔融共混。因而，通常是采用 PTFE 粉末与基体聚合物（如 PPO、POM）熔融混合的方法，制备共混材料。其二，是 PTFE 极低的表面活性和不黏性限制了其与其他聚合物的复合，因此必须对 PTFE 进行一定的表面改性，以提高其表面活性。常用技术有表面活化技术等。可以采用高能射线的辐射使其表面脱氟，在一定装置和条件下进行接枝改性；或用低温等离子法处理 PTFE 材料，发生碳-氟或碳-碳键的断裂，生成大量自由基以增加 PTFE 的表面自由能。

3.3.5　聚甲醛（POM）的共混改性

聚甲醛（POM）是高密度、高结晶性的聚合物，其密度为 1.42g/cm³，是通用型工程塑料中最高的。POM 具有硬度高、耐磨、自润滑、耐疲劳、尺寸稳定性好、耐化学药品等优点。但是，POM 的冲击性能不是很高，冲击改性是 POM 共混改性的主要目的。

由于 POM 大分子链中含有醚键，与其他聚合物相容性较差，因而 POM 合金的开发有一定难度，开发也较晚。

与 POM 共混的聚合物为各种弹性体。其中，热塑性聚氨酯（TPU）是 POM 增韧改性的首选聚合物。

3.3.5.1　POM/TPU 共混体系

POM/TPU 的共混，关键问题是相容剂选择。徐卫兵等以甲醛与一缩乙二醇缩聚，缩聚物经 TDI 封端，再经丁二醇扩链，制成 POM/TPU 共混物的相容剂[73]。将该相容剂应用于 POM/TPU 共混物，在 POM/TPU 的比例为 90：10，相容剂用量为 TPU 用量的 5% 时，共混物的冲击强度可达 18kJ/m²，如图 3-10 所示。

美国 Du Pont 公司于 1983 年开发成功超韧聚甲醛，牌号为 Derlin 100ST（S 表示超级，T 表示增韧）。Derlin 100ST 是采用 TPU 增韧的 POM，其悬臂梁冲击强度比未增韧的 POM 提高了 8 倍，达到了 907J/m[74]。

3.3.5.2　POM 与其他聚合物的共混体系

POM 的增韧体系中，目前只有 POM/TPU 体系实现了工业化生产。其他增韧体系尚

在研究之中，包括丁腈橡胶（NBR）增韧
POM 等[75]。此外，国内研究过共聚尼龙
（Co-PA）等聚合物对 POM 的增韧作用[76]。
张秀斌等[77] 研究了 POM/Co-PA、POM/
LDPE 和 POM/HDPE 三种共混体系，结果
表明：Co-PA 对 POM 的增韧效果最佳，且
Co-PA 与 POM 分子间有氢键作用；EVA
可在 POM/LDPE 及 POM/HDPE 共混体系
中起相容剂的作用；对 HDPE 进行紫外线
辐射，在其分子链上引入了极性羰基，可
以大大提高其对 POM 的增韧效果。国内还
研究过 POM/EPDM 共混物，以 EPDM-g-
MMA 作为增容剂，使拉伸强度、缺口冲击
强度提高[78]。

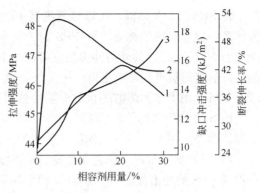

图 3-10　相容剂用量对 POM/TPU 共混物
冲击强度及其他力学性能的影响
［相容剂用量为占 TPU 用量的质量分数，
POM/TPU 配比为 90∶10（质量比）］
1—拉伸强度　2—缺口冲击强度　3—断裂伸长率

　　POM 可与聚四氟乙烯（PTFE）共混，用于制造滑动摩擦制品。POM 本身有一定的
自润滑性，但在高速、高负荷的情况下作为摩擦件使用时，其自润滑性难以满足需要，制
品会因摩擦发热而变形。POM/PTFE 共混物可克服上述缺点。

　　国外通过共混法制成多种 POM/PTFE 共混物，具有优异的自润滑性能。典型品种有
Du Pont 公司的 Derlin100AF 等。

　　超高分子量聚乙烯（UHMWPE）是自润滑性能仅次于 PTFE 的材料，也可用于与
POM 共混，改善 POM 的自润滑性能。陈金耀等[79] 用 3 种不同的 UHMWPE 与 POM 共
混，制成 POM 自润滑材料，并研究了共混物的摩擦磨损性能。结果表明：采用经改性的
UHMWPE 与 POM 共混，能有效提高 POM 的摩擦磨损性能；当 UHMWPE 质量分数为
5％时，POM/UHMWPE 共混物的摩擦因数从纯 POM 的 0.32 降低到共混物的 0.16。
SEM 分析表明，在摩擦过程中，UHMWPE 向磨损界面转移形成磨屑，有效地隔离了两
摩擦面的接触，明显降低了 POM 树脂的摩擦因数，提高了 POM 的耐磨损性能。

3.3.6　高性能工程塑料的共混改性

　　高性能工程塑料（亦称特种工程塑料）的品种，包括聚苯硫醚（PPS）、聚酰亚胺
（PI）、液晶聚合物（LCP）、聚苯醚砜（PES）、聚芳酯（PAR）、聚芳醚酮（PEK、
PEEK）等。高性能工程塑料大都具有较高的力学性能，较高的耐热性，但加工流动性一
般不太好，且价格较为昂贵。高性能工程塑料往往也需要通过共混改性，使其性能得到
改善。

3.3.6.1　PPS 共混体系

　　聚苯硫醚（PPS）为含硫的芳香族聚合物，是一种耐高温的工程塑料，具有卓越的刚
性、耐化学药品性、电绝缘性能，以及黏接性能。PPS 为半结晶性塑料，结晶熔点
287℃，结晶度约为 65％。PPS 不溶于 170℃ 以下的绝大多数溶剂。由于优良的耐腐蚀性，
PPS 广泛用作防腐材料。PPS 电绝缘性能好，也被应用于制造电机、电器零部件。在高
性能工程塑料中，PPS 价格最低，性价比较高。PPS 的主要缺点是冲击强度较低。

将 PPS 与 PA 共混，可以显著提高 PPS 的冲击强度。PPS/PA 是一个比较成熟的共混体系，也是研究的热点[80]。PPS 与 PA 溶解度参数相近，相容性较好。PPS/PA 共混配比为 60：40 时，共混物冲击强度可比纯 PPS 提高 1 倍以上，拉伸强度、弯曲强度也有提高，热变形温度仅略有下降[51]。PPS/PA 共混体系虽然有一定的相容性，但仍然不够理想，可选用甲基丙烯酸缩水甘油酯接枝聚乙烯（PE-g-GMA）等进行增容改性[80]。

PPS 与 PC 共混，也可提高 PPS 的冲击强度。PPS/PC 共混物还可具有优良的表面光洁度。国外采用 PPS/PC 共混物注射成型的制品，表面如镜面般光洁。

PPS 与 PS、ABS 等苯乙烯类聚合物共混，可以改善 PPS 的成型加工性能。ABS 还可以提高 PPS 的冲击强度[51]。此外，PPS 还可以与 PTFE 共混，制成优良的耐磨和低摩擦因数材料。

PPS 的增强材料，主要采用玻璃纤维增强，也可以使用无机填充剂。

3.3.6.2　液晶聚合物（LCP）共混体系

液晶聚合物是一类耐高温、具有高强度和高模量的高性能工程塑料。液晶聚合物与其他聚合物共混，可起到显著的增强作用。在共混中，LCP 中的刚性大分子在熔融状态下，会沿外界剪切力的方向取向，形成液晶微纤。这种在共混过程中"原位"形成的微纤可对基体聚合物起增强作用，可使共混物力学性能大幅度提高。与传统的纤维增强相比，LCP 原位生成微纤在工艺上省去了预先制造纤维的工作，简便易行。LCP 的熔体黏度一般低于作为基体的特种工程塑料，因而添加 LCP 可改善加工流动性。特别是在高剪切条件下，LCP 刚性大分子充分取向，黏度降低尤为明显。

LCP 可与 PES、POM、PBT、PC、PA、PET 等多种工程塑料制成塑料合金，制品性能都有显著提高。现以 LCP/PES 合金为例，介绍 LCP 共混体系的性能。

LCP 可分为全芳香聚酯型（简称聚酯型）、聚酯酰胺型等类型。将两类 LCP 分别与聚苯醚砜（PES）共混，所得 LCP/PES 合金性能如表 3-9 所示[81]。

表 3-9　　　　　　　　　　　　　　　LCP/PES 合金性能

材　料	拉伸强度/MPa	断裂伸长率/%	拉伸弹性模量/GPa	弯曲弹性模量/GPa
PES	64	122	2.5	2.6
PES/聚酯型 LCP	127	3.8	5.0	4.1
PES/聚酯酰胺 LCP	175	2.6	8.9	6.8

注：表中 PES/LCP 配比为 70：30（质量分数）。

PES 是一种耐热性良好、力学强度适中的工程塑料。从表 3-9 可以看出，LCP 可以对 PES 起显著的增强作用。其中，聚酯酰胺 LCP 的增强效果更高一些。LCP/PES 共混物的成型加工条件如表 3-10 所示[81]。可以看出，LCP 可以有效地提高熔体的流动性，改善共混物的挤出、注射等成型加工性能。

表 3-10　　　　　　　　　　　　LCP/PES 共混物成型加工条件

材　料	挤出压力/MPa	注射压力/MPa	成型温度/℃
PES	5.5	110	350
PES/聚酯型 LCP	2.1	55	350

3.3.6.3　其他高性能工程塑料的共混体系

（1）PI 共混体系

聚酰亚胺（PI）为芳杂环聚合物之一，具有突出的耐高温性能。芳杂环聚合物是伴随着航空、航天和火箭技术的发展而开发研究的。在各种耐高温芳杂环聚合物中，PI 的应用最为广泛。PI 的品种有聚醚酰亚胺（PEI）、聚酰胺-酰亚胺（PAI）等。PI 有极好的耐热性，在 260℃的空气中可长期使用。PI 制成的薄膜在 250℃条件下可连续使用 70000h以上。此外，PI 的力学性能、难燃性、尺寸稳定性、电性能也都良好。

近年来，PI 新品种的开发，解决了其难于成型加工的问题。如聚醚酰亚胺（PEI）就具有良好的熔融加工性能。PEI 的共混体系也受到关注。PEI 与未固化的环氧树脂有很好的相容性，被用于环氧树脂的增韧。PEI 还可与 PEEK、PC 或 PA 共混。关于 PEI 与PEEK 的共混体系，见于下面的"聚醚醚酮（PEEK）共混物"。

（2）聚芳酯（PAR）共混物

PAR 为透明性、耐候、耐冲击的高性能工程塑料。由于熔体黏度高，难于成型薄壁制品。PAR 与 PET、PBT 等有较好的相容性，可制成共混材料。例如，将 PAR 与 PET共混，在保留了 PAR 耐热、耐紫外线的优越品质的情况下，改善了加工流动性。PAR 还可与 PA 共混，对 PAR 而言，可改善加工流动性；对 PA 而言，则可大幅度提高热变形温度[81]。

（3）聚醚醚酮（PEEK）共混物

PEEK 是结晶性耐高温工程塑料，具有优良的综合性能，特别是耐辐射性能优良。PEEK 可应用于航天、原子能工程部件，以及矿山、油田、电器工业等。PEEK 可以注射成型，也可制成单丝。但是，PEEK 的玻璃化温度（T_g）较低，影响了高温下的使用性能。将 PEEK 与具有较高玻璃化温度的聚醚酰亚胺（PEI）共混，共混物的 T_g 提高[82]。PEEK 与 PEI 具有良好的相容性。

PEEK 也可与聚苯醚砜（PES）共混。于全蕾等[83]研究了 PEEK 与 PES 的共混物，结果表明，PEEK/PES 相容性良好，改性后的 PEEK 玻璃化温度提高，加工流动性明显改善，加工温度可降低 100℃。

PEEK 还可以与 PTFE、LCP 等共混[82]。

（4）聚砜的共混物

聚砜分为双酚 A 型聚砜（PSF）、聚苯醚砜（PES）、聚芳砜（PASF）等类型。

PSF 为透明树脂，韧性、电绝缘性能、耐热水性、耐蠕变性优良。它的缺点是加工流动性差。PSF 与 ABS 共混，可改善 PSF 的成型加工性能，且具有优良的抗冲击性能；对 ABS 而言，则可大幅度提高耐热性。PSF 也可以与 PET、PBT 共混。

PES 可与 LCP、PEEK、PPS[84]、PC 等共混。江东等[85]以双酚-S 型聚芳酯为增容剂，对聚苯醚砜/聚碳酸酯（PES/PC）共混体系的形态结构及力学性能进行了研究，结果表明，双酚-S 型聚芳酯可有效地增加两相间的界面结合，改善两组分间的相容性。

3.4　橡胶的共混改性

本节主要介绍以橡胶为主体的共混体系。橡胶可以分为通用橡胶和特种橡胶。通用橡胶包括天然橡胶（NR）、顺丁橡胶（BR）、丁苯橡胶（SBR）、三元乙丙橡胶（EPDM）、丁腈橡胶（NBR）、氯丁橡胶（CR）、丁基橡胶（IIR）等。特种橡胶包括氟橡胶、硅橡胶、丙烯酸酯橡胶等。

以橡胶为主体的共混体系包括橡胶与橡胶的共混，通常称之为橡胶并用；橡胶与塑料的共混，通常称之为橡塑并用。橡胶的共混，可以实现橡胶的改性，也可以降低产品成本。因此，橡胶的共混已成为橡胶制品生产的重要途径。

3.4.1　橡胶共混的基本知识[86,87]

3.4.1.1　助剂在共混物两相间的分配

在橡胶共混中，需添加许多助剂，如硫化剂、硫化促进剂、补强剂、防老剂等。这些助剂在聚合物两相间如何分配，对橡胶共混物的性能影响很大。

（1）硫化助剂在两相间的分配

橡胶共混改性的一个重要问题是橡胶的交联（硫化）问题。对于两种橡胶共混形成的两相体系，两相都要达到一定的交联程度，这就是两相的同步交联，或称为同步硫化。为实现同步硫化，就要求硫化助剂在两相间分配较为均匀。否则，就会造成一相过度交联，一相交联不足，严重影响共混物的性能。

硫化助剂在两相间的分配，主要影响因素是硫化助剂在橡胶中的溶解度。而这又与硫化助剂的溶解度参数及橡胶的溶解度参数有关。一般来说，可以用溶解度参数来初步判定硫化助剂在橡胶中的溶解度。譬如，硫黄的溶解度参数较高，在高溶解度参数的橡胶（如BR）中的溶解度就较高，而在低溶解度参数的橡胶（如 EPDM）中的溶解度就较低。根据共混橡胶的品种，适当选用硫化助剂，以调节硫化助剂在两相橡胶中的溶解度，可以控制硫化助剂在两相间的分配。此外，温度对于硫化助剂的溶解度也有影响。硫化助剂从一相中向另一相的迁移也会影响其在两相间的分配。

（2）补强剂在两相间的分配

炭黑等补强剂在两相间的分配，也会影响橡胶共混物的性能。其影响因素首先是炭黑与橡胶的亲和性。由于炭黑与橡胶大分子中的双键有很强的结合力，所以含双键较多的橡胶与炭黑的亲和力较大。在橡胶共混物中，炭黑与丁基橡胶亲和力最小，其次是 EPDM，亲和力较大的则是天然胶和丁苯胶。因此，如果一种对炭黑亲和力很强的橡胶与一种对炭黑亲和力很弱的橡胶共混时，炭黑将大部分存留于前者中。补强剂在两相间分布不匀，显然会损害橡胶共混物的性能。

橡胶共混物两相的熔融黏度对补强剂的分配也有影响。这一影响可对应于"软包硬"的基本规律（参见本书第 2 章 2.2.4.2 节），即补强剂倾向于进入黏度低的一相。

为了调整补强剂在两相间的分配，可以采用如下方法：其一，适当选择补强剂品种，或对补强剂进行表面处理，以调节补强剂对橡胶的亲和性。其二，通过改变混炼温度等方式，调节两相的黏度。其三，改变加料顺序，先将补强剂与亲和性较弱的橡胶共混，再与另一种橡胶共混。这样，补强剂在第二步共混中会自动向亲和力较强的橡胶中迁移，以达到最终的较为均匀地分布。

其他助剂在两相间的分配也会影响共混物的性能，可以参照以上方法进行调节。

3.4.1.2　橡胶共混物两相的共交联

为提高橡胶共混物两相间的界面结合力，最有效的方法是在两相间实现交联，这就是共交联（又称共硫化，或界面交联）。界面交联实际上是不同聚合物之间的交联反应。界面交联可使共混物形成统一的交联网络结构，可获得更好的改性效果。

两相共混物能否实现共交联，主要取决于交联活性点的特征。如果参与共混的聚合物具有相同性质的交联活性点，可选用共同的交联助剂；如果共混组分的交联活性点的性质不同，应采用多官能团交联剂，也可以对聚合物进行化学改性，使其具有新的活性点。

在 NR、BR、SBR、NBR 等通用橡胶的共混中，由于这些橡胶具有相同性质的交联活性点，可采用相同的硫化体系。但是，由于硫化助剂在不同橡胶中溶解度不同，所以在实际应用中还需精心设计配方，才能达到较好的共硫化。

其他橡胶共混体系，可选用适宜的硫化体系。如 EPDM/IIR 可采用硫黄促进剂体系，氟橡胶、丙烯酸酯橡胶共混体系可选用胺类交联剂，乙丙橡胶与硅橡胶共混可选用过氧化物交联剂等。

3.4.2　通用橡胶的共混改性

3.4.2.1　橡胶并用共混体系[86,87]

（1）NR/BR 共混物

天然橡胶（NR）具有良好的综合力学性能；顺丁橡胶（BR）则具有高弹性、低生热、耐寒性、耐屈挠和耐磨耗性能优良的特点。NR 与 BR 相容性较好，两者共混后，可以在性能上得到互补。将 BR 与 NR 共混，可提高 NR 的耐磨性，在轮胎工业中广泛应用于胎面胶和胎侧胶中。

NR 与 BR 的硫化机理相同，硫化速度也相差不大。但不同的硫化助剂体系应用于 NR/BR 体系，交联速度是不同的。如选用 CZ（N-环己基-2-苯并噻唑次磺酰胺）体系交联，则 NR 的交联速度与 BR 相差就要大一些；选用 DM（二硫化二苯并噻唑）交联体系，交联速度相差就甚小。

（2）NR/SBR 共混物

丁苯橡胶（SBR）是最早实现工业化生产的合成橡胶，其加工性能、力学性能接近于 NR，耐磨性、耐热老化性能还优于 NR。在 NR/SBR 共混体系中若采用 DM 交联体系，则交联反应速度相差较小。

NR/SBR 共混物可应用于制造轮胎、输送带等用途中。

（3）NR/NBR 共混物

NR 还可与丁腈橡胶（NBR）共混。NBR 是具有优良的抗湿滑性能及耐油性能的极性橡胶。NR 与 NBR 的相容性较差，但由于两相间的界面交联，力学性能下降并不太大。NR 与 NBR 并用，用于胎面胶，可明显改善抗湿滑性能[88]。

（4）NR/CIIR 共混物

在橡胶轮胎的使用过程中，抗臭氧老化和抗日光老化是需要解决的重要问题。氯化丁基橡胶（CIIR）具有丁基橡胶的优良的耐臭氧老化和耐天候老化性能，同时又具有较快的硫化速度和较好的黏合性。采用 NR 与 CIIR 共混，对 NR 而言，可改善其耐老化性能；对 CIIR 而言，则可进一步提高其黏合性和抗撕裂性能。

（5）BR/1，2-聚丁二烯橡胶共混物

1，2-聚丁二烯橡胶（1，2-PB）具有优良的抗滑、低生热、耐老化等性能，但耐低温性、弹性、耐磨耗和压出工艺性能较差。BR 的耐老化、耐湿滑性能较差。将二者共混，可以互相取长补短。

1，2-PB 的脆性温度为−38℃，而 1，2-PB/BR 配比为 80∶20（质量比）时，脆性温度可降至−70℃。BR/1，2-PB 共混还可明显改善 BR 的耐湿滑性和耐热老化性，并可使其生热降低。对 1，2-PB 而言，则可提高其弹性和耐磨性。

BR 还可与 CIIR 共混，以提高其耐老化性能。

（6）EPDM/IIR 共混物

丁基橡胶（IIR）具有优异的气密性、耐热老化和耐天候老化性能，适用于制造内胎。但在使用中会出现变软、黏外胎及尺寸变大等问题。这些缺点可通过与 EPDM 共混来解决。EPDM 有完全饱和的主链，耐臭氧和耐氧化性能优良。EPDM 老化后会产生交联而变硬。所以，EPDM 与 IIR 共混不仅具有极好的耐老化性能，而且能互相弥补缺陷。EPDM 与 IIR 并用制造内胎，具有收缩性小、表面光滑、永久变形小等优点，且可改善纯 IIR 内胎老化后变软发黏的不足[89]。

在 EPDM/IIR 共混体系中，EPDM 品种的选择很重要。宜选用 ENB 型（第三单体为亚乙基降冰片烯）的 EPDM，且乙烯含量在 45％～55％为宜。EPDM 相对分子质量分布宽一些的，较为容易混炼。

（7）EPDM/聚氨酯橡胶共混物

EPDM 具有优良的耐候性和良好的低温性能。但是，由于 EPDM 大分子链中缺少极性基团，其黏附性较差，影响了 EPDM 制品的黏合性能。为提高 EPDM 的黏附性，可选用强极性的聚氨酯橡胶（PU）与 EPDM 共混。EPDM/PU 共混可选用 DCP 作为交联剂。

EDPM 中混入 PU 后，可使黏着力得到明显提高。在 EPDM 中加入 PU 的量为 10 质量份时，即可使黏着力明显提高。而在这一配比下，EPDM/PU 共混物的拉伸强度与 EPDM 基本相同。EPDM/PU 共混物的耐老化性也很好。

3.4.2.2 橡塑并用共混体系

（1）NBR/PVC 共混物

丁腈橡胶（NBR）是丁二烯和丙烯腈的共聚物，耐油性好，耐磨性和耐热性也较好。其缺点是耐臭氧性差，拉伸强度也较低。丁腈橡胶主要用于制造耐油橡胶制品，如耐油密封制品。

NBR 与 PVC 相容性较好，其共混体系应用颇为广泛。以 PVC 为主体的 PVC/NBR 共混物已在通用塑料的共混改性中作了介绍。在以丁腈橡胶为主体的 NBR/PVC 共混体系中，PVC 可对丁腈橡胶产生多方面的改性作用，可提高 NBR 的耐天候老化、抗臭氧性能，提高耐油性，使共混物具有一定的自熄阻燃性和良好的耐热性，还可提高 NBR 的拉伸强度、定伸应力。

NBR 中的丙烯腈含量对 NBR/PVC 共混物的相容性影响较大。一般来说，中等丙烯腈含量（含量为 30％～36％）的 NBR，与 PVC 共混有较好的综合性能。NBR/PVC 多采用硫黄硫化体系，只对 NBR 产生硫化作用，促进剂多用促进剂 M。NBR/PVC 共混物并用比对共混物硫化后的力学性能的影响如图 3-11 中（a）、（b）、（c）所示[86]。

从图 3-11 中可以看出，在 NBR/PVC 共混物中，随 PVC 用量增大，拉伸强度、定伸应力、撕裂强度、硬度都呈上升之势；断裂伸长率在 PVC 用量少于 35％时为增长；永久变形有所减少；磨耗也下降（在 PVC 用量少于 35％时）。

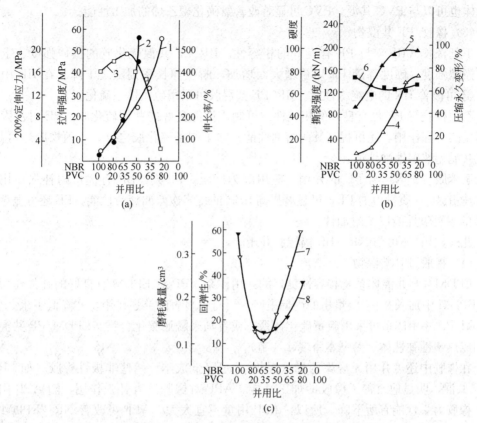

图 3-11 NBR/PVC 共混胶硫化后的力学性能与并用比的关系

1—拉伸强度 2—定伸应力 3—伸长率 4—撕裂强度 5—硬度
6—压缩永久变形 7—回弹性 8—磨耗减量
（a）NBR/PVC 共混物并用比与定伸应力、拉伸强度、伸长率的关系
（b）NBR/PVC 共混物并用比与硬度、撕裂强度、压缩永久变形的关系
（c）NBR/PVC 共混物并用比与磨耗减量、回弹性的关系

图 3-12 所示为 PVC/NBR 共混硫化胶耐油性与并用比的关系。从图中可以看出，PVC 可明显提高 NBR 的耐油性。

NBR/PVC 共混物可广泛应用于制造耐油的橡胶制品，如油压制动胶管、输油胶管、耐油胶辊、耐油性劳保胶鞋等。

（2）其他橡胶/PVC 共混物

氯丁橡胶（CR）与 PVC 共混，可提高 CR 的耐油性，并改善 CR 的加工性能。CR/PVC 的定伸应力和硬度也比 CR 有较大提高。CR/PVC 共混物可用于制造各种耐油橡胶制品。

聚氨酯（PU）橡胶也可与 PVC 共混，两者有一定的相容性。PVC 可提高 PU 橡胶的弹性模量。氯磺化聚乙烯

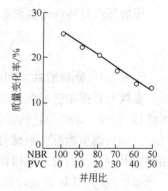

图 3-12 NBR/PVC 共混硫化胶
耐油性与并用比的关系
（实验条件：苯：汽油＝
1：3，98℃，60min）

弹性体也可以与 PVC 共混。PVC 可显著改善氯磺化聚乙烯的加工性能。

（3）橡胶/PE 共混物

丁基橡胶（IIR）与 PE 有良好的相容性。IIR/PE 共混硫化胶的拉伸强度、定伸应力、撕裂强度、硬度都随 PE 用量增大而增加，断裂伸长率则随之下降。在 IIR 中并用 PE，还可改善 IIR 的电绝缘性能。IIR/PE 共混胶可采用硫黄体系硫化。

乙丙橡胶与 PE 也有良好的相容性，可制成性能良好的并用硫化胶。PE 对乙丙橡胶有明显的补强作用，还可提高其耐溶剂性能。除了制备硫化胶之外，乙丙橡胶还可与 PE 制成共混型热塑性弹性体。

丁苯胶（SBR）与 PE 的并用，应用颇为广泛。PE 对 SBR 有优良的补强作用。在 SBR 中并用 15 质量份的 PE，可显著提高 SBR 的抗多次弯曲疲劳性能。PE 还可显著提高 SBR 的耐臭氧性能以及耐油性。

此外，PE 还可与 NR、BR 等橡胶并用。

（4）橡胶/PP 共混物

EPDM/PP 共混体系是相容性良好的并用体系。PP 对 EPDM 有良好的补强作用。在 PP/EPDM 中加入 3～5 质量份的丙烯酰胺，可有更显著的补强作用，并降低了永久变形。EPDM/PP 并用体系可采用硫黄硫化体系，或者马来酰亚胺化合物。EPDM/PP 共混物还可制成热塑性弹性体（参见本章 3.4.4 节）。

在橡胶中还可并用无规聚丙烯（APP），可降低成本。一些非极性橡胶（如 BR）与 APP 共混，明显地改善了橡胶的加工性能。APP 对橡胶没有补强作用，随 APP 用量增大，橡胶力学性能有所下降。所以，APP 用量不宜太大。APP 可改善 NR、EPDM 的耐油性或耐溶剂性。

（5）橡胶与其他塑料的共混物

非极性的二烯类橡胶（如 NR、SBR、BR）可与 PS 共混，显著地改善橡胶的加工性能。对于 BR/PS 并用体系，PS 有良好的补强作用。

NBR 可与 PA 共混，两者有较好的相容性。PA 对 NBR 有较明显的补强作用，且可改善 NBR 的耐热、耐油及耐化学腐蚀性。

橡胶还可与各种合成树脂（如酚醛树脂、氨基树脂、环氧树脂）等共混。

3.4.3　特种橡胶的共混改性[86]

3.4.3.1　氟橡胶共混物

氟橡胶是指主链或侧链的碳原子上连接有氟原子的高分子弹性体。氟橡胶具有优异的耐热性（200～250℃），耐候性、耐臭氧性、耐油性、耐化学药品性都很好，气体透过性低，且属自熄型橡胶。氟橡胶的缺点是耐寒性差，而且价格颇为昂贵。将氟橡胶与一些通用橡胶共混，目的在于获得性能优异而成本较低的共混物。

氟橡胶与 NBR 共混，宜选用与氟橡胶相容性较好的高丙烯腈含量的 NBR，氟橡胶可选用偏氟乙烯-六氟丙烯-四氟乙烯三元共聚物。对 NBR 而言，氟橡胶可明显提高其耐热性、耐油性。

将四丙氟橡胶（四氟乙烯-丙烯共聚物）与 EPDM 共混，可改善四丙氟橡胶的耐寒性，同时降低其成本。四丙氟橡胶的脆性温度为−26℃，四丙氟橡胶/EPDM 配比为 50∶50 时，脆性温度降至－40℃。该共混体系需选用 DCP 和 TAIC 作为交联剂和交联助剂。

3.4.3.2　硅橡胶共混物

硅橡胶是指主链以 Si—O 单元为主，以单价有机基团为侧基的线形聚合物弹性体。硅橡胶耐寒性极好，耐热性则仅次于氟橡胶。

将硅橡胶与氟橡胶共混，可以改善氟橡胶的耐寒性，且成本降低。当硅橡胶与氟橡胶的适当品种共混时，硅橡胶用量为 20%，脆性温度可降低 10℃。

硅橡胶的力学性能较低，耐油性差。将硅橡胶与 EPDM 共混，共混物兼具硅橡胶的耐热性和 EPDM 的力学性能。共混中添加硅烷偶联剂，以白炭黑补强，可得到耐热优于EPDM，而力学性能优于硅橡胶的共混物。

3.4.3.3　丙烯酸酯橡胶共混物

丙烯酸酯橡胶（ACM）是以丙烯酸酯为主单体经共聚而得的弹性体，其主链为饱和碳链，侧基为极性酯基。由于特殊结构赋予其许多优异的特点，如耐热、耐老化、耐油、耐臭氧、抗紫外线等，力学性能和加工性能优于氟橡胶和硅橡胶，其耐热、耐老化性和耐油性优于丁腈橡胶。ACM 具有高温下的耐油稳定性能，一般可达 175℃。ACM 已成为近年来汽车工业着重开发的一种密封材料。ACM 的缺点是耐寒性差，可通过共混加以改善。

对 ACM 可进行如下共混改性。

（1）ACM/硅橡胶共混物

ACM 的耐寒性较差；硅橡胶具有优良的耐高、低温性能，但是耐油性不佳。将硅橡胶与 ACM 共混，可以使 ACM 的耐寒性得到提高。采用的硫化剂为 1,4-双叔丁基过氧化异丙苯，助硫化剂为 N,N'-间亚苯基双马来酰亚胺[86]。

（2）ACM/丁腈橡胶（NBR）共混物

ACM 和 NBR 均为耐热、耐油橡胶，通过共混改性可以改善 ACM 的拉伸性能、加工性能并降低成本。但是，由于 ACM 和 NBR 的硫化机理、硫化剂种类和用量均不相同，共混的主要困难是硫化不同步，NBR 的硫化速度明显快于 ACM。国内外都对此进行过研究[90]。

（3）ACM/氯醚橡胶（ECO）共混物

氯醚橡胶（ECO，又称 CHC）为环氧氯丙烷和环氧乙烷共聚而成。ECO 具有良好的耐油性、耐高性和优异的化学稳定性，耐低温也良好（－45℃）。ECO 与 ACM 相容性较好。ACM/ECO 共混可以改善 ACM 的耐寒性。

3.4.4　共混型热塑性弹性体

3.4.4.1　概述

共混型热塑性弹性体是采用动态硫化方法生产的新型热塑性弹性体材料。所谓动态硫化，是指共混体系在共混过程中的剪切力作用下进行的硫化反应。在动态硫化过程中，橡-塑共混体系中的橡胶组分在机械共混的同时就完成了硫化。动态硫化是一种反应性共混过程。

动态硫化又分为部分硫化型和全硫化型。1972 年，美国 Uniroyal 公司推出经动态硫化制出的部分交联的三元乙丙橡胶与聚丙烯的共混型热塑性弹性体，这是部分动态硫化型的最早工业产品。在这类产品中，橡胶相有少量交联结构存在。在 1980 年，美国孟山都公司又生产出全交联型的聚烯烃热塑性弹性体，又称全动态硫化热塑性弹性体。在这种热塑性弹性体中，橡胶相是完全交联的。

全动态硫化型热塑性弹性体比其他类型的热塑性弹性体（如 SBS）有优越的力学性能。与传统橡胶相比，又具有可用挤出、注塑等方式成型、加工方便、能耗低、边角料可重复利用等优点。

全动态硫化热塑性弹性体的生产，可采用密炼机或双螺杆挤出机。双螺杆挤出机的炼胶速度明显快于密炼机，制成的共混型热塑性弹性体的性能，也优于密炼机的产物。

共混型热塑性弹性体的形态，是以橡胶为分散相，塑料为连续相。材料的弹性由硫化交联的橡胶粒子提供，熔融流动性则由塑料连续相提供。一般来说，橡胶相粒子粒径较小时，弹性体的性能较好。橡-塑两组分的配比、橡胶粒子的交联程度，都对共混型热塑性弹性体的性能产生重要影响。

3.4.4.2　全动态硫化热塑性弹性体品种简介

全动态硫化型热塑性弹性体又被称为热塑性动态硫化橡胶（TPV）。在众多 TPV 中，乙丙橡胶的 TPV 受到格外重视。其中，EPDM/PP 体系制备的 TPV 又是进行了最为广泛研究的一种[91]。国内自 20 世纪 80 年代初开始对 TPV 的研究，但除了 EPDM/PP 体系的 TPV，真正实现产业化的还很少[92]。

EPDM/PP 体系的 TPV 具有优良的力学性能。一种硬度（邵 A）为 73 的 EPDM/PP 热塑性动态硫化橡胶，其拉伸强度为 9.31MPa，100％定伸应力为 3.53MPa，断裂伸长率为 510％，撕裂强度为 34.3kN/m，拉伸永久变形（伸长 100％）为 8％，回弹性为 53％，脆性温度为 -60℃[86]。EPDM/PP 热塑性动态硫化橡胶的耐热老化性能、耐臭氧老化性能、耐溶剂性能、耐化学药品性能、电绝缘性能也很好。

除 EPDM/PP 体系的 TPV 外，EPDM 还可与 PE 等塑料共混，制成 TPV。美国孟山都公司生产了 EPDM/PE 热塑性动态硫化橡胶的商业产品，牌号为 Santoprene。此外，TPV 的品种还有 NBR/PP 体系、NR/HDPE 体系、NR/PP 体系、SBR/HDPE 体系、NBR/PA 体系、EPR/PA 体系等。

3.4.4.3　TPV 的主要用途

TPV 可广泛应用于除轮胎以外的各种橡胶制品，具有广阔的发展前景。

（1）汽车配件

汽车行业是 TPV 最大的应用行业，主要应用于汽车挡风玻璃密封条等密封材料、发动机系统的空气通风管等。许多原采用热固性硫化橡胶的汽车配件已被 TPV 替代。如以前用 EPDM 生产的净化空气通风管已改用 Santoprene 生产。此外，高硬度的 EPDM/PP 体系 TPV 可生产方向盘、保险杠等，较低硬度的则可生产风挡、密封条等。

（2）建筑材料

在国外，EPDM/PP 体系的 TPV 正在代替氯丁橡胶，用于制造门窗密封条。TPV 还可代替硅橡胶、EPDM 等，用作建筑物的膨胀接头。此外，TPV 还可用于制造防水卷材。国内也已研制生产了 EPDM/PP 体系的 TPV 防水卷材[92]。

（3）医疗领域

由于 EPDM/PP 体系的 TPV 在制造过程中较少有化学药品残留，且可用高压蒸汽消毒，因而在医疗领域有广泛的应用前景。

（4）电子、电器领域

可用来生产洗衣机配件及导管、电线电缆绝缘护套、吸尘器软管等。此外，还可生产农业及园艺灌溉用管道。

TPV 是一种新型的共混材料，它的研究开发尚在进行之中。随着研究地深入进行，更多的 TPV 品种和更多的用途将会被开发出来。

习　题

1. PVC 的弹性体增韧剂有哪些种类，各有什么特点？
2. PP 的弹性体增韧剂有哪些种类？
3. PPO 最常用的共混体系是什么？有什么特点？
4. 液晶聚合物的共混体系有何特点？
5. 简述影响橡胶硫化助剂在橡胶两相间分配的因素。

参 考 文 献

[1] 刘晓明, 赵华山, 等. PVC/CPE 体系的形态-加工条件-冲击性能之间的关系 [J]. 聚氯乙烯, 1984 (5): 6.

[2] 杨文君, 等. PVC/CPE 共混物的结构与性能 [J]. 现代塑料加工应用, 1993 (4): 17.

[3] 罗伟, 王国全. 废旧塑料回收用助剂的研究 [J]. 塑料助剂, 1997 (3): 15.

[4] 吴培熙, 张留城. 聚合物共混改性 [M]. 北京: 中国轻工业出版社, 1998.

[5] 孟宪谭, 等. MBS 树脂改性 PVC 的研究 [J]. 石油化工, 2002 (8): 626.

[6] 华幼卿, 等. 高聚合度 PVC/部分交联粉末丁腈橡胶热塑性弹性体的亚微相态与力学性能研究 [J]. 北京化工大学学报, 1999 (3): 12.

[7] 何光波. 聚丙烯酸酯类对 PVC 改性的研究 [J]. 塑料科技, 1991 (4): 30.

[8] 尤伟, 等. 核/壳结构聚合物改性硬质聚氯乙烯的力学性能 [J]. 高分子材料科学与工程, 2008 (9): 88.

[9] 佀庆波, 等. ACR 的组成对 PVC 性能的影响 [J]. 吉林化工学院学报, 2012 (1): 16.

[10] 邵军, 张桂荣. 注塑用 ABS/PVC 合金的研究 [J]. 现代塑料加工应用, 1994 (3): 21.

[11] 乔巍巍, 王国英. ABS/PVC/CPE 共混体系的力学性能 [J]. 塑料工业, 2004, 32 (6): 20-21.

[12] 张金柱, 陈弦, 等. 电视机壳用 ABS/PVC 塑料合金 [J]. 塑料科技, 1995 (5): 1.

[13] 黄成棣, 等. 热塑性聚氨酯和聚氯乙烯共混材料的制备 [J]. 塑料工业, 1991 (1): 39.

[14] 叶成兵, 张军, 等. 热塑性聚氨酯与聚氯乙烯共混改性研究 [J]. 中国塑料, 2004, 18 (8): 48-52.

[15] 许晓秋, 常津. PVC/PU 共混改性的研究 [J]. 塑料工业, 1999, 27 (4): 9-11.

[16] 付东升, 朱光明. PVC 的共混改性研究进展 [J]. 塑料科技, 2003 (3): 60-64.

[17] 叶福根. HPVC 与 PVC 共混技术的应用研究 [J]. 聚氯乙烯, 1992 (3): 16.

[18] 王国全. S-PVC/MS-PVC 共混体系的研究 [J]. 聚氯乙烯, 1992 (5): 7.

[19] 解磊, 黄源, 曾晓飞, 等. PP/POE/纳米 CaCO$_3$ 复合材料力学性能研究 [J]. 中国塑料, 2006, 20 (1): 36-39.

[20] 王慧卉, 等. 聚丙烯共混改性研究进展 [J]. 广东化工, 2014 (23): 73.

[21] 王鉴, 等. 热塑性弹性体 POE 的应用研究进展 [J]. 塑料科技, 2014 (5): 118.

[22] 刘西文, 等. PP/共聚 PP/POE 共混体系的研究 [J]. 塑料工业, 2008 (1): 29.

[23] 周琪, 等. PP/POPP 及 PP/EPDM 共混改性研究 [J]. 塑料科技, 2007 (7): 46.

[24] 薛刚, 等. 非对称同相双螺杆挤出机加工 PP/HDPE/POE 共混复合材料的研究 [J]. 塑料科技, 2014 (4): 57.

[25] 敖玉辉, 等. 螺杆转速对 PP/POE 共混物形态及冲击性能的影响 [J]. 工程塑料应用, 2007 (6): 38.

[26] 张增民，赵丹心，等. PP/HDPE/SBS 三元共混物的研究 [J]. 现代塑料加工应用，1996 (6)：1.

[27] 邱桂学，崔丽梅. 高韧性高流动性 PP/POE 复合材料的制备及其形态分析 [J]. 青岛科技大学学报，2004，25 (2)：139-143.

[28] 赵永仙，黄宝琛，等. 聚丙烯/聚丁烯热塑性弹性体共混物力学性能的研究 [J]. 中国塑料，2004，18 (7)：28-31.

[29] 蒋焘，杨红. 聚丙烯与氯化聚乙烯共混体系的研究 [J]. 中国塑料，1995 (2)：32.

[30] 樊敏，陈金周，等. PP/EPDM-g-MAH/TPU 共混物流变行为的研究 [J]. 塑料工业，2004，32 (11)：43-45.

[31] 郦华兴，张祥成. SBS 及 HDPE 共混改性 PP 粉料的研究 [J]. 中国塑料，1989 (3)：20.

[32] 黎珂，等. PP/POE/PA6 三元共混物相形态的预测及受混炼顺序的影响 [J]. 化工学报，2013 (6)：2285.

[33] 马晓燕，梁国正，等. 聚丙烯/聚烯烃弹性体共混物非等温结晶动力学及力学性能研究 [J]. 中国塑料，2004，18 (7)：11-15.

[34] 田野春，杨其，等. PP/LLDPE 共混体系的研究 [J]. 塑料工业，2003，31 (8).

[35] 梁基照. PP/LDPE 共混物熔体流动特性的研究 [J]. 合成树脂及塑料，1995 (1)：19.

[36] 宣兆龙，易建政，等. 聚丙烯的共混改性研究 [J]. 塑料科技，1999 (6)：17.

[37] 庞纯，张世杰，等. PP/LLDPE 交联共混的力学性能研究 [J]. 塑料工业，2004，32 (3)：33-35.

[38] 李炳海，陈勇，等. PP/UHMWPE 共混物力学性能的研究 [J]. 塑料工业，2003，31 (7)：9-13.

[39] 刘功德，李惠林，等. 聚丙烯/超高摩尔质量聚乙烯共混物的结构与性能研究 [J]. 塑料工业，2003，31 (1)：20-23.

[40] 何慧，杨波，等. (E/VAC)-g-MAH 对 PP/PBT 共混体系的增容改性 [J]. 工程塑料应用，2004，32 (8)：5-8.

[41] 沈经纬，阮文红. 无规共聚 PP 与嵌段共聚 PP 共混的研究 [J]. 中国塑料，2001，15 (7)：21-24.

[42] 安峰，李炳海，等. PPH/PPR/PPB 共混体系力学性能的研究 [J]. 塑料工业，2003，31 (11)：39-41.

[43] 徐定宇，常秀贞，等. HDPE/SBS 共混方式对薄膜形态结构及性能的影响 [J]. 高分子材料科学与工程，1990 (6)：44.

[44] 承民联，斐峻峰. LDPE/PA6 共混阻透薄膜的研制 [J]. 中国塑料，2001，15 (7)：43-46.

[45] 罗卫华，周南桥. HDPE/PC 分散相纤维化及其原位复合材料的研究 [J]. 塑料工业，2004，32 (4)：16-18.

[46] 吴彤，邹华萍，等. 乙烯-醋酸乙烯酯共聚物对茂金属聚乙烯的改性研究 [J]. 中国塑料，2003，17 (3)：25-31.

[47] 李炳海，陈勇，等. UHMWPE/HDPE 共混物的流动性及力学性能的研究 [J]. 塑料工业，2003，31 (9)：9-12.

[48] 许长清. 合成树脂及塑料手册 [M]. 北京：化学工业出版社，1991. 178.

[49] 金敏善，洪重奎，等. ABS/PMMA 合金组成与性能的研究 [J]. 塑料，2003，32 (1)：82-85.

[50] 王国全. 塑料合金研究概况 [J]. 塑料加工，1996 (2)：7.

[51] 邓如生. 共混改性工程塑料 [M]. 北京：化学工业出版社，2003. 227-232，397，561.

[52] 杜强国，王荣海，等. 增韧尼龙 6 的力学性质和形态 [J]. 高分子材料科学与工程，1991 (1)：53.

[53] 王勇，黄劲. 聚酰胺-聚烯烃共混体系的进展 [J]. 合成树脂及塑料，1993 (3)：63.

[54] 陈晓松，等. PA11/POE/POE-g-MAH 共混合金的制备及性能研究 [J]. 塑料科技，2014 (10)：64.

[55] 崔同伟，等. PA/PE 共混研究进展 [J]. 橡塑技术与装备（塑料版），2014 (4)：3.

[56] 李澜鹏，等. PA6/EPDM-g-MAH/HDPE 三元共混物的形态与性能 [J]. 合成树脂及塑料，2015 (1)：10.

[57] 张良均，童身毅. PP-g-MAH 增容 PP/PA66 共混物形态结构和性能 [J]. 塑料科技，2004，161 (3)：35-36.

[58] 贺爱华，欧玉春，等. 马来酸酐接枝热塑性弹性体在 PP/PA6 共混物中的作用 [J]. 高分子学报，2004 (4)：534-540.

[59] 李海东，程凤梅，等. 聚丙烯的官能化及与尼龙 1010 相容性研究 [J]. 塑料科技，2004，161 (3)：1-3.

[60] 张新颖，谢建军，等. 酯交换反应对 PET/PA6 共混体系性能的影响 [J]. 中国塑料，2004，18 (5)：19-22.

[61] 周伟平，刘先珍，等. PA6/SEBS/PP-g-MAH 的共混改性 [J]. 高分子材料科学与工程，2004，20 (6)：203-206.

[62]　张世杰, 杨得志, 等. 吸湿性 PA6/PVP 共混物的结构及性能研究 [J]. 塑料工业, 2003, 31 (1)：33-36.

[63]　张金根, 杨晓慧, 等. PC/ABS 塑料合金的研制 [J]. 工程塑料应用, 1987 (2)：6.

[64]　白绘宇, 张勇, 张隐西, 等. 酯交换反应稳定剂对 PBT/PC 共混物性能和结构的影响 [J]. 中国塑料, 2004, 18 (3)：23-26.

[65]　吕芸, 等. 聚碳酸酯/聚乳酸共混体系的研究进展 [J]. 合成树脂及塑料, 2012 (6)：49.

[66]　牛建岭. 性能优异的聚碳酸酯/聚乳酸复合材料 [J]. 国外塑料, 2009 (12)：61-62.

[67]　董建华, 苗荣正, 等. PET 塑料改性进展 [J]. 工程塑料应用, 1985 (3)：21.

[68]　陈枫, 何鹏. PET/聚烯烃共混改性的研究进展 [J]. 工程塑料应用, 2009 (12)：84-87.

[69]　金日光, 杨宏. PBT/EVA 共混合金的物机性能研究 [J]. 北京化工学院学报, 1989 (2)：37.

[70]　任华, 张勇, 等. PBT/ABS 共混体系研究进展 [J]. 中国塑料, 2001, 15 (11)：6-9.

[71]　丁浩. 塑料工业实用手册 [M]. 北京：化学工业出版社, 1995. 493.

[72]　孙皓, 丁胜飞, 等. PPO/PA 合金的研制 [J]. 塑料工业, 2003, 31 (9)：13-15.

[73]　徐正兵, 周正发, 等. POM/PU 共混物增容剂的合成与应用 [J]. 塑料工业, 1995 (2)：39.

[74]　马瑞申, 黄秀云, 等. 增韧聚甲醛的研究 [J]. 工程塑料应用, 1987 (1)：7.

[75]　傅全乐, 李齐方, 丁筠, 乔辉. 聚甲醛增韧改性研究进展 [J]. 中国塑料, 2014 (12)：1.

[76]　徐卫兵, 等. 共聚尼龙增韧改性聚甲醛的研究 [J]. 塑料工业, 1994 (3)：21.

[77]　张秀斌, 房桂明. POM 共混增韧改性研究 [J]. 塑料科技, 2004 (6)：9.

[78]　徐卫兵, 等. EPDM-g-MMA 对 FOM/EPDM 的增容作用 [J]. 现代塑料加工应用, 1995 (3)：7.

[79]　陈金耀, 曹亚, 等. POM/UHMWPE 共混物摩擦磨损性能研究 [J]. 塑料工业, 2004 (11)：39.

[80]　邓程方, 邓凯恒. 聚苯硫醚共混改性研究进展 [J]. 塑料科技, 2011 (7)：111.

[81]　梅庆祥. 高性能工程塑料合金 [J]. 现代塑料加工应用, 1992 (3)：49.

[82]　李思远, 等. 聚醚醚酮共混改性研究进展 [J]. 中国塑料, 2015 (5)：1.

[83]　于全蕾, 于笑梅, 等. 聚醚醚酮/聚醚砜共混物的研究 [J]. 塑料工业, 1990 (3)：25.

[84]　杨晨, 曾汉民. PPS/PES 共混物动态力学行为的研究 [J]. 工程塑料应用, 1990 (4)：45.

[85]　江东, 张丽梅. 聚醚砜与聚碳酸酯增容共混物及性能 [J]. 吉林大学学报 (理学版), 2005, 43 (5)：673-676.

[86]　邓本诚, 李俊山. 橡胶塑料共混改性 [M]. 北京：中国石化出版社, 1996.

[87]　于清溪. 橡胶原材料手册 [M]. 北京：化学工业出版社, 1996.

[88]　赵艳芳, 等. 天然橡胶共混改性的研究概况 [J]. 特种橡胶制品, 2006 (1)：55.

[89]　贾芳, 等. 三元乙丙橡胶共混改性的研究进展 [J]. 特种橡胶制品, 2008 (2)：46.

[90]　吴福生, 王真琴. 丙烯酸酯橡胶与丁腈橡胶并用研究 [J]. 弹性体, 2001, 11 (6)：27-30.

[91]　张中岳, 乔金梁. 动态全硫化乙丙橡胶/聚烯烃共混型热塑性弹性体 [J]. 合成橡胶工业, 1986, 9 (5)：361-363.

[92]　陈尔凡, 等. 动态硫化热塑性弹性体的研究进展 [J]. 高分子材料科学与工程, 2011, 27 (3)：171-174.

第4章 聚合物填充、增强体系及纳米复合材料

聚合物的填充体系，是指在聚合物基体中添加与基体在组成和结构上不同的固体添加物制备的复合体系。这样的添加物称为填充剂，也称为填料。"填充"一词有增量的含义。某些填充剂，确实是主要作为增量剂使用的。但随着材料科学的发展，越来越多的具有改性作用或特殊功能的填充剂被开发出来并获得了应用。聚合物中添加填充剂的目的，有的仅仅是为了降低成本，但更多的是为了改善性能。例如，有的填充体系是为增强或改善加工性能，有的可以提高耐热性或耐候性；有一些填充剂可以改善聚合物的质感，还有一些填充剂具有阻燃或抗静电等作用。

用于聚合物改性的无机粒子的粒径，随着制备技术的进展，呈现出细微化的趋势。无机纳米粒子/聚合物复合材料日益受到关注。本章将简介无机纳米粒子/聚合物复合材料。

纤维增强是提高聚合物力学性能的重要手段。短纤维增强热塑性聚合物复合材料的制备方法与共混方法接近，热固性树脂基纤维增强复合在聚合物改性中有重要作用，都将在本章进行简介。

4.1 填充剂与增强纤维简介

4.1.1 填充剂的种类

填充剂的种类繁多，可按多种方法进行分类。按化学成分，可分为无机填充剂和有机天然材料填充剂两大类。目前实际应用的填充剂大多数为无机填充剂，而天然材料填充剂（如木粉等天然纤维类填充剂）也展示出发展前景。

将无机填充剂进一步划分，可分为碳酸盐类、硫酸盐类、金属氧化物类、金属粉类、金属氢氧化物类、含硅化合物类、碳素类等。其中，碳酸盐类包括碳酸钙、碳酸镁、碳酸钡，硫酸盐包括硫酸钡、硫酸钙等，金属氧化物包括二氧化钛（钛白粉）、氧化锌、氧化铝、氧化镁、三氧化二锑等，金属氢氧化物如氢氧化铝，金属粉如铜粉、铝粉，含硅化合物如二氧化硅（白炭黑）、滑石粉、陶土、硅藻土、云母粉、硅灰石等，碳素类如炭黑。

填充剂按形状划分，有粉状、粒状、片状、纤维状等。

4.1.2 无机填充剂

现将一些主要无机填充剂品种简介如下[1,2,3]。

（1）碳酸钙

碳酸钙（$CaCO_3$）是用途广泛而价格低廉的填充剂。因制造方法不同，可分为重质碳酸钙和轻质碳酸钙。重质碳酸钙是石灰石经机械粉碎而制成的，其粒子呈不规则形状，粒径在 $10\mu m$ 以下，相对密度 $2.7\sim2.95$。轻质碳酸钙是采用化学方法生产的，粒子形状呈针状，粒径在 $10\mu m$ 以下，其中大多数粒子在 $3\mu m$ 以下，相对密度 $2.4\sim2.7$。近年来，超细碳酸钙、纳米级碳酸钙也相继研制出来。将碳酸钙进行表面处理，可制成活性碳酸

钙。活性碳酸钙与聚合物有较好的界面结合，可有助于改善填充体系的力学性能。轻质碳酸钙的显微照片如图 4-1 所示。

在塑料制品中采用碳酸钙作为填充剂，不仅可以降低产品成本，还可改善性能。例如，在硬质 PVC 中添加 5～10 质量份的超细碳酸钙，可提高冲击强度。碳酸钙广泛应用于 PVC 中，可制造管材、板材、人造革、地板革等，也可用于 PP、PE 等塑料中，在橡胶制品中也有广泛的应用。

（2）陶土

陶土，又称高岭土，是一种天然的水合硅酸铝矿物，经加工可制成粉末状填充剂，相对密度为 2.6。

作为塑料填充剂，陶土具有优良的电绝缘性能，可用于制造各种电线包皮。在 PVC 中添加陶土，可使电绝缘性能大幅度提高。

陶土在橡胶工业也有应用，可用作 NR、SBR 等的补强填充剂。

（3）滑石粉

滑石粉是天然滑石经粉碎、研磨、分级而制成的。滑石粉的化学成分是含水硅酸镁，为层片状结构，相对密度为 2.7～2.8。

图 4-1　轻质碳酸钙的电镜照片

滑石粉用作塑料填充剂，可提高制品的刚性、硬度、阻燃性能、电绝缘性能、尺寸稳定性，并具有润滑作用。滑石粉常用于填充 PP、PS 等塑料。

粒度较细的滑石粉可用作橡胶的补强填充剂。超细滑石粉的补强效果可更好一些。

（4）云母

云母是多种铝硅酸盐矿物的总称，主要品种有白云母和金云母。云母为鳞片状结构，具有玻璃般光泽。云母经加工成粉末，可用作聚合物填充剂。云母粉易于与塑料树脂混合，加工性能良好。

云母粉可用于填充 PE、PP、PVC、PA、PET、ABS 等多种塑料，可提高塑料基体的拉伸强度、模量，还可提高耐热性，降低成型收缩率，防止制品翘曲。云母粉还具有良好的电绝缘性能。

云母粉呈鳞片状形态，在其长度与厚度之比为 100 以上时，具有较好的改善塑料力学性能的作用。在 PET 中添加 30％的云母粉，拉伸强度可由 55MPa 提高到 76MPa，热变形温度也有大幅度提高。

云母粉在橡胶制品中应用，主要用于制造耐热、耐酸碱及电绝缘制品。

（5）二氧化硅（白炭黑）

用作填充剂的二氧化硅大多为化学合成产物，其合成方法有沉淀法和气相法。二氧化硅为白色微粉，用于橡胶可具有类似炭黑的补强作用，故被称为"白炭黑"。白炭黑是硅橡胶的专用补强剂，在硅橡胶中加入适量的白炭黑，其硫化胶的拉伸强度可提高 10～30 倍。白炭黑还常用作白色或浅色橡胶的补强剂，对 NBR 和氯丁胶的补强作用尤佳。气相法白炭黑的补强效果较好，沉淀法则较差。

在塑料制品中，白炭黑的补强作用不大，但可改善其他性能。白炭黑填充 PE 制造薄膜，可增加薄膜表面的粗糙度，减少粘连。在 PP 中，白炭黑可用作结晶成核剂，缩小球晶结构，增加微晶数量。在 PVC 中添加白炭黑，可提高硬度，改善耐热性。

（6）硅灰石

天然硅灰石的化学成分为 β 型硅酸钙，具有针状结构。经加工制成硅灰石粉，为针状填充剂。天然硅灰石粉化学稳定性和电绝缘性能好，吸油率较低，且价格低廉，可用作塑料填充剂。硅灰石可用于 PA、PP、PET、环氧树脂、酚醛树脂等，对塑料有一定的增强作用。

硅灰石粉白度较高，用于 NR 等橡胶制品，可在浅色制品中代替部分钛白粉。硅灰石粉在胶料中分散容易，易于混炼，且胶料收缩性较小。

（7）二氧化钛（钛白粉）

二氧化钛俗称钛白粉，在高分子材料中用作白色颜料，也可兼作填充剂。根据结晶结构不同，二氧化钛可分为金红石型（Ruite）和锐钛型（Anatase）等晶型，金红石型着色力高、遮盖力好、耐光性好；锐钛型在紫外线照射下会发生反应，一般不应用到塑料着色中。钛白粉不仅可以使制品达到相当高的白度，而且可使制品对日光的反射率增大，保护高分子材料，减少紫外线的破坏作用。添加钛白粉还可以提高制品的刚性、硬度和耐磨性。钛白粉在塑料和橡胶中都有广泛应用。

（8）氢氧化铝

氢氧化铝为白色结晶粉末，在热分解时生成水，可吸收大量的热量。因此，氢氧化铝可用作塑料的填充型阻燃剂，与其他阻燃剂并用，对塑料进行阻燃改性。作为填充型阻燃剂，氢氧化铝具有无毒、不挥发、不析出等特点。还能显著提高塑料制品的电绝缘性能。经过表面处理的氢氧化铝，可用于 PVC、PE 等塑料中。氢氧化铝还可用于氯丁胶、丁苯胶等橡胶中，具有补强作用。氢氧化铝的热分解温度较低，因而不适用于加工温度较高的工程塑料。

（9）氢氧化镁与水镁石

除氢氧化铝外，填充型无机阻燃剂还有氢氧化镁等。氢氧化镁的热分解温度较高，可用于一些工程塑料。

水镁石是一种天然矿物，主要成分是氢氧化镁，是自然界含镁最高的矿物。水镁石粉经表面改性后，可用于 PE、PP 等塑料的阻燃改性，且成本低廉。

（10）炭黑

炭黑是一种以碳元素为主体的极细的黑色粉末。炭黑因生产方法不同，分为炉法炭黑、槽法炭黑、热裂法炭黑和乙炔炭黑。

在橡胶工业中，炭黑是用量最大的填充剂和补强剂。炭黑对橡胶制品具有良好的补强作用，且可改善加工工艺性能，兼作黑色着色剂之用。

在塑料制品中，炭黑的增强作用不大，可发挥紫外线遮蔽剂的作用，提高制品的耐光老化性能。此外，在 PVC 等塑料制品中添加乙炔炭黑或导电炉黑，可降低制品的表面电阻，起抗静电作用。炭黑也是塑料的黑色着色剂。

（11）玻璃微珠

玻璃微珠是一种表面光滑的微小玻璃球，可由粉煤灰中提取，也可直接以玻璃制造。由粉煤灰中提取玻璃微珠可采用水选法，产品分为"漂珠"与"沉珠"。漂珠是中空玻璃微珠，相对密度为 0.4～0.8。

直接用玻璃生产微珠的方法又分为火焰抛光法与熔体喷射法。火焰抛光法是将玻璃粉末加热，使其表面熔化，形成实心的球形珠粒。熔体喷射法则是将玻璃料熔融后，高压喷射到空气中，可形成中空小球。

实心玻璃微珠具有光滑的球形外表，各向同性，且无尖锐边角，因此没有应力高度集中的现象。此外，玻璃微珠还具有滚珠轴承效应，有利于填充体系的加工流动性。玻璃微珠的膨胀系数小，且分散性好，可有效地防止塑料制品的成型收缩及翘曲变形。实心玻璃微珠主要应用于尼龙，可改善加工流动性及尺寸稳定性。此外，也可应用于 PS、ABS、PP、PE、PVC 以及环氧树脂中。玻璃微珠一般应进行表面处理以改善与聚合物的界面结合。

中空玻璃微珠除具有普通实心微珠的一些特性外，还具有密度低、热传导率低等优点，电绝缘、隔音性能也良好。但是，中空玻璃微珠壳体很薄，不耐剪切力，不适用于注射或挤出成型工艺。目前，中空玻璃微珠主要应用于热固性树脂为基体的复合材料，采用浸渍、注模、压塑等方法成型。中空玻璃微珠与不饱和聚酯复合可制成"合成木材"，具有质量轻、保温、隔音等特点。

（12）金属粉末与金属纤维

金属粉末包括铜粉、铝粉等，可用于制备抗静电或导电高分子材料。

近年来，金属纤维填充热塑性导电塑料发展迅速，采用的金属纤维主要是铜纤维或不锈钢纤维。

4.1.3　增强纤维及晶须

用于纤维增强复合材料的纤维品种很多[1,2,4,5]，主要品种有玻璃纤维、碳纤维、芳纶纤维，此外还有尼龙、聚酯纤维以及硼纤维。晶须也可用于增强复合材料的制备。

增强纤维的主要品种简介如下。

（1）玻璃纤维

玻璃纤维增强塑料是已获得颇为广泛应用的纤维增强复合材料。玻璃纤维按化学组成可分为无碱铝硼硅酸盐（简称无碱纤维）和有碱无硼硅酸盐（简称中碱纤维）。玻璃纤维可用于增强 PP、PET、PA 等热塑性塑料，也广泛应用于热固性塑料。

玻纤增强塑料具有比强度高、耐腐蚀、隔热、介电、容易成型等优点。玻纤与基体塑料的界面结合情况对复合材料的力学性能影响很大，一般应用偶联剂处理。

（2）碳纤维

碳纤维是由聚丙烯腈纤维、黏胶或沥青原丝经碳化而制成的。由于原料不同和制造方法不同，碳纤维的强度和模量也不相同。碳纤维的相对密度为 1.3～1.8，而玻璃纤维的相对密度则为 2.5 左右；采用碳纤维增强的复合材料，其模量明显高于采用玻纤增强的复合材料。碳纤维增强复合材料是一种质轻、高强的新型复合材料，不仅在航空、航天工业中有广泛用途，而且已在体育、生活用品中获得应用。碳纤维还具有耐高温、导电等特性。碳纤维可用于 PC、PA、PP、PE 等热塑性塑料，以及环氧树脂等热固性塑料。

（3）芳纶纤维

芳香族聚酰胺纤维，简称芳纶纤维，是一种高强度、高模量且质轻的新型合成纤维。其代表性品种是美国 Du Pont 公司开发的 Kevlar 纤维，化学组成为聚对苯二甲酰对苯二胺。Kevlar 纤维的比强度为钢丝的 5 倍，相对密度仅为 1.43～1.45，且具有良好的耐热性。

（4）其他纤维

硼纤维也是一种新型纤维，模量高于玻纤，主要应用于航空领域。

聚酯纤维和尼龙纤维，主要应用于汽车轮胎和胶带、胶管的骨架材料。

再将晶须简介如下。

晶须（whiskers）是以单丝形式存在的小单晶体。晶须的种类很多，代表性品种有碳化硅晶须和硫酸钙晶须等。晶须具有很高的强度和模量。譬如，碳化硅晶须的模量为钢丝的 4 倍，拉伸强度约为钢丝的 3 倍。与其他增强纤维材料相比，晶须具有更微细的尺寸和较大的长径比。譬如，硫酸钙晶须的长度为 $100～200\,\mu m$，直径仅为 $1～4\,\mu m$[6]。因此，将晶须添加到聚合物中，不仅很少增加熔体黏度，而且还可以使加工流动性得到改善。晶须还具有卓越的耐热性，质量也较轻。硫酸钙晶须具有很高的强度，且价格与其他品种晶须相比较低，有较高的性能价格比。

利用晶须对聚合物进行增强或增韧，在国外已得到广泛应用，主要用于汽车、机器制造、电子仪器以及航空航天等。国内自 20 世纪 80 年代以来也已开展对于晶须的研究。

4.1.4　天然材料填充剂

可用于天然材料填充剂/塑料复合材料的天然纤维品种很多，除各种木材废料外，还包括稻草、秸秆、糠壳等。这些材料在我国资源丰富，但利用水平很低。除少量农业植物纤维被用于生产饲料和经济作物外，大部分被焚烧处理，不仅造成自然资源严重浪费，还污染了环境。

目前，天然材料填充剂/塑料复合材料的大规模应用以木塑制品为主[7-9]。木粉是采用木材生产中的下脚料（如枝丫、边角废料），经机械粉碎、研磨而制成。木粉的细度通常为 50～100 目。木粉被大量地用作酚醛、脲醛等热固性树脂的填充剂。近年来，由木粉/热塑性塑料（主要采用废旧塑料）复合制成木塑复合材料的制备技术取得了重大的进展，木塑复合材料也获得了日益广泛的应用。竹纤维、麻纤维、秸秆纤维与聚合物的复合材料，也在进行研究和应用开发。

木塑复合材料除具有木材制品的特点外，还具有机械性能好、强度高、防腐、防虫、防湿、抗强酸强碱、不易变形、使用寿命长、可重复使用等优点，且主要原料为废旧材料，价格便宜，成本低廉，有利于环保。它还具有传统木材所不及的优越特性，如无木节疤、斜纹；制品表面光滑、平整、坚固，并可压制出各种立体图案和形状，不需要复杂的二次加工，等等。

木塑制品的应用已相当广泛。例如，在建筑装修和装饰材料中可作护墙板、地板、踢脚板、装饰板、壁板及建筑模板等；在市政交通中可制成标牌、广告板、汽车装饰板材、高速公路噪音隔板等；用于包装材料的搬运垫板和托盘；此外还可用于制成露天桌椅、围墙、防潮隔板等。

天然材料填充剂/塑料复合材料以聚乙烯、聚丙烯、聚氯乙烯等各种废弃塑料为原料，大大提高了废旧资源的综合利用水平，促进了环境综合治理。

4.2 填充剂的基本特性及表面改性

4.2.1 填充剂的基本特性

填充剂的基本特性包括填充剂的形状、粒径、表面结构、相对密度等，这些基本特性对填充改性体系的性能有重要影响。

4.2.1.1 填充剂的细度

填充剂的细度是填充剂最重要的性能指标之一。颗粒细微的填充剂粉末，如能在聚合物基体中达到均匀分散，可获得增韧、增强等作用，或者至少可以有利于保持基体原有的力学性能。而颗粒粗大的填充剂颗粒，则会使材料的力学性能明显下降。填充剂的改性作用，如补强、增韧、提高耐候性、阻燃、电绝缘或抗静电等，也要在填充剂颗粒达到一定细度且均匀分散的情况下，才能实现。

填充剂的细度可用目数或平均粒径来表征。对于超细粉末填充剂和纳米级填充剂，亦常用比表面积表征其细度。

4.2.1.2 填充剂的形状

填充剂的形状多种多样，有球形（如玻璃微珠）、不规则粒状（如重质碳酸钙）、片状（如陶土、滑石粉、云母）、针状（如硅灰石），以及柱状、棒状、纤维状等。

对于片状的填充剂，其底面长径与厚度的比值是影响性能的重要因素。陶土粒子的底面长径与厚度的比值不大，属于"厚片"，所以提高塑料刚性的效果不明显。云母的底面长径与厚度的比值较大，属于"薄片"，用于填充塑料，可显著提高其刚性。

针状（或柱状、棒状）填充剂的长径比对性能也有较大影响。短纤维增强聚合物体系，也可视作是纤维状填充剂的填充体系，因而，其长径比也会明显影响体系的性能。

4.2.1.3 填充剂的表面特性

填充剂的表面特性，包括填料颗粒的表面自由能、表面形态等。

固体的表面自由能，可用通过固体表面与液体的接触角来测定。但一般的接触角测定仪，不适于测定粉末状填料的接触角。对于粉末状填料，可采用浸润速度法和相应的接触角测定仪测定其接触角[10]。

填充剂表面的化学结构各不相同，影响其表面特性。譬如，炭黑表面有羧基、内酯基等官能团，对炭黑性能有一定影响。许多无机填充剂的表面具有亲水性，与聚合物基体的亲和性不佳，因而，需要通过表面处理，使表面包覆偶联剂等助剂，以改善其表面特性。

填充剂的表面形态也多种多样，有的光滑（如玻璃微珠），有的则粗糙，有的还有大量微孔。

4.2.1.4 其他特性

填充剂的密度不宜过大。密度过大的填充剂会导致填充聚合物的密度增大，不利于材料的轻量化。硬度较高的填充剂可增加填充聚合物的硬度。但硬度过大的填充剂会加速设备的磨损。

填充剂的含水量和色泽也会对填充聚合物体系产生影响。含水量应控制在一定限度之内。色泽较浅的填充剂可适用于浅色和多种颜色的制品。填充剂特性还包括热膨胀系数、电绝缘性能等。

4.2.2　填充剂的表面改性

为改善填充剂颗粒与聚合物基体的界面结合，通常需要对填充剂颗粒进行表面改性，或称为表面处理。经适当表面处理的填充剂，用于聚合物填充材料，与采用未经改性的填充剂相比，力学性能可以显著提高，成型加工过程中的熔融流动性也可以得到明显改善。表面改性剂种类和改性工艺条件，对聚合物填充体系的性能会有重要影响。

4.2.2.1　表面改性剂的种类

表面改性剂的种类，包括偶联剂、表面活性剂、有机高分子处理剂、无机处理剂等，分述如下[11]。

（1）偶联剂

偶联剂（Coupling agent）在填充剂的表面改性中有广泛应用。偶联剂的化学结构含有两类基团，一类是亲无机填料的基团，一类是亲有机聚合物的基团。借助于偶联剂的作用，可以使表面性质相差悬殊的无机填料和有机聚合物之间获得良好的界面结合。

偶联剂的主要品种有钛酸酯偶联剂、硅烷偶联剂等，详见本书第 6 章。

（2）表面活性剂

表面活性剂是能够改变材料表面性质的物质。表面活性剂的分子结构包含两个组成部分：其分子的一端为羧基等极性集团，可以与无机填充剂粒子表面发生吸附或化学反应；分子的另一端为长链烷基，结构与聚合物分子相似，因而和聚烯烃等高聚物有一定的相容性。表面活性剂覆盖于填充剂粒子表面，可形成一层亲油性结构，使填充剂和树脂有良好的亲和性，改善填充剂的分散性、提高填充剂的添加量。

表面活性剂分为离子型和非离子型两大类，离子型又包括阴离子、阳离子和两性离子型。其中，脂肪酸及其盐类、酯类，是广泛应用于无机填充剂改性的表面活性剂。

（3）有机高分子表面改性剂

采用有机高分子表面改性剂，可在无机填充剂的表面形成高分子包覆层，改变无机填充剂的表面性质。

用于无机填充剂改性的有机高分子表面改性剂，包括高分子表面活性剂（如聚丙烯酸钠等）、高分子溶液或乳液等。此外，也可以采用原位聚合的方法，在无机填充剂表面形成高分子包覆层。如果在刚性的无机填充剂表面包覆弹性的高聚物层，再填充于塑料中，可对塑料起增韧的作用。

（4）无机改性剂

无机改性剂应用于钛白粉等颜料以及云母等填充剂的表面改性。

钛白粉表面经氧化铝、氧化锆等氧化物的包覆处理，可以提高钛白粉的耐候性，适用于户外用途的塑料制品和涂料等。

采用四氯化钛等处理白云母，可制备珠光云母。

4.2.2.2　表面改性的方法

填充剂的表面改性方法很多，根据表面改性过程中所使用的设备与工艺的不同，有如下 3 种常用的改性方法。

（1）干法改性

干法改性方法是将表面改性剂和填充剂颗粒在高速搅拌机中搅拌，对填充剂颗粒表面进行改性处理。将表面改性剂直接加到高速搅拌机中，或将表面改性剂用少量稀释剂稀释后加到高速搅拌机中，使填充剂颗粒在"干态"的状态下，借助于高速搅拌的高剪切力和高速混合作用，将改性剂包覆于无机颗粒表面，并形成表面处理层。

干法改性的优点是简便易行，是最常采用的表面改性方法。对于微米级无机颗粒的表面改性，干法可以获得较好的效果。但对于纳米级无机颗粒的表面改性，由于纳米颗粒粒径和质量微小，纳米颗粒在高速搅拌运动时获得的动能也很小，不足以带动表面改性剂在纳米颗粒间的分散，也就难以实现表面改性剂在纳米颗粒表面的均匀包覆。

（2）湿法改性

湿法改性是将填充剂颗粒悬浮分散于液体介质中，将表面改性剂添加并分散于液体介质，使填充剂颗粒在"湿态"的状态下进行表面改性的方法。液体介质可以采用水，也可以采用有机溶剂。采用有机溶剂涉及成本、回收、环境等诸多问题，因此最常采用的介质是水。当以水为介质时，要求改性剂能在水中溶解或乳化成乳液状态，且改性剂要有耐水解性。

湿法改性的优点是改性剂能均匀包覆在填充剂颗粒表面，改性效果好。该法的缺点是需要经过干燥过程，工艺较为复杂，成本也相应提高。而且，湿法改性对改性剂有特殊的要求，因此限制了改性剂的选择范围。只有少数品种的改性剂可以用于水做介质的湿法改性。

（3）加工现场处理法

加工现场处理法是指在塑料制品制备时，在某一操作过程中将表面改性剂加入，在"现场"对填充剂颗粒进行表面改性的一类方法。主要有捏合法、反应共混法（如反应挤出法）和研磨法。捏合法是将表面改性剂与填充剂颗粒和其他物料一起在高速搅拌机中进行混合（捏合），在捏合过程中实现表面改性。反应挤出法是熔融共混过程中，在挤出机中进行改性剂对填充剂颗粒的包覆改性，并完成熔融共混。该方法对设备的要求较高。研磨法是在研磨设备中进行填充剂颗粒的表面改性，一般用于涂料生产中对填充剂和颜料的表面改性。

4.3　填充剂对填充体系性能的影响

4.3.1　力　学　性　能

在本书第 2 章 2.3.1.3 节中，曾介绍了 Nielsen 提出的关于两相体系结构形态与性能的预测关系式。其中，式（2-17）及其相关公式可适用于填充体系。从力学性能的 K_E 中可以看出（参见表 2-1），填充剂（分散相粒子）的形状、取向状态、界面结合状况等，都会影响填充体系的力学性能。对于棒形或纤维状填充剂，长径比也是影响性能的重要因素。

对于许多填充体系而言，特别是对于粒径较大或未经表面处理的颗粒状填充剂填充塑料体系，随着填充量增大，体系的拉伸性能、冲击性能等力学性能是下降的。对填充剂进行表面处理，可以减少力学性能下降的幅度。当填充剂的粒径足够细，且进行了适当的表面处理时，还会有一定的增强效果。关于超细填充剂对聚合物的增强作用的机理，一般认为，这是因为随着填充剂粒子变细，比表面相应增大，填充剂与聚合物基体之间的相互作用（如吸附作用）也随之增大，使力学性能得到提高。此外，云母（薄片状）、硅灰石（针状）等填料对聚合物也有增强效果。填充体系的弯曲弹性模量（刚性），通常会得到提高。无机纳米粒子还会对塑料基体产生增韧作用，将在本章4.4节中介绍。

4.3.2 结晶性能

填充剂颗粒可以起结晶性塑料的结晶成核剂作用。以PP为例，等规PP有α、β等晶型，其中，α晶型最稳定也最常见，β晶型的PP则具有较高的冲击强度。在PP中添加碳酸钙等无机颗粒，可以促成PP的β晶型的形成[12]。碳酸钙作为PP结晶成核剂的作用，与碳酸钙的粒径和表面改性剂的种类都有关系。选择适当粒径和适当表面改性剂（如特定品种的铝酸酯偶联剂）改性的碳酸钙，可以增加β晶型在PP结晶总量中所占的比例，同时使PP的冲击强度提高。

超细的填充剂颗粒可以使结晶性塑料的结晶细化。例如，以纳米碳酸钙作为结晶成核剂，可使PP的球晶明显细化。PP的球晶细化后，冲击强度会有提高，成型收缩率会降低[10]。

4.3.3 热学性能

对于PP、PBT等结晶性聚合物，添加填充剂可使其热变形温度提高。例如，纯PP的热变形温度为90～120℃，填充滑石粉（填充量为40%）的PP的热变形温度可达130～140℃。

一般无机填充剂的热膨胀系数只有聚合物的20%～50%，所以填充改性聚合物的热膨胀系数会比纯聚合物的热膨胀系数小，提高了尺寸稳定性。

4.3.4 熔体流变性能

一般来说，由于填充剂的加入，聚合物熔体黏度会增大，影响加工流动性。当填充量较大时，这一现象尤为明显。可通过添加加工流动改性剂来改善加工流动性。对填充剂进行表面改性，也可以改善加工流动性。

此外，一些硬度较高的填料对设备磨损较为严重，应予注意。

除上述性能外，填充体系还有一些特殊性能。由于填充剂品种多样，性能特点各异，就为聚合物的各种改性提供了有效的途径。譬如，氢氧化铝等填充剂具有阻燃效果，中空玻璃微球可隔音隔热，陶土可提高电绝缘性，炭黑（特别是导电炭黑）可赋予填充体系一定的导电性等。

4.4 无机纳米粒子/聚合物复合材料

纳米复合材料是指复合材料的多相结构中，至少有一相的一维尺度达到纳米级。纳米粒子则是指平均粒径小于100nm的粒子。由于纳米粒子尺寸大于原子簇而小于通常的微粉，处在原子簇和宏观物体的过渡区域，因而在表面特性、磁性、催化性、光的吸收、热阻和熔点等方面与常规材料相比较显示出特异的性能，得到极大的重视。

20 世纪 90 年代以来，纳米材料研究的内涵不断扩大，领域逐渐拓宽，所取得的成就及对各个领域的影响和渗透一直引人注目。

无机纳米粒子/聚合物复合材料是纳米材料研究的一个重要领域。制备无机纳米粒子/聚合物复合材料可采用的方法有多种。其中，共混法最适合于大规模工业化生产的方法。将无机纳米粒子与聚合物共混，制备无机纳米粒子/聚合物共混复合材料，可以对聚合物产生多方面的改性效果。

4.4.1　无机纳米粒子/聚合物复合材料的制备方法

无机纳米粒子具有巨大的比表面积，表面能很高。由于能量趋低的原因，纳米粒子很容易发生团聚。纳米粒子之间相互团聚，形成团聚体，使之难以在聚合物基体中很好地分散，这样就不仅不能发挥纳米粒子改性聚合物的效果，反而可能会降低性能。无机纳米粒子/聚合物复合材料制备方法研究的一个重要内容，就是解决纳米粒子的团聚问题，实现纳米级的分散。目前纳米粒子/聚合物复合材料的主要制备方法介绍如下[13-17]。

4.4.1.1　**插层复合法**

插层复合法用于制备具有层状结构的无机物（主要是层状硅酸盐，以蒙脱土为代表）与聚合物的复合材料。其方法有多种。可以在层状硅酸盐的层间插入插层剂（如烷基季铵盐等），使层间距被撑大；进而将经过上述处理的层状硅酸盐与聚合物单体复合，使聚合物单体插入层间，再在一定条件下使单体聚合，层状硅酸盐以纳米尺度分散于聚合物基体中，形成纳米复合材料。也可采用聚合物熔体、溶液或乳液进行插层的方法。

4.4.1.2　**原位聚合法**

原位聚合（In Situ Polymerization），又称原位分散聚合。该方法先使纳米粒子在聚合单体中均匀分散，然后在一定条件下聚合，形成纳米复合材料。这一方法制备的复合材料中纳米粒子可均匀分散。原位聚合也有其不足之处，就是某些纳米粒子或纳米粒子的表面改性剂，可能会对聚合过程产生不利影响，如阻聚或发生副反应。

4.4.1.3　**共混法**

共混法是将各种无机纳米粒子与聚合物直接进行机械共混而制得的一类复合材料，有溶液共混、悬浮液或乳液共混，熔融共混等。其中，熔融共混的过程较为简单，易于实现工业化生产。其缺点是纳米粒子的均匀分散较为困难。通过对纳米粒子进行表面改性和采用母料法等加工工艺，可以解决熔融共混中纳米粒子在聚合物基体中的分散问题。

此外，纳米粒子制备方法还有溶胶－凝胶（Sol-Gel）法。该方法是纳米粒子及复合材料制备中应用最早的一种方法。

比较上述几种方法，共混法最易于实现工业化生产，插层法适于制备具有层状结构的无机物的纳米复合材料，原位聚合法则更利于纳米粒子的均匀分散。

4.4.2　无机纳米粒子/聚合物复合材料研究进展

无机纳米粒子/聚合物复合材料中可采用的无机材料种类很多，包括蒙脱土、纳米 SiO_2、纳米 $CaCO_3$、纳米 Al_2O_3、纳米 TiO_2、纳米 ZnO 等。可采用的聚合物基体则包括各种塑料和弹性体。本节对这一研究的进展情况做一介绍。

4.4.2.1　蒙脱土/聚合物纳米复合材料

层状硅酸盐/聚合物纳米复合材料是采用插层复合法制备的复合材料。目前研究较多的层状硅酸盐是黏土类矿物，主要是蒙脱土。本节对蒙脱土/聚合物纳米复合材料做一简介。

（1）蒙脱土的结构与插层复合

蒙脱土属 2∶1 型层状硅酸盐，即每个单位晶胞由两个硅氧四面体晶片中间夹带一个铝氧八面体晶片，构成"三明治状"结构。每层的厚度约为 1nm，长度约 100nm。蒙脱土的片层间，通常吸附有 Na^+、K^+ 等水合阳离子，它们很容易与有机或无机阳离子进行交换，使层间距扩大。

蒙脱土特殊的结晶结构，使其适合于采用插层复合法制备纳米复合材料。插层法是在蒙脱土的层间插入插层剂（如烷基季铵盐等），烷基季铵盐等插层剂与蒙脱土的片层间的阳离子进行交换，使层间距被撑大；进而插入聚合物单体后进行聚合（或采用熔融、溶液等其他插层方法），使蒙脱土的层片结构发生剥离，以纳米尺度分散于聚合物基体中。

（2）聚合物/蒙脱土纳米复合体系

聚合物/蒙脱土纳米复合体系包括尼龙/蒙脱土、聚酯/蒙脱土、PE/蒙脱土、PP/蒙脱土等体系。自 1987 年日本丰田中央研究所首次报道成功制备尼龙 6/黏土插层型纳米复合材料以来，聚合物/黏土（蒙脱土）纳米复合材料的研究引起了国内外的广泛关注。

中国科学院化学研究所漆宗能等研究了蒙脱土的插层聚合、熔融插层方法制备的纳米复合材料，开发出了以聚酰胺（PA6 和 PA66）、聚酯（PET 和 PBT）、聚乙烯（包括超高分子量聚乙烯 UHMWPE）、聚苯乙烯、环氧树脂、硅橡胶等聚合物为基体的一系列聚合物/蒙脱土纳米复合材料。

PA6/蒙脱土纳米复合材料的性能，与 PA6 对比，如表 4-1 所示[18,19]，拉伸强度、热变形温度、弯曲模量等，都有显著提高。

表 4-1　　　　　　　　PA6/蒙脱土纳米复合材料的性能与 PA6 的对比

	PA6	PA6/蒙脱土		PA6	PA6/蒙脱土
熔点/℃	215～225	213～223	弯曲模量/GPa	3.0	3.5～4.5
拉伸强度/MPa	75～85	95～105	悬臂梁缺口冲击强度/(J/m)	40	35～60
热变形温度/℃(1.85MPa)	65	135～160			

4.4.2.2　纳米 SiO_2/聚合物复合材料

纳米 SiO_2/聚合物复合材料也是有广泛应用前景的聚合物/无机纳米粒子复合材料，可以大幅度提高聚合物材料的力学强度（特别是抗冲击强度）、耐磨性、耐水性、光稳定性和热稳定性。纳米 SiO_2 可用于塑料的改性，也可以用于橡胶的改性。已进行过研究的纳米 SiO_2/塑料复合体系中的基体聚合物，既包括 PP 等通用塑料，也包括聚醚砜酮这样的高性能工程塑料。

无机纳米粒子在塑料中应用，最重要的作用之一是提高材料的韧性，即抗冲击性能。纳米 SiO_2 可应用于 PP、PA 等的增韧改性[20-25]。无机纳米粒子对脆性塑料和准韧性塑料都有增韧作用，而对准韧性塑料基体的增韧效果更为显著。因而，与有机刚性粒子增韧体系相似，无机纳米粒子增韧体系通常也要求被增韧的塑料基体本身有一定韧性。为了增加被增韧的塑料基体的韧性，可以在共混体系中添加一些弹性体，组成无机纳米粒子/弹性体/塑料三元共混体系。

吴唯等[20]研究了 PP/纳米 SiO_2/EPDM 三元共混体系，探讨了纳米 SiO_2 和 EPDM 共同对 PP 的增韧效果。纳米 SiO_2 粒径为 20nm。结果表明，当 PP/纳米 SiO_2/EPDM 配比为 80/3/20 时，增韧效果最佳。

江涛等[21]采用熔融共混法制备 PP/纳米 SiO_2/POE 复合材料，当 PP/纳米 SiO_2/POE 配比为 100/4/15 时，综合力学性能最优。

PP/纳米 SiO_2 二元复合体系也有良好的改性效果，这与 SiO_2 纳米粒子起到 PP 结晶成核剂的作用有关。王平华等[22]研制了 PMMA 接枝包覆纳米 SiO_2，并与 PP 共混制备复合材料。结果表明，PMMA 接枝包覆纳米 SiO_2 与 PP 复合，使 PP 的力学性能有较大幅度的提高。

王东等[23]用毛细管流变仪研究了 PP/纳米 SiO_2 复合体系熔体的熔融流变性能。结果表明：PP/纳米 SiO_2 复合体系的熔体黏度随纳米 SiO_2 含量的增加而增大，非牛顿指数则随纳米 SiO_2 含量的增加而减小；在恒定剪切应力下，膨胀比随纳米 SiO_2 含量的增加而减小。

刘珊等[24]采用熔融共混的方法制备了 PA66/POE-g-MAH/纳米 SiO_2 三元共混体系，结果表明，POE-g-MAH 与纳米 SiO_2 对 PA66 有协同增韧效应，当 PA66/POE-g-MAH/纳米 SiO_2 配比为 100/30/0.1 时，复合体系的缺口冲击强度达到最大，为 PA66/POE-g-MAH (100/30) 二元体系的 1.8 倍。纳米 SiO_2 也可应用于 PBT，使力学性能得到提高[26]。

邵鑫等[27]研究纳米 SiO_2/聚醚砜酮（PPESK）复合材料，在摩擦磨损试验机上考察了不同载荷、速度及不同纳米 SiO_2 含量对 PPESK 复合材料摩擦磨损性能的影响，并用扫描电子显微镜观察分析 PPESK 和纳米 SiO_2/PPESK 复合材料磨损表面形貌及磨损机理。结果表明：纳米 SiO_2 可以显著提高 PPESK 的耐磨性。

4.4.2.3 纳米 $CaCO_3$/聚合物复合材料

由于纳米 $CaCO_3$ 价格较为低廉，且 $CaCO_3$ 作为填充剂在塑料领域已有长期的广泛应用，所以纳米 $CaCO_3$/聚合物复合体系的研究受到较多关注，取得多方面的进展。纳米 $CaCO_3$/聚合物复合材料制备中通常采用的是共混法。纳米 $CaCO_3$ 可应用于 PP、PVC 等塑料的增韧改性。为了提高基体的韧性，可以在共混体系中添加一些弹性体，组成塑料/弹性体/纳米 $CaCO_3$ 三元共混体系。也可以采用塑料/纳米 $CaCO_3$ 二元共混体系。

（1）纳米 $CaCO_3$/PP 复合材料

在纳米 $CaCO_3$/PP 复合材料中添加弹性体，制备纳米 $CaCO_3$/弹性体/PP 三元复合材料，纳米 $CaCO_3$ 粒子可发挥较显著的增韧作用。纳米 $CaCO_3$/弹性体/PP 复合材料中的弹性体，可以选用 EPR（乙丙橡胶）、EPDM（三元乙丙橡胶）、POE（乙烯-1-辛烯共聚物）、SBS（苯乙烯-丁二烯-苯乙烯嵌段共聚物）等[28-30]。

曾晓飞、陈建峰等[28]采用母料法，制备了纳米 $CaCO_3$/POE/PP 共混复合材料，缺口冲击强度和弯曲弹性模量如表 4-2 所示。采用的纳米 $CaCO_3$ 粒径为 30nm，经过了表面改性。制样方法为双螺杆挤出机造粒，注塑制样。

表 4-2 　　　　　　　　纳米 $CaCO_3$/POE/PP 复合材料的冲击强度和弯曲弹性模量

序号	组分配比/质量份数			简支梁缺口冲击强度 /(kJ/m²)	弯曲弹性模量 /MPa
	PP	POE	纳米 $CaCO_3$		
1	100	12		28.6	677
2	100	12	12	58.5	864

从表 4-2 可以看出，采用母料法制备的纳米 $CaCO_3$/POE/PP 复合材料的缺口冲击强度达 58.5kJ/m²，比 POE/PP 二元体系高 105%。弯曲弹性模量则提高了 27.6%。如果采用弹性体增韧，在冲击强度（韧性）提高的同时，弯曲弹性模量（刚性）是要下降的。而采用纳米 $CaCO_3$ 增韧，韧性和刚性可以同时提高，这正是纳米粒子增韧的优势。无机纳米粒子增韧体系属于非弹性体增韧，使韧性和刚性同时提高正是非弹性体增韧的特性。

王文一等[29]研究了纳米 $CaCO_3$/EPR/PP 三元共混体系，在 PP/EPR/纳米 $CaCO_3$ 配比为 100/20/8 时，复合材料的缺口冲击强度达到 50kJ/m²，与未添加纳米 $CaCO_3$ 的试样（缺口冲击强度 27kJ/m²）相比，提高了 85%。添加纳米 $CaCO_3$ 还使弯曲弹性模量由 660MPa 提高到 820MPa，提高了 24%。

对于未添加弹性体的纳米 $CaCO_3$/PP 二元共混体系，纳米 $CaCO_3$ 也有一定的增韧作用。当二元共混体系中选用的 PP 的熔融指数较低的时候，纳米粒子的增韧作用较为明显。熔融指数较低则熔体黏度较高；共混过程中，在相同剪切速率条件下，施加于共混体系的剪切力也较大，有利于纳米粒子的分散。

（2）纳米 $CaCO_3$/PVC 复合材料

纳米 $CaCO_3$/PVC 复合材料，是纳米 $CaCO_3$ 的另一个重要应用领域。

胡圣飞等[31]研究了纳米 $CaCO_3$/PVC 共混复合材料的力学性能，并与微米 $CaCO_3$/PVC 共混体系做了对比。结果表明，纳米 $CaCO_3$/PVC 共混体系的缺口冲击强度明显高于微米 $CaCO_3$/PVC 体系，如图 4-2 所示。纳米 $CaCO_3$/PVC 共混体系的拉伸强度，在纳米 $CaCO_3$ 用量为 10% 时，也明显高于微米 $CaCO_3$/PVC 体系，如图 4-3 所示。

曾晓飞等[32]研究了 PVC/CPE/纳米 $CaCO_3$ 三元共混体系，采用的纳米 $CaCO_3$ 粒径为 30 nm，经过了表面改性，并制备了母料。当 PVC/CPE/纳米 $CaCO_3$ 配比为 100/8/8 时，缺口冲击强度达到 81.4kJ/m²，比对应的 PVC/CPE 二元共混体系提高了 4.4 倍。

（3）纳米粒子的作用机理

关于无机纳米粒子对于塑料的增韧机理，一般认为，随着粒子的细微化，比表面积增大，与塑料基体的界面也增大。当填充复合材料受到外力时，微小的刚性粒子可引发大量银纹，同时粒子之间的塑料基体也产生塑性变形，吸收冲击能量，达到增韧的效果。对于结晶性塑料，如 PP、PA，无机纳米粒子则可起到结晶成核剂的作用，影响结晶结构，进而影响性能。

对于塑料/弹性体/无机纳米粒子三元共混体系，譬如 PVC/弹性体/纳米 $CaCO_3$ 共混体系，纳米 $CaCO_3$ 粒子在共混过程中可以使弹性体颗粒细化，降低弹性体颗粒的粒径，从而显著提高增韧效果[10]。这可用以解释纳米粒子与弹性体的协同增韧作用。另一方面，弹性体的加入提高了基体的韧性，也更好地满足了非弹性体增韧对于基体韧性的要求。

4.4.2.4　其他无机纳米粒子/聚合物复合材料

无机纳米粒子/聚合物复合材料还包括纳米 Al_2O_3、纳米 TiO_2、纳米 ZnO、

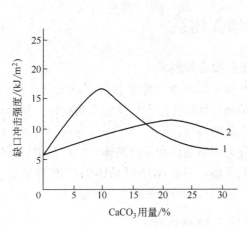

图 4-2　CaCO₃/PVC 共混体系的缺口冲击强度
1—30nm CaCO₃/PVC 共混体系
2—1μm CaCO₃/PVC 共混体系

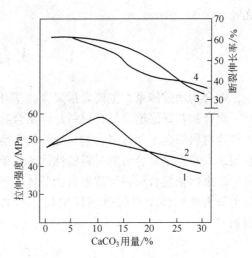

图 4-3　CaCO₃/PVC 共混体系的拉伸强度
与断裂伸长率
1—30nm CaCO₃/PVC 共混体系拉伸强度
2—1μm CaCO₃/PVC 共混体系拉伸强度
3—30nm CaCO₃/PVC 共混体系的伸长率
4—1μm CaCO₃/PVC 共混体系的伸长率

纳米 Al（OH）$_3$、纳米 Mg（OH）$_2$，以及各种纳米级金属粉末等。

纳米 Al$_2$O$_3$ 可用于 PS、PA 等复合材料，也可与炭黑并用于橡胶补强。

纳米 TiO$_2$ 用于 PP 复合材料，可以增韧和提高耐光老化性能；也可用于 PA 复合材料的增强、增韧。

纳米 ZnO 可用于制备抗菌塑料，也可用于橡胶补强。

采用纳米 Al（OH）$_3$、纳米 Mg（OH）$_2$ 等纳米级阻燃剂应用于阻燃高分子材料，材料的阻燃性能和力学性能都优于微米级阻燃剂。

凤雷等[33]研究了平均粒径约为 10nm 的非晶纳米 Si$_3$N$_4$ 对聚甲醛（POM）的改性。加入 3% 的纳米 Si$_3$N$_4$ 后，聚甲醛的冲击强度和拉伸强度达到最大值，分别为聚甲醛的 260% 和 125%。

4.4.2.5　石墨烯/聚合物复合材料

石墨烯是碳原子紧密堆积成单层二维蜂窝状晶格结构的碳质材料。石墨烯具有优异的导电、导热和力学性能，可成为制备高强导电复合材料的理想纳米材料。石墨烯与聚合物复合，可采用熔融共混或溶液共混，也可采用原位聚合的方法。石墨烯的加入可赋予复合材料多方面的功能，不但表现出优异的力学、热学和电学性能，且具有优良的加工性能，为纳米复合材料的制备提供了广阔的空间[34]。

熔融共混法制备的石墨烯/聚对苯二甲酸乙二醇酯（PET）纳米复合材料具有优异的导电性能，可应用于电磁屏蔽领域。原位聚合法制备的石墨烯/尼龙 6 复合材料则具有优良的力学性能。

目前，无论是在理论还是实验研究方面，石墨烯/聚合物纳米复合材料均已展示出重大的科学意义和应用价值，且已在生物、电极材料、传感器等方面展现出独特的应用优势。

4.5 聚合物增强体系

聚合物增强体系，主要是指聚合物基纤维增强复合材料。

聚合物基纤维增强复合材料是以聚合物为基体，以纤维为增强材料制成的复合材料。该复合材料综合了基体聚合物与纤维的性能，是具有优越性能和广泛用途的材料。复合材料的最大特点是复合后的材料特性优于各单一组分的特性。

纤维增强复合材料可按聚合物基体的不同分为塑料基体和橡胶基体。其中，塑料基体又可分为热固性塑料与热塑性塑料。本书限于篇幅，只介绍塑料基体的纤维增强复合材料。

4.5.1 纤维增强复合材料概述

纤维增强复合材料按基体分类，可分为热固性塑料与热塑性塑料。其中热固性塑料基体的树脂品种有环氧树脂、聚酯树脂、酚醛树脂、三聚氰胺树脂等。热塑性塑料基体的树脂品种有 PP、PA、PC 等。

纤维的品种有玻璃纤维、碳纤维、芳纶纤维等。其中，玻璃纤维增强复合材料是应用最广的纤维增强复合材料，占塑料基复合材料总量的 90% 以上。

纤维增强复合材料还可按纤维的长度分类，分为长纤维增强复合材料和短纤维增强复合材料。

纤维增强复合材料有如下优点[4]：

（1）轻质高强

衡量材料的承载能力，通常用比强度、比模量来表征。比强度、比模量分别是材料的强度、模量与其密度的比值。玻璃纤维增强热固性树脂的比强度能够大大超过钢的比强度，但比模量较低。碳纤维增强热固性树脂则是比强度和比模量都高的复合材料。

纤维增强热塑性树脂，也可使其力学性能显著改善。譬如玻璃纤维增强 PP、随着玻璃纤维用量增大，拉伸强度、弯曲强度、模量、冲击强度都大幅度上升，热变形温度也明显提高，而其密度只略有增大，如表 4-3 所示[35]。可以看出，纤维增强热塑性树脂复合材料也是一种质轻高强的材料。

表 4-3　　　　　　　　　　　玻璃纤维短纤维增强 PP 复合材料的性能

性　　能	玻璃纤维含量/%			
	0	10	20	30
相对密度	0.91	0.96	1.03	1.12
拉伸强度/MPa	32	55	77	88
伸长率/%	800	4	3	2
弯曲强度/MPa	44	74	98	118
弯曲模量/MPa	1570	2551	3924	5396
缺口冲击强度/(J/m)	20	59	88	88
热变形温度/℃	65	135	150	153

（2）耐化学腐蚀

热固性树脂基的纤维增强复合材料一般都耐酸、耐稀碱、耐盐、耐有机溶剂等。热塑性树脂基复合材料也有较好的耐腐蚀性。

（3）其他性能

复合材料中的纤维与树脂基体界面有吸收振动能量的能力，振动阻尼甚高，可避免共振造成的破坏。与金属材料相比，复合材料的热导率低，且热膨胀系数小，在有温差时产生的热应力远比金属材料低。玻璃纤维增强复合材料还具有良好的电绝缘性能。碳纤维增强复合材料则具有一定的导电性。

纤维增强复合材料也有一些缺点，如耐热性较差，一般玻璃纤维增强复合材料的使用温度在 60～100℃。表面硬度低，易磨损，还存在老化的问题。此外，高分子材料多具有可燃性，通过阻燃改性可使之阻燃或自熄。

4.5.2　热固性树脂基纤维增强复合材料

热固性树脂基纤维增强复合材料大多以玻璃纤维作为增强材料，所以俗称玻璃钢。玻璃钢以玻璃纤维或其制品（如玻璃纤维布）为骨架，聚合物为基体，经一定的成型工艺制成复合材料。

在玻璃钢中，玻纤的拉伸强度约为树脂基体的 30 倍左右，玻纤的模量约为树脂的 20倍左右。所以，玻璃钢的力学性能主要取决于玻纤的数量和排列方向。当然，纤维与树脂基体的界面结合也对力学性能有重要影响。没有良好的界面结合，玻纤的力学性能就无法充分转化为复合材料的力学性能。玻璃钢的耐化学性、耐热性、阻燃性，则主要取决于树脂基体的性能。以上规律也适用于其他纤维增强热固性树脂。

热固性树脂基纤维增强复合材料的成型方法多种多样，分别简介如下[35]。

（1）手糊成型

手糊成型是用手工方法在纤维上浸渍树脂进行黏合的方法。手糊时可采用简单的工具，如滚轮、毛刷、刮刀等。手糊成型所用的树脂在固化时应没有副产物产生，因而不需要真空负压除去反应副产物。手糊成型可用于制造由尺寸较小的产品到船只那样的大型制品。

手糊成型的工艺流程如图 4-4 所示。成型操作中，先在模具上涂脱模剂，然后制作一层胶衣层。胶衣层对制品起保护作用，厚度一般为 0.3～0.4mm。然后，将经表面处理后的纤维或其制品与胶液进行铺层（手糊成型）。手糊成型的示意图如图 4-5 所示。成型后

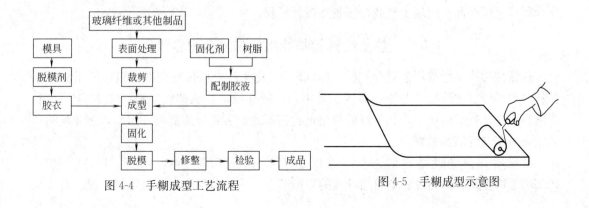

　　　图 4-4　手糊成型工艺流程　　　　　　　　　　　图 4-5　手糊成型示意图

的制品经固化后，即可脱模。脱模后的制品一般需在室温下放置至少一个月后才能使用。

手糊成型的制品质量在一定程度上取决于操作者的技术熟练程度。手糊成型目前在国内玻璃钢制品生产中占主导地位，在国外也仍保留着一定的地位。

（2）缠绕成型

缠绕成型是将连续纤维经过浸胶后，在一定张力下规整地卷缠在旋转着的芯轴（模具）上，如图 4-6 所示。层叠到规定厚度后，经固化脱模而得到制品。

缠绕成型可适用于制备纤维含量高的制品，纤维含量可达 65%～75%，从而使制品具有高强度。制品可大批生产且质量稳定。

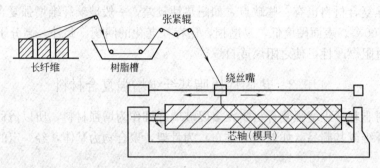

图 4-6　缠绕成型示意图

（3）喷射成型

喷射成型是将短切纤维与树脂胶液同时喷到模具上制成复合材料的工艺。操作时，将树脂从喷枪中喷出，同时在喷枪中利用切割器将连续纤维切割成短纤维（25mm 左右），与树脂一同喷出。喷到规定厚度后，用滚轮滚压，固化。此法制备的复合材料纤维含量一般为 30%～40%。

（4）其他成型方法[4]

纤维增强热固性树脂的成型方法还有拉挤成型、层压成型等。

拉挤工艺是一种连续生产纤维增强热固性树脂型材的方法。该工艺是将纤维或其制品先进行树脂浸渍，然后通过具有一定截面形状的成型模，使其在模内固化成型后连续出模，形成连续拉挤制品的一种自动化生产工艺。

层压成型是将增强材料（如玻纤布、碳纤维布）浸渍树脂，经烘干制成预浸料，再将预浸料经裁切叠合在一起，在压力机中施加一定的压力和温度，经一定时间的层压和固化，制成层压制品。层压工艺适合于制造各种板材。

4.5.3　热塑性树脂基纤维增强复合材料[35]

热塑性树脂基纤维增强复合材料（FRTP）又称为纤维增强热塑性塑料，所用的纤维包括玻璃纤维、碳纤维、芳纶纤维等。其中，玻璃纤维增强热塑性塑料（GFRTP）具有强度高、耐热性好的优点，且玻纤的价格远比碳纤维、芳纶纤维低廉，因而，工业化的产品大部分是玻纤增强塑料。

纤维增强热塑性塑料的基体，可以是 PP、PA、PBT、PC、ABS、POM、PPS、PEEK 等诸多品种。为改善塑料与纤维的界面结合，应先对纤维进行偶联剂处理。对于玻璃纤维，宜采用硅烷偶联剂。

热塑性树脂基纤维增强复合材料是采用高强纤维与热塑性塑料通过挤出机等设备进行复合而制成的复合材料。制备纤维增强热塑性塑料的过程中，要将长纤维切断为短纤维，因而属于短纤维增强复合材料。

纤维增强热塑性塑料的基本原理，是利用纤维与聚合物良好的界面结合，将作用于复合材料的外力传导到纤维上，使纤维的强度得到充分发挥。为达到这一目的，纤维的强度、纤维的长径比、纤维与聚合物基体的界面结合、纤维在聚合物基体中的分布状况，都是重要的影响因素。首先，保持短纤维在复合材料中有一定的长度，是获得良好增强效果的必要条件。但是，随纤维长径比增大，对于加工流动性的不利影响也会增大。

对纤维进行表面处理，以保证纤维与聚合物良好的界面结合，是获得良好增强效果的必要条件。为改善塑料与纤维的界面结合，应先对纤维进行偶联剂处理。对于玻璃纤维，宜采用硅烷偶联剂。

对于 PP 等非极性高聚物，为与玻纤有良好的界面结合，除对玻纤进行偶联剂处理外，还应对聚合物进行改性，增加极性基团，或添加过氧化物，或添加双马来酰亚胺等，使树脂与玻纤产生一定的化学作用。

热塑性树脂基纤维增强复合材料（FRTP）的成型加工方法与通用型热塑性塑料类似，可以采用挤出、注射、模压等工艺成型。但在工业生产中，大都采用挤出机制成粒料，再注射成型制成FRTP 制品。FRTP 制品的制造工艺流程图如图 4-7 所示。在 FRTP 制品中，纤维用量一般为 20%～40%。

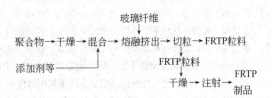

图 4-7　FRTP 制品制造工艺流程示意图

4.5.4　热塑性塑料的其他增强体系

（1）云母粉增强体系

云母粉作为薄片状填料，可用于提高塑料的拉伸强度、刚性和耐热性。为达到增强塑料的目的，云母粉应经过适当的表面改性，并在塑料/云母复合体系的成型加工过程中，尽可能保持云母粉的片状形貌。

云母粉填充 PP 体系的拉伸强度如表 4-4 所示[11]。经过适当表面改性的云母粉，可以显著提高 PP 的拉伸强度。

表 4-4　　　　　　　　　　　　云母粉填充 PP 体系的拉伸强度

项目	纯 PP	PP+40%云母（未表面改性）	PP+40%云母（经表面改性）
拉伸强度/MPa	33.99	27.92	42.68

此外，针状的硅灰石经适当表面改性后，也有一定增强效果。

（2）超细及纳米填料增强体系

聚合物填充体系的力学性能，一般会随填料颗粒的细化而增高。纳米碳酸钙对 PE 等塑料有一定的增强效果，纳米二氧化硅也可增强 PA、PBT 等工程塑料。

（3）晶须增强体系

晶须是以单丝形式存在的小单晶体，具有高强、耐热等优点，晶须增强聚合物体系是很有发展前景的增强材料。晶须的种类很多，代表性品种有碳化硅晶须和硫酸钙晶须等。目前，以晶须填充聚合物提高复合材料力学性能的研究越来越多。在国外，晶须被广泛用在尼龙、聚甲醛、PBT、聚苯硫醚等一些工程塑料中。

习　题

1. 试列举 3 种填充剂并说明其主要用途。
2. 填充剂有哪些基本特性？填充剂的细度如何表征？
3. 试述填充剂对填充体系性能的影响。
4. 简述纳米复合材料的制备方法。

参 考 文 献

［1］ 段予忠. 塑料改性［M］. 北京：科学技术文献出版社，1988. 4-37.

［2］ 曾人泉. 塑料加工助剂［M］. 北京：中国物资出版社，1997. 753-799.

［3］ 于清溪. 橡胶原材料手册［M］. 北京：化学工业出版社，1996. 499-527.

［4］ 黄家康，等. 复合材料成型技术［M］. 北京：化学工业出版社，1999. 3-9.

［5］ 许长清，合成树脂及塑料手册［M］. 北京：化学工业出版社，1991.

［6］ 葛铁军，杨洪毅，等. 硫酸钙晶须复合增强聚丙烯性能研究［J］. 塑料科技，1997（1）：16.

［7］ 朱德钦，刘希荣，等. 聚合物基木塑复合材料的研究进展［J］. 塑料工业，2005，33（12）：1-4.

［8］ 张明珠，薛平，等. 木粉/再生热塑性塑料复合材料性能的研究［J］. 塑料，2000，29（5）：39-40.

［9］ 薛平，丁筠，等. 木塑复合材料与包装托盘［J］. 人造板通信，2002，9（10）：17-20.

［10］ 王国全. 聚合物共混改性原理与应用［M］. 北京：中国轻工业出版社，2007. 176，178，212.

［11］ 刘英俊，刘伯元. 塑料填充改性［M］. 北京：中国轻工业出版社，1998. 139，35-76，121.

［12］ 窦强. 聚丙烯/碳酸钙复合材料中 β 晶型聚丙烯生成及其作用［J］. 中国塑料，2006，20（1）：6-11.

［13］ 张立德，牟季美. 纳米材料和纳米结构［M］. 北京：科学出版社，2001.

［14］ 张志昆，崔作林. 纳米技术与纳米材料［M］. 北京：国防工业出版社，2000.

［15］ 黄锐，王旭，等. 纳米塑料［M］. 北京：中国轻工业出版社，2002. 14-73.

［16］ 贾巧英，马晓燕. 纳米材料及其在聚合物中的应用［J］. 塑料科技，2001，（2）：6-10.

［17］ 邬润德，童筱莉，等. SOL-GEL 法制有机聚合物/无机纳米粒子复合材料［J］. 浙江工业大学学报，2000，28（4）：288-292.

［18］ 陈光明，李强，漆宗能. 聚合物/层状硅酸盐纳米复合材料研究进展［J］. 高分子通报，1999，（4）：1-10.

［19］ 赵竹第，李强，漆宗能，等. 尼龙 6/蒙脱土纳米复合材料的制备、结构与力学性能的研究［J］. 高分子学报，1997，（5）：519-523.

［20］ 吴唯，徐仲德. 纳米刚性微粒与橡胶弹性微粒同时增强增韧聚丙烯的研究［J］. 高分子学报，2000，（1）：99-104.

［21］ 江涛，王旭，金日光. PP/纳米 SiO_2/POE 复合材料的研究［J］. 塑料，2002，31（6）：11-14.

［22］ 王平华，严满清. 纳米 SiO_2 粒子对 PP 结晶行为的影响［J］. 中国塑料，2003，17（3）：21-24.

［23］ 王东，高俊刚，等. 聚丙烯/纳米 SiO_2 复合材料的流变行为、力学性能和相态学研究［J］. 塑料，2003，32（5）：7-11.

［24］ 刘珊，王国全，曾晓飞，等. PA66/POE-g-MAH/纳米 SiO_2 复合材料的制备及性能［J］. 塑料，2010（1）：114.

[25]　陈煌，王国全，黄源，等. PA6/POE-g-MAH/纳米 SiO_2 复合材料的形态和力学性能 [J]. 塑料，2007 (6)：21.

[26]　李海亮，王国全，曾晓飞，等. 纳米二氧化硅对 PBT 力学和结晶性能的影响 [J]. 塑料，2007 (1)：56.

[27]　邵鑫，田军，等. 纳米 SiO_2 对聚醚砜酮复合材料摩擦学性能的影响 [J]. 材料工程，2002，(2)：38-42.

[28]　王国全，曾晓飞，陈建峰，等. PP/POE/纳米 $CaCO_3$ 复合材料的制备与性能研究 [J]. 中国塑料，2006，20 (7)：40-42.

[29]　王文一，王国全，陈建峰，等. 纳米 $CaCO_3$/EPR/PP 复合材料性能与结构研究 [J]. 复合材料学报，2004，21 (4)：67-70.

[30]　俞江华，王国全，陈建峰，等. PP/SBS/纳米 $CaCO_3$ 复合材料结构与性能研究 [J]. 中国塑料，2005，19 (2)：22-25.

[31]　胡圣飞. 纳米级 $CaCO_3$ 粒子对 PVC 增韧增强研究 [J]. 中国塑料，1999 (6)：25.

[32]　曾晓飞，陈建峰，王国全. 纳米级 $CaCO_3$ 粒子与弹性体 CPE 微粒同时增韧 PVC 的研究 [J]. 高分子学报，2002，(6)：738-741.

[33]　凤雷，李道火. 非晶纳米 Si_3N_4 对 POM 的增强与增韧研究 [J]. 量子电子学，1994，(4)：70-76.

[34]　樊伟，等. 石墨烯/聚合物复合材料的研究进展 [J]. 复合材料学报，2013，30 (1) 14.

[35]　丁浩. 塑料工业实用手册 [M]. 北京：化学工业出版社，1995. 1003-1043，1386-1397.

第5章 接枝、嵌段共聚改性及互穿聚合物网络

复合材料可分为宏观复合及微观复合两种，像玻璃纤维、碳纤维等增强材料属于宏观复合材料；而将不同组分组合，在微观上聚合物成分共存，如聚合物合金就属于后者。

聚合物合金可以通过物理法和化学法得到。物理法以聚合物共混物为代表，化学法一般通过聚合反应进行，在聚合方法中主要是通过共聚反应实现，包括无规共聚、交替共聚、接枝共聚及嵌段共聚，其中以接枝共聚（Graft copolymerization）和嵌段共聚（Block copolymerization）尤为重要。此外，化学共混法还包括互穿聚合物网络。

5.1 接枝共聚改性[1~9]

5.1.1 基 本 原 理

接枝共聚是高分子化学改性的主要方法之一。所谓接枝共聚是指在聚合物成分（主干或主链聚合物）存在下，使一定的单体聚合，在主干聚合物上将分支聚合物成分通过化学键结合上一种分枝的反应。接枝共聚物通常是在反应性的大分子存在下，将单体进行自由基、离子加成或开环聚合得到。其结构特征如式（5-1）所示。

$$
\begin{array}{ccccccc}
A\sim\sim A\sim\sim A\sim\sim A\sim\sim A\sim\sim A & & & \text{主链} \\
\end{array}
$$

式（5-1）中包括主链聚合物"A"和接枝在它上面的许多支链"B"。主链和接枝链的化学性质，以及将它们联结起来的方式可以有很大的变化范围。

能够发生接枝共聚的主链聚合物的结构如表 5-1 所示。这些主链聚合物可以通过自由基接枝聚合、离子型接枝聚合等反应机理，将单体接到侧链，形成接枝共聚物。

表 5-1 　　　　　　　　　　　　　用于接枝的典型反应主链

主 链 结 构	反 应 位 置	机 　 理
~~CHCH=CHCH~~~ 　H　　　　　H	烯丙基氢	自由基
CH₃ ~~~CH₂C~~~ O OH	过氧化氢	自由基

续表

主 链 结 构	反 应 位 置	机　　理
～～CH₂CH～～＋Ce⁴⁺ 　　　| 　　　OH	氧化-还原	自由基
～～CHCH＝CH～～CH₂C 　　|　　　　　　　　| 　　Cl　　　　　　　Cl	PVC 上的烯丙氯或叔氯	阳离子
～～～CH₂CH～～CH⁻CH～～ 　　　　　　　　M⁺	金属化的聚丁二烯	阴离子
CH₃ 　　　　　| ～～CH₂C～～ 　　　| 　　　C＝O 　　　| 　　　O 　　　| 　　　CH₃	酯基	阴离子

　　自由基接枝方法有两种，一种是烯烃单体在带有不稳定氢原子的预聚体存在下进行聚合。例如，在聚丁二烯（PB）上接枝苯乙烯（St），引发可通过过氧化物、辐照或加热等方法实现。其接枝聚合的机理是过氧化物引发剂或生长链从主链上夺取不稳定氢原子，使主链形成自由基。接枝链和主链间的联结，是通过主链自由基引发单体，或者通过和支链的重新结合而形成的。另一种方法是先在主链上形成过氧化氢基团或其他官能团，然后以此引发单体聚合。例如：通过聚丙烯链上的过氧化氢基团引发苯乙烯单体聚合，以及通过铈离子氧化还原引发甲基丙烯酸甲酯接枝聚合到纤维素或聚乙烯醇上。

　　自由基接枝共聚物的组成范围宽泛，并且混有较多的均聚物。

　　由于阳离子接枝效率较低，一般的离子型接枝聚合以阴离子接枝共聚为主。阴离子接枝方法包括主链引发和主链偶联两大类。前者如用金属化 PB（参见表 5-1）引发 St，通过 PB 和有机锂反应形成具有引发作用的主链，这种方法适用于可进行阴离子聚合的单体，如苯乙烯和二烯类。为了减少均聚物的形成，需要有机锂在金属化过程中全部消耗掉。主链引发的另一个例子是通过大分子上的酯基团（参见表 5-1），如 St-MMA（甲基丙烯酸甲酯）共聚物上的酯基，引发己内酰胺阴离子聚合，酯基和己内酰胺阴离子反应生成乙酰化内酰胺，产生大分子引发中心。主链偶联可用活性聚苯乙烯阴离子和带有侧酯基的大分子，如甲基丙烯酸甲酯反应，反应结果为甲氧基团被取代生成酮基接枝链（Graft linkage）。

　　接枝共聚物可能是非交联聚合物中最难于准确表征的聚合物类型。除了混杂有大量的均聚物外，每个分子的接枝数目、间距、接枝链的平均长度、接枝链和主链的多分散性等都很难搞得十分清楚。

5.1.2　接枝共聚方法

　　聚合物接枝共聚方法是指高分子主链上产生接枝点的方法，通常有链转移接枝、化学接枝和辐射接枝等方法。

5.1.2.1 链转移接枝

利用引发剂产生的自由基使其与聚合物主链上的氢发生提取反应产生接枝点，例如：

$$\sim\sim CH_2-\underset{X}{\overset{}{CH}}\sim\sim + R\cdot \longrightarrow \sim\sim CH_2-\underset{\cdot}{\overset{X}{C}}\sim\sim + RH$$

或者，$\sim\sim CH_2-CH=CH-CH_2\sim\sim + R\cdot \sim\sim CH_2-CH=CH-\overset{\cdot}{C}H\sim\sim + RH$

式中　R——由引发剂产生的自由基。

在接枝共聚过程中，通常有三种聚合物混合物：未接枝的原聚合物、已接枝的聚合物及单体的自聚物或混合单体的共聚物。因此，在接枝共聚中需要考虑接枝效率问题，接枝效率可以用下式表示：

$$接枝效率 = \frac{已接枝单体质量}{已接枝单体质量+接枝单体均聚物质量} \times 100\%$$

接枝效率的高低与接枝共聚物的性能有关。在链转移接枝中，影响接枝效率的因素有很多，例如：引发剂、聚合物主链结构、单体种类、反应配比及反应条件等。一般认为，过氧化苯甲酰（BPO）的引发效率比偶氮二异丁腈（AIBN）好，原因是 $C_6H_5\cdot$ 比 $(CH_3)_2\overset{\cdot}{C}-CN$ 活泼，更易获取主链上的 H。

如果聚合物主链上同时有几种可被提取的氢，则接枝点往往是在酯基的甲基上：

$$\sim\sim CH_2CH\sim\sim + R\cdot \sim\sim CH_2CH\sim\sim + RH$$
$$\overset{|}{\underset{O}{C}}-OCH_3 \qquad\qquad \overset{|}{\underset{O}{C}}-O\overset{\cdot}{C}H_2$$

单体结构对接枝效率的影响是容易发生聚合的单体也容易接枝。

5.1.2.2 化学接枝

这里的化学接枝是指用化学方法首先在聚合物的主干上导入易分解的活性基团，然后分解成自由基与单体进行接枝共聚。例如：

上述过氧化物分解产生两种自由基，产生的自由基位于主链上时是可以接枝的自由基，而产生 HO· 和 RO· 类的自由基时，这类自由基可引发单体自聚。为了提高接枝效率，需要除去这类自由基，除去方法为应用氧化还原体系，如：

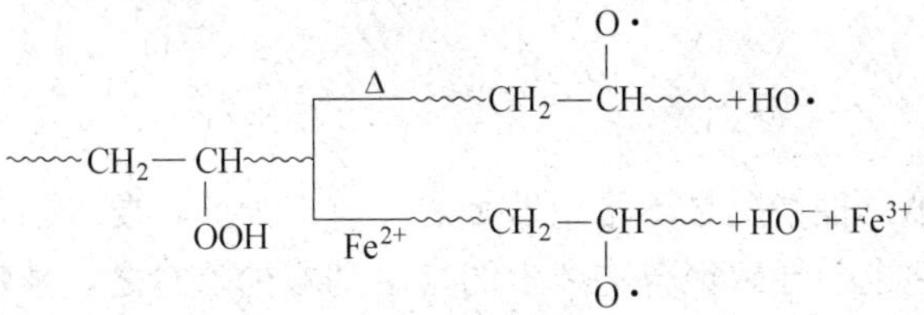

另外，也可以采用降低反应温度，提高单体和聚合物的浓度，减少主链上的空间位阻等提高接枝效率。

离子型聚合物也可实现化学法产生接枝点制备接枝共聚物，例如：

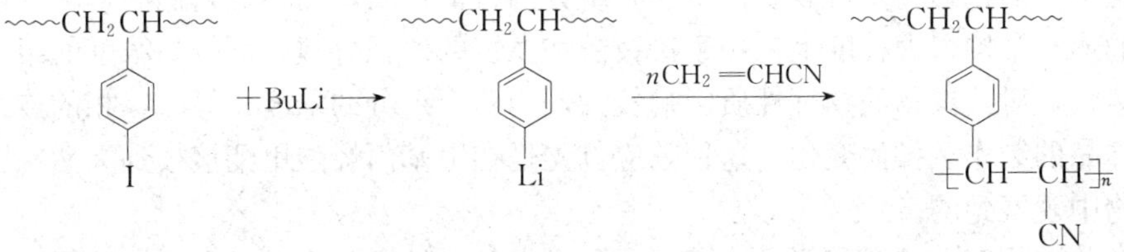

5.1.2.3　辐射接枝

利用辐射能使聚合物产生自由基型的接枝点与单体进行共聚。辐射接枝有直接辐射法和预辐射法两种。

直接辐射法是将聚合物和单体在辐射前混合在一起，共同进行辐射。常用的辐射源为紫外光，主链聚合物是那些容易受紫外光激发产生自由基的结构，如侧链含有 $\diagdown$C=O 或

$\diagdown$C=Cl：

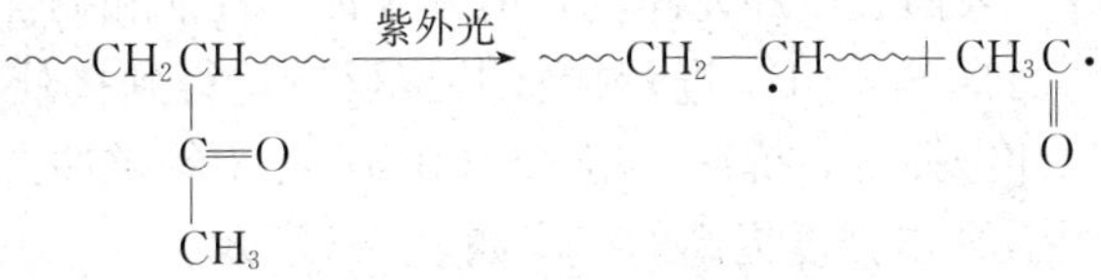

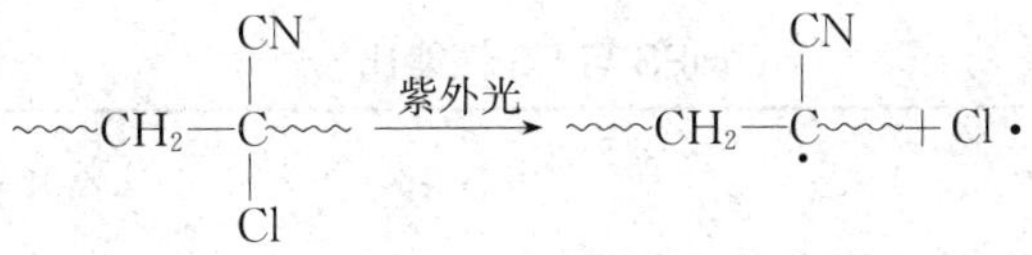

加入光敏剂如二苯甲酮可提高接枝效率，但在生成接枝共聚物的同时也生成均聚物。

预辐射法是先辐照聚合物，使之产生捕集型自由基，再用乙烯型单体继续对已辐照过的聚合物进行处理，得到接枝共聚物。预辐射法所用的辐射源为高能量 γ 射线。在无氧的情况下，γ 辐照有两种主要作用：

① 聚合物链无规地失去侧基或氢原子，产生自由基

$$\sim\!\!\sim\!\!\mathrm{CH_2CH_2CH_2}\!\!\sim\!\!\sim \xrightarrow{\gamma\,\text{辐射}} \sim\!\!\sim\!\!\mathrm{CH_2\overset{\cdot}{C}HCH_2}\!\!\sim\!\!\sim$$

② 主链断裂，产生自由基

$$\sim\sim CH_2-\underset{\underset{OCH_3}{\overset{C=O}{|}}}{\overset{\overset{CH_3}{|}}{C}}-CH_2\sim\sim \xrightarrow{\gamma\text{辐射}} \sim\sim CH_2-\underset{\underset{OCH_3}{\overset{C=O}{|}}}{\overset{\overset{CH_3}{|}}{C}}\cdot + \cdot CH_2\sim\sim$$

在接枝反应中，第二种情况是不希望发生的反应，为此，要求辐射的剂量必须控制在一定的范围内，但因此也会导致聚合物产生的自由基减少。总之，预辐射法产生的接枝点较少，但是其接枝效率较高，在该体系中，很少产生均聚物。

5.1.3　接枝共聚物性能与应用

采用接枝聚合对聚合物改性的主要优点在于：接枝共聚物这种杂交类型不同于共混物，它是单一的化合物，可以发挥每一个组分的特征性质，而不是它们的平均性质。接枝共聚物的形态结构很大程度上依赖于接枝链和主链的体积分数。而较高浓度的组分，通常形成连续相，对共聚物的物理性质影响较大，当两个组分的浓度相等时，相的连续性急剧地随着样品的制作条件而变化，这种效应首先是在甲基丙烯酸甲酯接枝到天然橡胶上的两相共聚物中观察到的。

接枝共聚物存在着两相形态，还反映在它们的热转变行为上。与物理共混物相似，这些接枝共聚物表现出两个不同的玻璃化转变温度，所不同的是由于接枝共聚物的链段间以化学键相连，在形态上具有更精细的结构。如果不混杂有均聚物，则其无定型体系应有良好的光学透明性。

接枝共聚物有一个主要特性是，容易和它们相应的均聚物共混。这一特性在刚性体和弹性体方面都已获得应用。如用苯乙烯-丁二烯接枝共聚物改性聚苯乙烯的冲击性能。

5.1.3.1　聚苯乙烯接枝改性

均聚物聚苯乙烯（PS）具有较好的着色性、表面装饰性，抗辐射性好，电绝缘性能优良，具有较高的刚性、表面硬度和光泽度，但是其冲击性能和韧性差，限制了其作为电器制品等领域的应用，而将 St 与 PB 进行接枝共聚反应，得到接枝共聚物，其韧性得到明显改善，具有较高的冲击强度。抗冲击型 PS（IPS）有中等抗冲击 PS、高抗冲 PS 及超高抗冲 PS，IPS 的韧性及冲击强度提高的程度如表 5-2 所示。

表 5-2　　　　　　　　　　　　　　　　HIPS 与 PS 性能比较

性能 \ 种类	PS	中等 IPS	高 IPS	超高 IPS
熔体流动速率/(g/10min)	2.8～13	2.8～14	2.8～6	6.5
拉伸强度/MPa	33～42	19～35	15～20	14.5
悬臂梁冲击强度/(kJ/m)	0.01	0.04～0.06	0.07	0.08
断裂伸长率/%	<25	25～30	35	35
维卡软化点/℃	85～99	84～97	87～94	84

接枝共聚物 HIPS 的冲击强度和伸长率增加，获得了较高的冲击性能，但是，需要指出的是冲击型 PS 的拉伸强度下降，拉伸强度不如 PS。而将接枝共聚物用于物理共混中可

作为增容剂（又称相容剂）起到增容的作用。

接枝共聚物与其组分聚合物具有较好的相容性，原因在于接枝共聚物具有独立组分的微相结构，从而可以较自由地控制接枝共聚物与组分聚合物形成的共混物的相容性。例如 ABS 树脂，其组成成分 PAS 和 PB 的相容性较差，但是将苯乙烯（St）与丙烯腈（AN）共接枝聚合到 PB 上得到的 PB、PAS 接枝聚合物，由于其各聚合物组分是以化学键结合，因而具有良好的相容性，并且克服了 PAS 冲击性能差的不足，获得的接枝型 ABS 树脂，

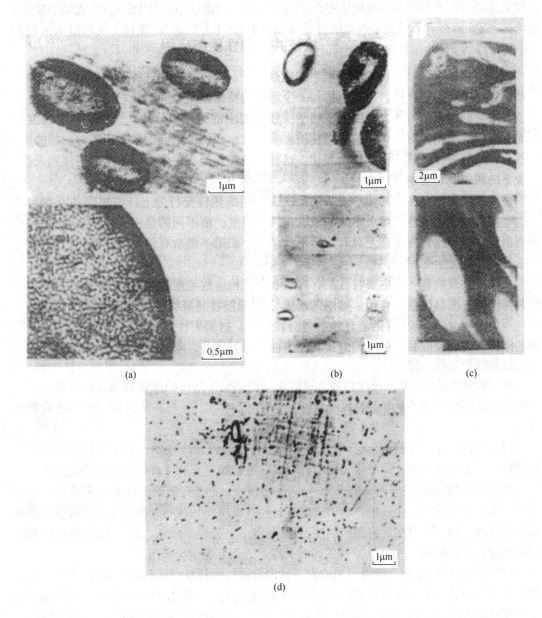

(a)　　　　　　　　　　　　　(b)　　　　　　　　　　(c)

(d)

图 5-1　在溶解过程中接枝共聚物微相结构共混物与 PS 相对分子质量间的相互关系
(a) 均聚物 PS 相对分子质量为接枝共聚物的 20 倍的共混体系（PS-g-PS/PS：15/85）
(b) 均聚 PS 的相对分子质量约 3 倍共聚物　(c) 均聚物 PS 相对分子质量约 1.5 倍共聚物
(d) 均聚物相对分子质量比接枝共聚物小

由于 PB 为玻璃化转变温度较低的弹性体，因而该 ABS 在低温下仍具有高冲击强度和高韧性。

又如将 St 与 PB 发生接枝共聚反应，得到的高抗冲聚苯乙烯 HIPS 显示出对 PS 的增容作用。图 5-1 表示在"溶解"过程中接枝共聚物微相结构共混物与 PS 相对分子质量间的相互关系。图 5-1（a）中均聚物 PS 的相对分子质量是接枝共聚物的 20 倍，在 PS 基体上形成 0.2～5μm 圆状微区（domain）。在该微区内，25～30μm 蚯蚓状的 PB 和 PS 微相互相交叉，形成了 HIPS 的微观结构。在图 5-1（a）的微区中，HIPS 对 PS 无增容能力。当均聚物 PS 的相对分子质量为 3 倍时［如图 5-1 中（b）所示］，接枝共聚物以微区分散在基体中，当 PS 的相对分子质量变小时（1.5 倍及比接枝共聚物的相对分子质量小），分别如图 5-1 中（c）和图 5-1 中（d）所示，球状或块状的 PB 微区进一步变小，能够均匀地分散在基体中，即接枝共聚物 HIPS 与 PS 完全相容。

因此，为了最大限度地发挥接枝共聚物的增容能力，使接枝聚合物的相对分子质量比均聚物的相对分子质量高为宜。

5.1.3.2　聚丙烯接枝改性

聚丙烯（PP）是一种综合性能优良的热塑性通用塑料。其特点是：密度小、易加工、价格较低；熔点较低、热变形温度低、抗蠕变性差、尺寸稳定性差、抗冲击性能差等。主要用于日常用品、包装材料、家用电器、汽车工业、建筑施工领域。PP 自身的不足使其作为工程材料受到限制。

对 PP 进行共混改性是提高其性能的有效途径。然而，共混改性组分与 PP 基体之间的相容性，成为影响改性效果的重要因素。常用的提高聚合物改性体系相容性的方法，主要是在体系中加入接枝、嵌段共聚物或低分子量化合物作相容剂。相容剂的加入可以使不相容的两相通过物理作用或化学反应取得协同效应，增加相容性，并提高改性体系的性能。通过 PP 接枝共聚的方法得到 PP 接枝物作为相容剂，是提高 PP 共混体系相容性和综合性能的较理想的一种方法。

采用极性单体对 PP 接枝改性使其极性化，借助极性基团的极性和反应性改善其性能上的不足，同时又赋予其新的性质与性能，这是开发扩大 PP 材料用途的一种行之有效的方法。

PP 接枝改性的方法有溶液接枝法、熔融接枝法、固相接枝法、悬浮接枝法，以及气相接枝法、辐射接枝法、高温接枝法、光引发接枝法等。现将 4 种主要方法分述如下。

PP 的溶液接枝改性，首先在 100～140℃温度下，将 PP 溶解在沸腾的甲苯、二甲苯或苯溶液中，然后加入接枝单体和引发剂进行接枝反应，接枝物经丙酮萃取未反应的单体后形成最终产物。该方法反应副产物少、PP 降解少、接枝率较高。但使用大量有机溶剂，污染环境，反应时间长（1～3h），生产成本高，工业上已很少采用。

PP 的熔融接枝改性，可以利用双螺杆挤出机进行接枝反应。将 PP、接枝单体、引发剂等在适宜的条件下共挤出，反应过程在 PP 熔点以上，一般为 190～230℃，反应操作简单，无须回收溶剂。但这种方法有两大缺点，其一，反应温度较高，PP 链 β 断裂倾向大，在有小分子引发剂的接枝体系中，大分子自由基的降解严重，因此反应过程难以控制，产物接枝率低，材料的性能不稳定。其二，残留在产物中的未反应的单体和引发剂难以除去，影响接枝物的使用性能。

PP 的固相接枝改性，是将接枝单体和引发剂配成少量溶液，与粉末状 PP 在惰性气体保护下，于低于其熔点（一般在 100℃左右）的温度进行接枝反应。此法的优点是反应条件温和，溶剂用量少，后处理简单，PP 降解少，能很好地保持 PP 固有的机械性能。此法被认为是一种很有发展前景的接枝方法。

PP 的悬浮接枝改性，是将 PP 粉末、薄膜或纤维与接枝单体一起在水相中接枝的方法。这种方法比较简单，反应温度低，PP 降解程度低，反应容易控制，无溶剂回收，利于保护环境。在反应中，若聚合物能被接枝单体溶胀，则接枝效率较高，否则需在反应前于较低的温度下令聚合物与单体先接触一定时间，然后再进行升温反应，或者加入某种溶剂作为界面活性剂来加速单体向聚合物中的扩散。

PP 接枝改性方法常用的接枝单体有马来酸酐（MAH）、丙烯酸（AA）、甲基丙烯酸缩水甘油酯（GMA）、苯乙烯（St）等。上述 4 种 PP 接枝共聚改性的方法和特点见表5-3。

表 5-3　　　　　　　　　　　　　　4 种 PP 接枝共聚方法比较

项目	溶液接枝法	熔融接枝法	固相接枝法	悬浮接枝法
原料形态	粉末、颗粒	粉末、颗粒	粉末	粉末
宏观特点	均相、整体改性	非均相、整体改性	非均相、局部改性	非均相、局部改性
常用单体	MAH、AA 等	MAH、AA、GMA、St 等	MAH、AA、GMA、St 等	MAH、AA
反应温度	低于溶剂沸点	高于 PP 熔点	低于溶剂沸点	低于介质沸点
反应时间	长（大于 1h）	短（约 10min）	较长（约 1h）	较长（约 1h）
溶剂用量	多	无	少量	无或少量
副反应	较少	多	较少	较少
后处理脱单体	较难	难	容易	容易
生产方式	间歇式	可连续化	间歇式	间歇式
生产成本	高	低	低	低
环境保护	不好	一般	较好	好

5.1.3.3　天然生物高分子材料接枝改性

作为生物基原料的天然生物高分子（淀粉、纤维素、甲壳素等）材料，通过接枝共聚改性制备新型的生物基材料，可以获得更加广泛的应用。

以纤维素接枝共聚为例。纤维素的接枝共聚是以分子链中的羟基为接点，将合成的聚合物连接到纤维素骨架上，赋予纤维素特定性能和功能的过程。纤维素接枝共聚主要方法有自由基聚合、离子型共聚、开环聚合以及原子转移自由基聚合。部分纤维素接枝共聚体系如表 5-4 所示。根据聚合条件的不同，支链或接枝链的长度也随之变化。可供接枝的单体种类繁多，其中以丙烯基和乙烯基单体应用最为广泛。常用的接枝单体的活性顺序为丙烯酸乙酯＞甲基丙烯酸甲酯＞丙烯腈＞丙烯酰胺＞苯乙烯。接枝共聚在交联纤维素、氧化纤维素、羧甲基纤维素甚至交联衍生物的合成上均有应用。接枝后的纤维素本身固有的优点不会遭到破坏，大分子的引入可起到优化纤维素性能的作用，因而广泛用于生物降解塑料、离子交换树脂、吸水树脂、复合材料、絮凝剂以及螯合纤维等方面。

表 5-4　　部分纤维素接枝共聚体系

种类	接枝单体	引发剂	聚合方式
羟乙基纤维素	甲基丙烯酸-*N*,*N*-二甲氨基乙酯	四价铈盐	自由基聚合
羟甲基纤维素	甲基丙烯酸甲酯	过硫酸钾	自由基聚合
交联纤维素	2-丙烯酰胺基-2-甲基丙磺酸	亚硫酸钠、过硫酸钾	离子型聚合
微晶纤维素	ε-己内酯	苯甲醇	开环聚合
纤维素膜	甲基丙烯酸二甲氨乙酯	2-溴代异丁酰溴	原子转移自由基聚合

天然生物高分子接枝共聚的引发剂包括以硝酸铈铵（ceric ammonium nitrate，CAN）为代表的铈盐引发体系、过硫酸钾体系、Fenton 试剂等，分述如下。

（1）硝酸铈铵引发剂

在纤维素接枝共聚的引发剂中，四价铈盐引发剂较常用，最常用的四价铈盐为硝酸铈铵（CAN）。四价铈盐直接氧化法具有易实施、接枝率较高的优点。该引发过程为：四价铈离子（Ce^{4+}）在酸性条件下使纤维素骨链上产生自由基。当纤维素被四价铈盐氧化时，通过一个电子转移过程在纤维素上产生自由基，这些自由基可以引发乙烯基接枝。其中四价铈盐通过单个电子转移在纤维素表面形成活性位点，从而抑制了均聚物的生成。纤维素和 Ce^{4+} 之间可能形成一个纤维素被氧化的可逆中间体（络合物），接着中间体分解形成纤维素自由基，其引发机理如图 5-2 所示。

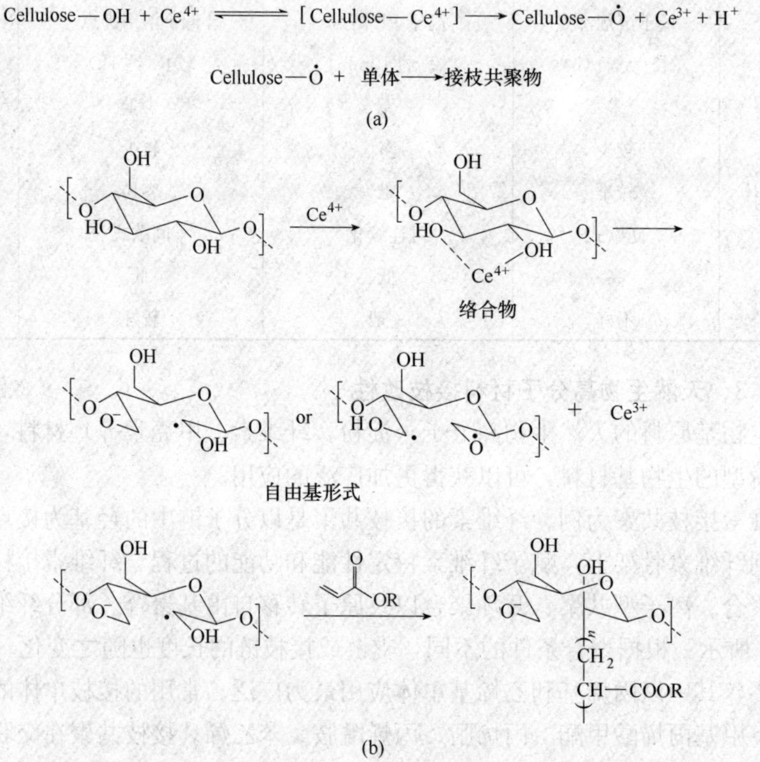
Cellulose—OH + Ce4+ ⇌ [Cellulose—Ce4+] → Cellulose—Ȯ + Ce3+ + H+
Cellulose—Ȯ + 单体 → 接枝共聚物
(a)
Ce4+
络合物
or
+ Ce3+
自由基形式
OR
CH2
CH—COOR
(b)

图 5-2　四价铈盐引发纤维素接枝机理

（a）四价铈盐引发纤维素接枝机理示意　（b）四价铈盐引发纤维素接枝机理

　　这种引发接枝改性方法还可以用于淀粉、壳聚糖、亚麻籽胶浆、大麻、纤维纸浆等的接枝改性。譬如，可以在四价铈盐（如硝酸铈铵）引发条件下将丙烯腈（AN）接枝到这类生物基原料物上，合成制备高吸水性聚合物，将其用于工业污水中的絮凝剂、高吸水材料等。

　　淀粉-丙烯腈接枝共聚物是第一个工业化的高吸水性树脂（Super Absorbent Polymer）。其淀粉改性过程为：低于 90℃，将淀粉糊化；冷却至 25℃，再加入丙烯腈，以硝酸铈铵为催化剂，在 30℃ 以上进行接枝共聚反应。共聚产物在强碱作用下加水分解，接枝的 PAN 部分转变成聚丙烯酰胺和聚丙烯酸钠，最后精制、干燥得到产品。淀粉-丙烯腈接枝反应如图 5-3 所示。

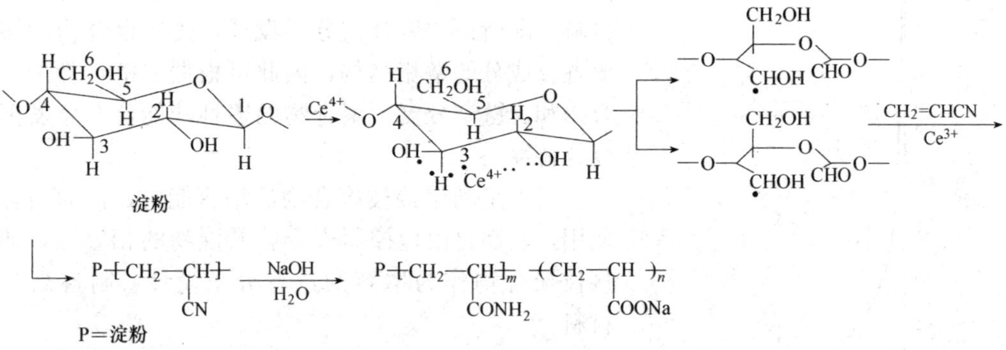

图 5-3　淀粉-丙烯腈接枝共聚物合成反应

（2）过硫酸钾体系

　　以过硫酸钾（KPS）引发纤维素、淀粉等接枝反应，主要是在高分子骨架表面产生自由基位点，可将生物高分子浸泡在饱和过硫酸钾中实现，引发机理如图 5-4 所示。Srikulkit K. 等利用过硫酸钾引发体系将阳离子单体甲基丙烯酰丙基三甲基氯化铵（MAPTAC）接枝到棉纤维上，并且设计了一种可染性改性和棉布漂白在同一染浴中进行的染色过程。通过对棉纤维进行阳离子化改性，提高活性染料与棉纤维之间的亲和力，在无盐条件下实现活性染料的上染，实现低盐或无盐染色，从而实现高固色率并达到节能减排的目的。

（3）Fenton 试剂引发

　　Fenton 试剂（$Fe^{2+}—H_2O_2$）为二价铁和双氧水的氧化还原引发剂，在水溶液中产生活性自由基·OH，·OH 与纤维素等或者活性烯类单体继续引发得到共聚物和均聚物。反应机理如图 5-5 所示。

$$S_2O_8^{2-} \longrightarrow 2HSO_4 \cdot$$

$$Starch—OH + S_2O_8^{2-} \longrightarrow Starch—\dot{O} + HSO_4^- + SO_4 \cdot$$

$$Starch—\dot{O} + 单体 \longrightarrow 接枝共聚物路线$$

$$SO_4^- \cdot + 单体 \longrightarrow 均聚物路线$$

图 5-4　过硫酸盐引发接枝聚合机理示意

$$Fe^{2+} + H_2O_2 \longrightarrow Fe^{3+}—HO \cdot + OH^-$$

$$Cellulose—OH + HO \cdot \longrightarrow Cellulose—\dot{O} + H_2O$$

$$Cellulose—\dot{O} + 单体 \longrightarrow 接枝共聚物路线$$

$$HO \cdot + 单体 \longrightarrow 均聚物路线$$

图 5-5　Fenton 试剂（$Fe^{2+}—H_2O_2$）引发
纤维素接枝反应机理

　　此外，接枝共聚物在医学材料抗凝血作用方面也取得了较好的应用研究结果。如在链段型聚醚氨酯（SPEU）上，接枝聚合丙烯酰胺，使支链形成长侧链结构，这种接枝共聚物改善了 SPEU 的抗凝血性。在高密度聚乙烯、聚乙烯醇缩丁醛膜上接枝丙烯酰胺等接枝共聚物的抗凝血效果也有程度不同的改善。

5.1.4　接枝共聚物研究

接枝聚合物高分子材料的研究主要包括两个方向，一种是对接枝聚合物材料自身的研究，另一种是以接枝聚合物作为增容剂，提高相容性的应用研究。

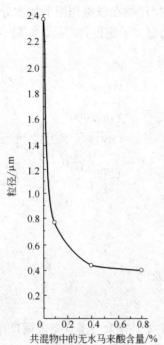

图 5-6　分散粒子在尼龙 66
与 PE 接枝的无水马来酸
共混物中的直径变化

前者是搞清楚分子结构，通过化学键将具有各种特殊性质的聚合物连结，设计出具备高度复合特性的材料，即所谓的聚合物分子设计，接枝聚合物能够形成各自成分的微相结构，因此可根据主链（骨干）聚合物和支链（分支）聚合物的多种功能，充分发挥其复合特性。

后者是利用接枝聚合物的增容能力，作为增容剂使用，从而自由地控制聚合物共混物的相容性，即将接枝聚合物作为增容剂进行分子设计，制备高分子材料。

将少量的接枝聚合物添加到聚合物共混物中，界面张力大幅度下降，两组分聚合物的相容性提高，分散粒子直径变小。图 5-6 给出了尼龙-66 与无水马来酸改性 PE 共混物的分散粒子直径的影响，对应于尼龙-66 与改性 PE 的接枝聚合物的生成量，随 PE 粒子的直径大大减小，聚合物共混物体系趋于稳定。

利用接枝聚合物作为增容剂，既可大幅度提高聚合物共混物的相容性，又能有效地发挥力学特性。这种特性在工业上的优势是，与利用 100％的接枝聚合物相比，其投资很少，利润很高。其力学性能一般可进行以下排列：接枝聚合物＞增容化共混物＞聚合物共混物。接枝聚合物增容化，其操作容易，价格低，力学性能优异，应用对象广泛。因此，作为聚合物材料改性技术备受注目，是重要的研究方向。

5.2　嵌段共聚改性[1—4,14—20]

5.2.1　基本原理

嵌段共聚可以看成是接枝共聚的特例，其接枝点位于聚合物主链的两端。嵌段共聚物指的是聚合物主链上至少具有两种以上单体聚合而成的以末端相连的长序列（链段）组合成的共聚物。

嵌段共聚的链段序列结构有三种基本形式：

A_m—B_n 二嵌段聚合物；

A_m—B_n—A_m 或 A_m—B_n—C_n 三嵌段聚合物；

$\left(A_m-B_n\right)_{\overline{n}}$多嵌段聚合物。

此外，还有较不常见的放射型嵌段共聚物，它是由三个或多个二嵌链段从中心向外放射，所形成的星状大分子结构，如图5-7所示。

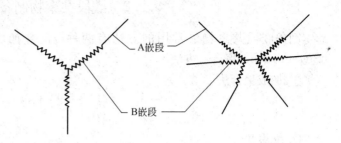

图 5-7　放射状嵌段共聚物的链段序列结构

嵌段共聚物大多混有少量的均聚物，因此其表征要比均聚物或聚合物共混物困难，但准确确定嵌段共聚物的序列结构、数目比接枝共聚物要容易。

常见的嵌段共聚物如表 5-5 所示。

表 5-5　　　　　　　　　　　　　　　常见嵌段共聚物

嵌段共聚物类型	种　　类	举　　例
A_m-B_n 型	聚苯乙烯嵌段共聚物 聚丙烯酸类和聚乙烯吡啶嵌段共聚物 α-聚烯烃嵌段共聚物 杂原子嵌段共聚物	苯乙烯-丁二烯,苯乙烯-异戊二烯,苯乙烯-芳烯烃 丙烯酸类,乙烯吡啶 乙烯-丙烯,其他 α-烯烃 醚-醚,醚-烯烃,内酯类,硫醚类,酰胺类与亚胺类,硅氧烷
$A_m-B_n-A_m$ 型	碳氢链嵌段共聚物 聚丙烯酸类和聚乙烯吡啶嵌段共聚物	苯乙烯-二烯类,星状苯乙烯-二烯类 改性苯乙烯-二烯类,其他芳烯烃-二烯类 二烯-二烯类,苯乙烯-芳烯烃类 丙烯酸类,乙烯吡啶
	杂链 $A_m-B_n-A_m$ 嵌段共聚物	醚-醚,醚-烯烃,酯类 硫醚类,酰胺类,硅氧烷类
$\left(A_m-B_n\right)_{\overline{n}}$型	醚-醚 醚-烯烃 醚-酯 酯-酯 酯-烯烃 碳酸酯类 酰胺类 亚胺酯类 聚硅氧烷 交联环氧树脂体系	 对苯二甲酸烷烃酯类,对苯二甲酸芳烃酯类 其他酯类 碳酸酯-碳酸酯,碳酸酯-聚砜 碳酸酯-醚,碳酸酯-酯 碳酸酯-苯乙烯,碳酸酯-亚胺酯 酰胺-酰胺,酰胺-醚 酰胺-酯,酰胺-烯烃 其他各种酰胺或酰亚胺 聚氨酯纤维 硅氧烷-硅氧烷,硅氧烷-硅芳烃硅氧烷 硅氧烷-烷醚,硅氧烷-芳醚 硅氧烷-烯烃,硅氧烷-酯

5.2.2 嵌段共聚物制备方法

制备嵌段共聚物最常用的方法有两种：活性加成聚合及缩聚合［又称逐步生长（Step-growth）聚合］方法：

① 加成聚合法

$$*\!\!\sim\!\!* \ +n\text{B} \longrightarrow \sim\!\!\text{BBB}\!\!\sim\!\!\text{BBB}\!\!\sim$$

带有活性端基的聚合物 A   单体

② 缩聚法

$$\text{Y}\!\!\sim\!\!\text{Y}+\text{X} \boxed{\quad} \longrightarrow \boxed{\quad}\!\!\sim\!\!\boxed{\quad}$$

带有官能团的聚合物 A   带有官能团的聚合物 B

$$或 \ \text{Y}\!\!\sim\!\!\text{Y}+\text{X}\boxed{\quad}\!\!-\!\!\text{X} \longrightarrow \sim\!\!\left[\!\!\boxed{\quad}\!\!\right]\!\!$$

以上两种方法具备制备嵌段共聚物的三个特点：①活性位置和浓度已知，②受均聚物污染程度最小，③链段的长度和排列位置可以控制。活性加成聚合法可以得到三种嵌段共聚物结构：A_m—B_n 型、A_m—B_n—A_m 型及 $\left(A_m\text{—}B_n\right)_{\overline{n}}$ 型，而缩聚法只能得到 $\left(A_m\text{—}B_n\right)_{\overline{n}}$ 型嵌段共聚物。活性加成聚合比缩聚体系更容易获得长嵌段和窄分子量分布。其原因是在缩聚体系中用高分子量齐聚物末端基团浓度太低、相对分子质量呈高斯分布、对杂质的敏感度比活性加成聚合方法小等。

A_m—B_n 和 A_m—B_n—A_m 序列结构主要通过阴离子活性聚合制备，$\left(A_m\text{—}B_n\right)_{\overline{n}}$ 结构则常通过缩聚法制备。下面将分别介绍常用的嵌段聚合物制备方法。

5.2.2.1 加成聚合法

加成聚合法也称为顺序加料活性聚合。从理论上讲，加成聚合法不但可用于烯类聚合，也可用于开环聚合。

（1）活性阴离子聚合

活性阴离子聚合是制备结构清楚的嵌段共聚物的最重要的方法，它是在形成单体 A 的活性聚合物之后，该大分子阴离子若能继续定量地引发单体 B 则将形成链段分布均匀的 A_m—B_n 二嵌段共聚物：

$$\text{R}^{\ominus}+n\text{A} \longrightarrow \text{R}\!\!\sim\!\!\text{AAA}^{\ominus} \xrightarrow{\ m\text{B}\ } \text{R}\!\!\sim\!\!\left(\text{AAA}\right)\!\!-\!\!\text{BBB}^{\ominus}$$

若采用双官能团化合物去终止上述反应，则可得三嵌段物。

$$\text{R}\!\!\sim\!\!\text{AAAA}\text{—}\text{BBBB}\!\!\sim\!\!^{\ominus}\text{Li}^{\oplus}+(\text{CH}_3)_2\text{SiCl}_2$$

$$\longrightarrow \text{RAAA}\cdots\text{BBB}\cdots\text{AAAR}$$

以上三嵌段物同样也可以先合成 B 单体的双负离子活性聚合物，再和单体 A 反应制备：

$$^{\ominus}\!\!\sim\!\!\text{BBBBB}\!\!\sim\!\!^{\ominus}+2n\text{A} \longrightarrow \text{AAAA}\!\!\sim\!\!\text{BBBBB}\!\!\sim\!\!\text{AAAA}$$

阴离子活性聚合制备结构清楚的嵌段物，首先要求单体必须是阴离子可聚合的，其次活性阴离子必须有足够的亲核性去迅速攻击单体而不产生副反应。阴离子可聚合单体按其亲电性的增加有下列顺序：

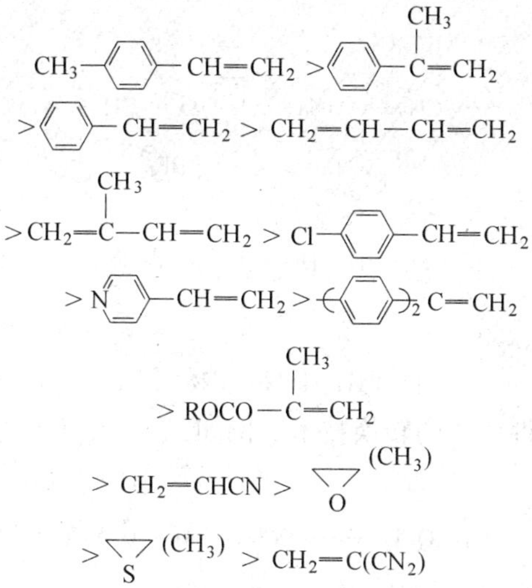

亲电性越强的单体，其相应的负离子亲核性越弱，因此对一已知单体的碳负离子原则上能够引发在其下面的单体聚合，反之则不行。为了避免两种嵌段单体的亲电、亲核活性太悬殊而导致副反应，可以通过对 1,1-二苯基乙烯（DPE）的中间体加成以减低碳负离子的亲核性。由于 DPE 不能均聚，只能形成单个的二苯基碳负离子终端，然而它们具有足够的活性引发亲电性较大的单体，例如：

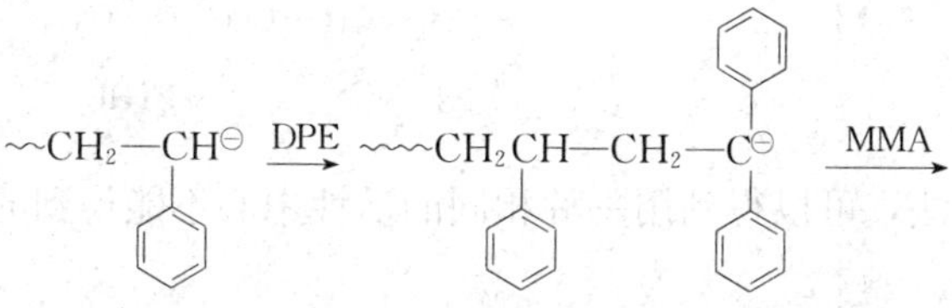

活性聚苯乙烯　　　　　　　　　　　减活的聚苯乙烯负离子

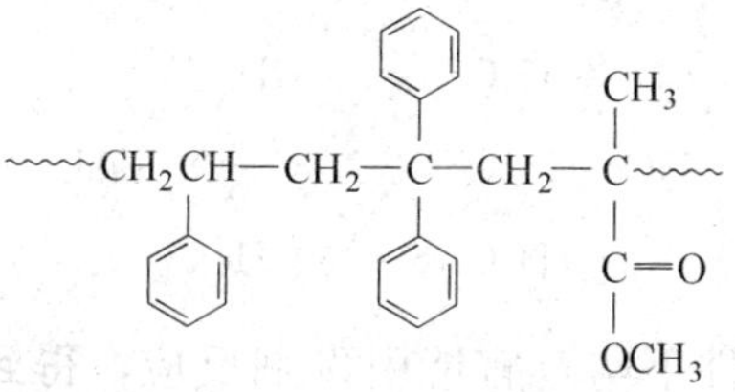

利用负离子的活性差异也可以合成三嵌段共聚物，例如要合成聚苯乙烯-聚丁二烯-聚苯乙烯（SBS）嵌段物，可首先让 S 用烷基锂做催化剂合成聚苯乙烯单活性负离子，然后再加入计算量的苯乙烯和丁二烯混合单体。由于丁二烯对负离子的加成活性大于苯乙烯，则首先与丁二烯加成聚合直到丁二烯单体消耗殆尽，再继续与苯乙烯加成，最终获得 SBS 三嵌段聚合物。SBS 是一种热塑性弹性体，它既具有橡胶的性能，又可以进行热塑性加工成型。

（2）活性阳离子加成聚合

从理论上讲，活性正离子聚合可以预期得到正离子可聚合单体的嵌段共聚物，或者通过引发-转移剂（Inifer）技术制备嵌段物，但实际上成功的例子并不多，且结构较复杂。

一个成功的例子是活性聚苯乙烯负离子与活性聚四氢呋喃正离子进行交替终止而得到如下嵌段共聚物。

$$\text{\large $\sim\sim$}CH_2-\overset{\ominus}{C}HNa + \overset{\oplus}{O}-CH_2\text{\large $\sim\sim$}$$

$$BF_4^{\ominus}$$

PS

$$\longrightarrow \text{\large $\sim\sim$}CH_2CH-(CH_2)_4-OCH_2\text{\large $\sim\sim$}$$

PS—PTHF 嵌段共聚物

另一种方法是通过活性中心的转换技术，例如：

$$\text{\large $\sim\sim$}CH_2\overset{\ominus}{C}H \ \overset{\oplus}{N}a + COCl_2 \longrightarrow \text{\large $\sim\sim$}CH_2-CH-\overset{O}{\overset{\|}{C}}-Cl$$

过量

$$\xrightarrow{AgSbF_6} \text{\large $\sim\sim$}CH_2-CH-\overset{\oplus}{CO} \ SbF_6^{\ominus} + AgCl$$

$$\xrightarrow{THF} \text{\large $\sim\sim$}CH_2-CH-CO-O(CH_2)_4\text{\large $\sim\sim$}$$

PS　　　　　　　　　　　　PTHF

通过以上两种方法，可以得到用一种相同的活性中心不能得到的嵌段共聚物。

（3）自由基加聚

用自由基反应合成嵌段共聚物一般是不太合适的，因为通常得不到结构清楚的嵌段物，只有少数的成功例子，如用双官能团的引发剂：

$$HO-O-\underset{H_3C}{\overset{H_3C}{C}}-\underset{CH_3}{\overset{CH_3}{C}}-O-OH$$

首先将单体 A 在温和条件下与双官能引发剂反应，得到含有过氧化氢端基的聚合物 A：

$$\text{\large $\sim\sim$}AAAAA-R-O-OH + Fe^{2+} \longrightarrow Fe^{3+} + OH^-$$

$$+ \text{\large $\sim\sim$}AAAAA-R-O\cdot + B \longrightarrow \text{\large $\sim\sim$}AAAA-R-BBBB\text{\large $\sim\sim$}$$

再在还原剂和单体 B 存在下得到 A—B 型嵌段共聚物，或者可以利用链转移反应，如在带有叔胺端基的聚合物 A 存在下使单体 B 聚合，若叔胺端基对自由基 B 的转移常数足够大，则可以得到 A—B 嵌段共聚物。

$$\text{\large $\sim\sim$}AAAA-N\overset{CH_2CH_3}{\underset{CH_2CH_3}{\diagup}} + B单体 \xrightarrow{R\cdot} \text{\large $\sim\sim$}AAAA-BBBB\text{\large $\sim\sim$}$$

5.2.2.2　缩聚法

具有末端官能团的低聚体可用来制备各种各样的嵌段共聚物。低聚体可以用逐步生长反应、合适的加成或开环聚合反应来制备。在缩合反应结果自然生成末端基团，这些低聚体的端基就是所用的过量的那个单体的端基，如式（5-2）所示末端为羟基的聚砜即是一个例子。在开环或加成聚合的情况下使末端带有一定的官能团。如式（5-3）中聚己内酯和聚苯乙烯是用这个方法合成这类低聚体的例子。此外这个方法也可用于制备聚酰胺、聚碳酸酯、聚氨酯、聚硅氧烷、聚烷醚和聚芳酯低聚体。末端官能团除了羟基以外，还有胺基、异氰酸酯基、酰卤基、氯硅烷基，甚至负碳离子。唯一主要的要求条件是：要有一个高效的反应基团。

$$(n+1)\ \text{HO} \overline{}\overset{\underset{\displaystyle CH_3}{\displaystyle CH_3}}{\overset{|}{\underset{|}{C}}}\overline{}\text{OH} + n\text{Cl}\overline{}\text{SO}_2\overline{}\text{Cl}$$

$$\xrightarrow{\text{碱}} H \Big(\!O\overline{}\overset{\underset{\displaystyle CH_3}{\displaystyle CH_3}}{\overset{|}{\underset{|}{C}}}\overline{}O\overline{}SO_2\overline{}\Big)_n O\overline{}\overset{\underset{\displaystyle CH_3}{\displaystyle CH_3}}{\overset{|}{\underset{|}{C}}}\overline{}OH + 2n\text{NaCl}$$

$$(5\text{-}2)$$

$$(CH_2)_5 \overset{\displaystyle O}{\overbrace{}} O + HO\text{—}R\text{—}OH \longrightarrow HO\Big[(CH_2)_5\overset{\displaystyle O}{\overset{\|}{C}}\text{—}O\Big]_x R \Big[O\overset{\displaystyle O}{\overset{\|}{C}}\text{—}(CH_2)_5\Big]_x OH$$

$$\text{Li—R—Li} + \underset{\displaystyle \bigcirc}{CH_2\!=\!CH} \longrightarrow \overset{\ominus}{\text{Li}}\sim\!\sim\!CH_2\text{—}\underset{\displaystyle \bigcirc}{CH}\sim\!\sim\!\overset{\ominus}{\text{Li}}$$

$$\xrightarrow[\ (2)\ H^{\oplus}\ ]{(1)H_2C\overset{\displaystyle O}{\overbrace{}}CH_2} HO\text{—}CH_2\text{—}CH_2\!\sim\!\sim\!CH_2\text{—}\underset{\displaystyle \bigcirc}{CH}\!\sim\!\sim\!CH_2\text{—}CH_2\text{—}OH \qquad (5\text{-}3)$$

上述具有末端官能团的低聚体，在生成$\overline{(A\text{—}B)_n}$嵌段共聚物时，可以是完全交替链段或者是按统计规律排列的链段。当使用带有相互进行反应的两种末端官能团的低聚体时，则可得到完全交替排列的链段。按照定义，这样的低聚体仅能进行相互反应，而不能自身反应，如式（5-4）所示。

$$X\!\sim\!\sim\!Y + Y\text{—}Y \rightarrow (\sim\!\sim/\text{—})_n + XY \qquad (5\text{-}4)$$

一般合成技术，可以聚砜-聚（二甲基硅氧烷）嵌段共聚物的合成为代表。末端为二甲基胺的硅氧烷与带有羟基末端的聚砜按照式（5-5）进行反应。

$$HO—\!\!\!\bigcirc\!\!\!-\!\!\overset{\overset{\displaystyle CH_3}{|}}{\underset{\underset{\displaystyle CH_3}{|}}{C}}\!\!-\!\!\bigcirc\!\!\!-\!\!O\!\!-\!\!\bigcirc\!\!\!-\!\!SO_2\!\!-\!\!\bigcirc\!\!\!-\!\!O\!\!-\!\!\bigcirc\!\!\!-\!\!\overset{\overset{\displaystyle CH_3}{|}}{\underset{\underset{\displaystyle CH_3}{|}}{C}}\!\!-\!\!\bigcirc\!\!\!-\!\!{}_aOH$$

$$+$$

$$(CH_3)_2N\!\!-\!\!\overset{\overset{\displaystyle CH_3}{|}}{\underset{\underset{\displaystyle CH_3}{|}}{Si}}\!\!\!\left(\!\!O\overset{\overset{\displaystyle CH_3}{|}}{\underset{\underset{\displaystyle CH_3}{|}}{Si}}\right)_{\!\!b}\!\!\!N(CH_3)_2$$

$$\downarrow$$

$$H\!\!\left(\!O—\!\!\!\bigcirc\!\!\!-\!\!\overset{\overset{\displaystyle CH_3}{|}}{\underset{\underset{\displaystyle CH_3}{|}}{C}}\!\!-\!\!\bigcirc\!\!\!-\!\!\!\left(\!O\!\!-\!\!\bigcirc\!\!\!-\!\!SO_2\!\!-\!\!\bigcirc\!\!\!-\!\!O\!\!-\!\!\bigcirc\!\!\!-\!\!\overset{\overset{\displaystyle CH_3}{|}}{\underset{\underset{\displaystyle CH_3}{|}}{C}}\!\!-\!\!\bigcirc\right)_{\!\!a}\!\!\!\left(\!O\overset{\overset{\displaystyle CH_3}{|}}{\underset{\underset{\displaystyle CH_3}{|}}{Si}}\right)_{\!\!b}\!\right)_{\!\!n}\!\!\!O\overset{\overset{\displaystyle CH_3}{|}}{\underset{\underset{\displaystyle CH_3}{|}}{Si}}\!\!-\!\!N(CH_3)_2$$

$$+\ (CH_3)_2NH$$

（5-5）

除通过具有末端官能团低聚体偶联成嵌段共聚物外，嵌段共聚物也可能自身偶合来改变它们的序列结构。例如：$A_m—B_n$ 和 $A_m—B_n—A_m$ 结构可以分别偶合成 $A_m—B_n—A_m$ 或 $(\!\!\!\!-\!A_m—B_n\!-\!\!\!\!)_x$ 体系。这种方法能用于比较稳定的"末端基团"，例如：碳阴离子、硅氧烷根和硫醇根，以及种种偶联剂，如：光气、二卤代烷和二卤硅烷。聚苯乙烯-聚丁二烯的线形偶联，即是一个例子，如式（5-6）所示。

聚苯乙烯　　　　　　　　　　聚丁二烯阴离子

$$\vdash\!\!-\!CH_2—CH—\!\!\dashv\sim\!\!\!\sim\!\!CH_2—CH\!\!=\!\!CH—CH_2—\overset{\scriptstyle\ominus}{}\overset{\scriptstyle\oplus}{Li}$$

（聚苯乙烯单元带苯环）

$$\Big\downarrow COCl_2$$

（5-6）

$$\vdash\!\!\!\!\dashv\sim\!\!\!\sim\!\!\overset{\overset{\displaystyle O}{\|}}{C}\!\!\sim\!\!\!\sim\!\!\vdash\!\!\!\!\dashv$$

聚苯乙烯　　　　聚丁二烯　　　聚苯乙烯

所谓的星形嵌段共聚物可以用相似的方法制成，即用一个多官能团偶联剂，例如：用四氯化硅来产生星形的结构，如式（5-7）所示。

$$\vdash\!\!\!\!\dashv\!\!-\!\!\overset{\displaystyle |}{\underset{\displaystyle |}{Si}}\!\!-\!\!\vdash\!\!\!\!\dashv$$

（5-7）

5.2.3　嵌段共聚物性能与应用

链段序列结构对嵌段共聚物的弹性行为、熔体流变性和刚性材料的韧性等有很大的影响。而热转变性能、耐化学性、稳定性、电性能及透过性等仅与链段的化学性质有关，与链段的序列结构基本无关。

嵌段共聚物在微观尺度范围内（domain 内）分为两相，呈微相分离结构，这种微区（10～100nm）与那些能观察到的不相容聚合物混合物的区域（大于 10^3 nm）相比小很多，使其表现出超分子结构行为。

嵌段共聚物的合成和表征等都比较困难，但是鉴于其所表现出来的特殊性能，尤其是微相分离结构所表现的特殊性能，使嵌段共聚物在弹性体等领域有很大的用途。嵌段共聚在聚合物化学改性或聚合改性中占有重要的地位。

5.2.3.1 嵌段共聚物的性能

（1）热性能

嵌段共聚物的模量-温度关系，与无规共聚物的模量温度关系有本质的不同，如图 5-8 所示。

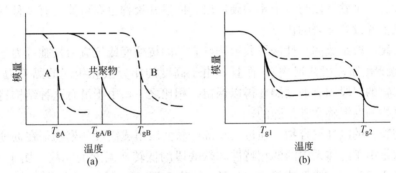

图 5-8　共聚物模量与温度的关系

（a）典型的无定形无规共聚物模量-温度关系　（b）两相嵌段共聚物模量-温度关系

从单体 A 和 B 得到的无规共聚物的模量温度关系介乎均聚物 A 和均聚物 B 之间。同时只有一个玻璃化温度（T_g）处于两均聚物的 T_g 温度之间。无规共聚物的 T_g 位置与 A 和 B 两单体的质量分数有关。单相嵌段共聚物中的两嵌段高度相容时，模量温度关系与无规共聚物相似。但是，两相嵌段共聚物保持了两种嵌段固有的性质，所以明显有两个玻璃化温度。在两个 T_g 数值之间，有一个模量平台部分。这平台的平坦程度取决于相分离的程度。相分离越完善则模量对温度的敏感性越低。某些高度相分离的嵌段共聚物体系与理想的情况如聚砜-聚二甲基硅氧烷十分接近。然而，与前面所述无规共聚物的行为相反，两相体系中的两个 T_g 值与其两嵌段含量没有显著关系。两模量平台的位置却与两嵌段含量有关。

模量温度关系有重要的实际用处。在单相刚性体系中，一种链段的 T_g 和热畸变温度，可以通过与另一个可相容的高 T_g 链段进行嵌段共聚加以提高。另一方面，两相嵌段共聚物的模量行为中的不变部分，在弹性体系应用中有很大的用处。

（2）加工性能

这里的加工性能是指通过溶液浇注或熔融方法将材料变为有用形状的性能。嵌段共聚物在溶液加工方面没有什么特殊的问题。然而，无定形的两相嵌段共聚物的熔体加工，一般比分子量大小差不多的均聚物、无规共聚物或单相嵌段共聚物的加工要困难些。这是由于两相嵌段共聚物在熔融时仍然部分地保留了两相形态，因而有不寻常的流变性质。高熔体黏度和弹性，常常需要用较高的加工温度和较高的压力才行。所需的高温常常会达到甚至超过此共聚物的热稳定限度。再者，在这些体系中，切变速度灵敏性可以成为限制因素。例如有时可以看到很容易挤出成型的嵌段共聚物在成型时表现出高度的熔体破裂。这种破裂现象反映了这种材料的高弹性和高黏性。这种性质使得熔体破裂在很低的剪切速度下出现。

嵌段共聚物的嵌段组成结构对熔体加工性能有重大的影响。A-B 式嵌段共聚物要比 A—B—A 或 $\overline{\text{(A—B)}}_n$ 共聚物加工容易得多，例如，苯乙烯-丁二烯，由于后两种序列结构形成的网络结构，是在熔融态时依然存在的缘故。

（3）力学性能

根据室温模量，把嵌段共聚物分为两类，刚性嵌段共聚物和弹性嵌段共聚物。刚性嵌段共聚物由两个硬嵌段或一个硬嵌段与一个短的软嵌段组成。硬嵌段的定义是 T_g 或 T_m 在室温以上的嵌段。软嵌段的定义是 T_g（也可以是 T_m）在室温以下的嵌段。弹性嵌段共聚物一般含有一个软嵌段与一个短的硬嵌段。嵌段共聚物也有可能含有 2 种软嵌段，但这在力学性能上并没有显著的优点。

由两种硬嵌段组成的刚性嵌段共聚物，它们的抗蠕变或抗应力松弛等力学性能好（例如酯族-芳族聚酰胺嵌段共聚物），而且，由于高度的相分散和相间的黏着力好，使得硬-硬嵌段共聚物的嵌段固有的延展性得以保留。相比之下，由于没有这种结构特点，两种有延伸性均聚物的共混物常常是脆的。

本来是脆性的刚性聚合物，通过与小部分软嵌段组成嵌段共聚物，在韧度方面得到很大改善。这是由于此体系中的两相特性和软嵌段的低转变温度的缘故。属于这种体系的，如：含聚苯乙烯为主的线形或星型 A—B—A 苯乙烯-丁二烯-苯乙烯嵌段共聚物，以及环氧-聚己内酯热固性嵌段共聚物等。

形态结构类型在决定弹性嵌段共聚物的力学性能上极其重要。A—B 型形态结构与无规共聚物弹性体相比，在力学性能上没有显著改善。A—B 嵌段共聚物和无规共聚物都必须用化学交联或硫化来得到良好的性能。然而，具有 A—B—A 型（线形或星型）或 $\overline{\text{(A—B)}}_n$ 形态结构的弹性共聚物具有十分独特的性能。苯乙烯-丁二烯（A—B）和苯乙烯-丁二烯-苯乙烯（A—B—A）嵌段共聚物可以很好地说明这两种类型在性能方面的不同。

这种 A—B—A 型和 $\overline{\text{(A—B)}}_n$ 型共聚物，叫作热塑弹性体，它同时具有交联橡胶的力学性能，又具有线形热塑聚合物的加工性能。这种不寻常的两种性能都有的特点，是多年来深入研究嵌段共聚物的主要推动力。除了苯乙烯-二烯体系以外，这个现象应用在其他嵌段共聚物上也很成功，其中包括聚氨酯、聚硅氧烷、聚酯和聚醚。表 5-6 列出了商品名为 Hytrel 的聚酯型线形嵌段共聚物的性能。

表 5-6　　　　　　　　　　　　　室温下 Hytrel 的性能

种　类性　能	A_{92}	A_{97}	A_{100}
拉伸强度/MPa	35.2	42.2	45.7
断裂伸长率/%	800	680	560
100%模量/MPa	12.5	15.2	13.4
硬段熔点/℃	158	201	388

热塑性弹性体是由大量的软嵌段和少量的硬嵌段组成的两相嵌段共聚物。软硬两种嵌段各有各的用处，软嵌段提供柔韧的弹性，而硬嵌段则提供物理交联点和起填料的功能。其所以能够如此，是因为体系出现了不寻常的两相形态结构所致。由于微观的相分离，使得硬嵌段在橡胶体中相互聚集，从而产生了分散的小微区（10～30nm），并用化学链与橡胶部分连接。这些微区形成链间有力的缔合，使之形成物理交联。这种物理交联与硫化弹性体中的化学交联有同样的功能。

热塑弹性体中的硬嵌段微区交联点，与化学硫化的弹性体的情况不同，在 T_g 或 T_m 以上时，这种硬微区将变软或熔融，因而热塑弹性体可以用熔融加工的方法进行加工。另外，这种玻璃态或晶态的硬嵌段微区还有一个好处，即是使橡胶弹性体增强而产生高强度。其所以如此，是由于：a. 硬嵌段微区形成分离相；b. 硬段微区有理想的大小和均匀性；c. 链段间的化学键使两相间的黏结力得到保证。

热塑弹性体的性能依靠软硬嵌段的相对分子质量所占的体积分数而定。嵌段的长度必须大到可以形成两相体系，但又不能大到影响其热塑性质。软硬嵌段比例的变化对模量、弹性回复和力学性能都会有影响。如果要想得到高弹性回复和高拉伸强度，硬度所占的体积分数必须高于一定程度（≥20％），以便有足够的物理交联。但是硬嵌段过多时（接近30％），能使硬段微区从分散的小球变成连续的层状结构。这种层状结构破坏了弹性回复的性能。由于热塑弹性体的性能很大程度上取决于网络结构的完善性，所以任何能破坏网络结构的嵌段结构上的不纯物必须尽量除去。A—B 嵌段共聚物就能破坏 A—B—A 热塑弹性体的网络结构。

（4）化学性能

不论是刚性和弹性的嵌段共聚物，在光学透明度上，都比均聚物共混物要好得多。这是由于共聚物颗粒大和各个宏观相的折射率不同的缘故。即使在嵌段间只有一个化学键存在也能限制其熵，所以嵌段共聚物仅能产生微观的相分离而形成很小的微区结构。这种微区大大小于光的波长（100nm），所以即使各嵌段的折射率相差很大也是透明的。例如，有机硅氧烷，以及苯乙烯/二烯类就是这样。微区的大小随相对分子质量增加而增加，但是除非相对分子质量很高，一般不会不透明。

（5）耐化学性

一般来说，嵌段共聚物的耐化学性能和耐应力开裂与它们同组分的均聚物相比不会更好。然而，嵌段共聚物中含有耐化学能力好的嵌段与耐化学能力差的嵌段时，则可以达到相当程度的耐化学能力而不损失其延性。但由均聚物制成的共混物，由于它们之间严重不相容性和相与相之间黏结力差而变得很脆。显然，结晶嵌段和强氢键嵌段最适于提高嵌段共聚物的耐化学性能。此种方法在刚性嵌段共聚物中或弹性嵌段共聚物中都可以用。典型的例子，如：聚砜-尼龙 6 刚性嵌段共聚物和聚（对苯二甲酸丁二酯)-聚（四亚甲基醚）弹性嵌段共聚物。虽然，结晶性硬段所占的体积分数是决定耐化学能力大小的重要因素。当体积分数高到足够保证一定程度的两相共连续·（Cocontinuity）时，结果最好。

水解稳定性一般决定于某些化学键，在均聚物或小分子中的水解稳定性比嵌段共聚物的小。两相的有机硅嵌段共聚物即是一个例子。其嵌段由≡Si—O—C≡连接起来，这个链在嵌段共聚中的稳定性好的原因有三个方面：a. 链段的空间位阻；b. 这个键在聚合物主链上的浓度低；c. 硅氧烷嵌段的疏水性。

（6）透过性能

嵌段共聚物的透过性很大程度上取决于超分子结构。在单相嵌段共聚物的极端情况下，透过性的对数和嵌段体积分数之间呈线性关系，这是可以预计到的。但是，由于透过性与相连续性的密切关系，两相体系将偏离于这种线性关系。透过性与组成的关系一般呈S形曲线。

两相嵌段共聚物不需要化学交联或加入填料就可以制备出坚韧的薄膜。

（7）增容性能

两相嵌段共聚物有一个特性，就是可以与其嵌段组分相同的均聚物有部分相容性。这种现象可用来制备均聚物与嵌段共聚物的共混物。由于相间黏附力好和分散得细，这种共混物有很好的"力学"相容性。在这些共混物内，由于嵌段共聚物的第二链段的性质不同，完全相容（即相互溶解）是不可能的。这种部分相容性很有实用价值，比如均聚物通过与弹性嵌段共聚物共混以改善其冲击性能。例如，少量聚砜-聚（二甲基硅氧烷）嵌段共聚物与聚砜均聚物共混，可以大大改善后者的缺口冲击强度，这种部分相容性的另一个用途是将均聚物与含此均聚物链段和一个化学稳定性较好的链段的嵌段共聚物共混，可改善此均聚物化学稳定性。例如，聚砜与聚砜-尼龙6嵌段共聚物的共混物。这种部分相容性还可以用于改善弹性体的加工性能，例如将苯乙烯-丁二烯嵌段共聚物加到聚丁二烯内。

两相嵌段共聚物也有一定的能力使相应的一对均聚物通过"乳化"或类胶束效应使之部分相容，无论是溶液或固态，这种共混都可形成。当嵌段的相对分子质量比均聚物的相对分子质量高时，效果最佳。

两相嵌段共聚物也有表面活化性能。由含有水溶和油溶两种嵌段的共聚物，如环氧乙烷-环氧丙烷是很有用的非离子型洗涤剂。有机硅氧烷嵌段共聚物是非常有用的泡沫表面活化剂。同样，亲水-疏水的聚氨酯可以选择吸附类脂物（例如胆甾醇），因而，将来在生物学上可能是很重要的嵌段共聚物。

5.2.3.2　嵌段共聚物的应用

嵌段共聚改性已经得到了很多新型聚合物材料，这些材料大致可分为三类：弹性体、增韧热塑性树脂和表面活性剂。嵌段共聚物的品种很多，应用范围广泛，深受重视。

（1）嵌段共聚物弹性体

嵌段共聚物热塑性弹性体主要依赖于它的两相微相分离结构。工业上生产的两相嵌段共聚物弹性体有三种：苯乙烯/二烯类 A_m—B_n—A_m 型或星型嵌段共聚物及其氢化衍生物，如壳牌化学公司的 Kratons 和 Philips（菲利普）石油公司的 Solprens；聚酯-聚醚 $\{A_m$—$B_n\}_x$ 型嵌段共聚物，如 Du Pont 公司的 Hytrels；亚氨酯-酯 $\{A_m$—$B_n\}_x$ 型嵌段共聚物，如 Upjohn 公司的 Pellethanes，Goodrich 公司的 Estanes 等。

工业弹性嵌段共聚物具有 A_m—B_n—A_m 型或 $\{A_m$—$B_n\}_x$ 型形态结构能够形成物理网络，由于其具有热塑性弹性体的性能，使得它们有很多用途。如在汽车、机械、电子设备、封装材料、填隙料、制鞋等方面都有很好的应用。与通用的化学交联的热固性橡胶相比，这些材料能够用类似热塑性塑料的加工方法，经济地加工成产品。由于它不需要硫化，因而可重复加工。除了由于加工经济与通用橡胶竞争外，还可与仅有柔性而无弹性的热塑性塑料相竞争。嵌段聚合物热塑性弹性体在实际应用时，可根据相应部件的特定要求做选择，如汽车车箱内部用的柔性部件可用苯乙烯-二烯、氢化苯乙烯、酯-醚、亚胺酯-酯嵌段聚合物中的任何一种，但保险杠、发动机部位的管子除了应分别具备足够的力学结构特性、弹性好以外，还应具备耐油、耐热等性能。用于机械部件，如联接器、圆环、密封材料、油压机管、软管等的嵌段共聚物，其尺寸稳定性、压缩形变、弹性以及耐油、耐化学和磨损性能等都必须满足要求。

嵌段共聚物弹性体作为胶黏剂使用时，可用溶液和熔融加工方法，不需要任何固化步骤就能产生高强度和高回弹性，如 Kratons 具有熔融加工性能好、弹性好、动态摩擦系数高等特点，在制鞋业等领域备受注目。由 PU 制成的线形弹性嵌段共聚物 Spandex 弹性纤维，在服装业有很多用途。

（2）热塑性树脂及热固性树脂的增韧

制成含有高体积分数的硬嵌段和低体积分数的软嵌段可以改善硬、脆聚合物冲击强度。无定形星型苯乙烯-丁二烯嵌段共聚物，含有 75% 的 PS，这种材料的韧性与一般橡胶改性的 PS 相似，但是由于 PB 的微区很小，透明性好，可作为透明包装材料。

端环氧基硅油与聚醚胺的嵌段共聚物对环氧树脂增韧改性，这种嵌段共聚物改性的环氧树脂，其韧性得到明显改善。

（3）嵌段共聚物表面活性剂

工业上用的嵌段共聚物表面活性剂有两种：亲水嵌段和疏水嵌段，例如聚环氧丙烷-聚环氧乙烷 A_m—B_n 型或 A_m—B_n—A_m 型嵌段共聚物。在不能应用通常的阴离子或阳离子表面活性剂时，嵌段共聚物非离子表面活性剂备受关注，可用于乳化水、非水体系及表面润湿。硅氧烷-环氧烷烃嵌段共聚物则是另一类表面活性剂，可作为 PU 的泡沫稳定剂。起稳定作用时环氧烷烃嵌段溶于亚胺酯连续相中，聚硅氧烷链段在气相-亚胺酯界面上，对泡沫的晶核作用和蜂窝增长过程进行控制，最终形成非常均匀的泡沫结构。

（4）其他应用

嵌段共聚物除了上述应用外，在分离膜材料、医用材料等领域的应用也得到了相当的发展。在"聚合物刷"的制备与应用研究、聚乳酸的嵌段共聚改性等方面的研究进展，也备受关注。

① 分离膜：嵌段共聚物作为分离膜，可用于气体分离、液体分离、脱盐、超过滤等。它的优点是薄膜强度大；膜的透过性、扩散性等可通过控制嵌段结构预先进行分子设计；硬嵌段耐温好，尺寸稳定性高。二甲基硅氧烷与聚砜形成的嵌段共聚物克服了聚砜气体透过性不好的缺欠。

② "聚合物刷"："聚合物刷"（polymer brush）是指聚合物分子链的一端连接于表面或界面而形成的特殊高分子结构。随着接枝密度的增加，聚合物刷内部的渗透压增大，迫使聚合物链呈伸展状态得以避免链与链之间的重叠，从而形成刷构象。聚合物刷可有效地改变材料表面的化学和物理性能，广泛应用于胶体稳定和润滑、智能表面、细胞吸附、生物材料及化学传感器等领域。目前，原子转移自由基聚合（ATRP）已经成功用于多种嵌段共聚物的制备及表面修饰。如聚苯乙烯-b-聚乙二醇（PS-b-PEG）两亲性嵌段共聚物刷已通过 ATRP 法被合成出来。

③ 聚乳酸的嵌段共聚改性：聚乳酸（polylactide acid，PLA）是一种新型高分子材料，属于脂肪族聚酯。PLA 在自然环境条件下可完全生物降解，生成二氧化碳和水，对

环境不会产生污染，同时还具有优良的生物相容性和吸收性，因此广泛应用在包装材料、医药卫生等领域。除耐热性较差外，PLA 的拉伸强度、弯曲模量等物理机械性能与其他热塑性高分子材料相当，但它的亲水性差，抗冲击强度低，因而限制了其应用。对 PLA 进行嵌段共聚改性，可提高其亲水性和结晶性能等，并提高其韧性。常用的嵌段共聚材料有亲水性好的聚乙二醇（PEG）和药物通透性好的聚 ε-己内酯（PCL）等。关于高分子量的 PLA-PEG-PLA 嵌段共聚物的研究表明，随着 PEG 含量增加，共聚物的玻璃化转变温度 T_g 降低，伸长率增加。当 PEG 含量达到一定程度（如质量分数达到 7.7%）后，共聚物出现了屈服拉伸，克服了 PLA 的脆性。这种脆性向韧性的转变说明，用 PEG 改性的 PLA 是一种综合性能可调控的生物降解材料。PCL 是一种可生物降解的聚酯，Tg 低（－50℃），断裂伸长率高（≥60%），可用来改善 PLA 的性能。

④ 生物医用材料方面的应用：嵌段共聚物作为生物医用材料也取得了很好的应用效果，主要用于改善材料的血液相容性及人工皮肤等。嵌段共聚物抗凝血材料已有很多报道，如商品名为 Biomer 的聚醚氨酯（PEU）嵌段共聚物、聚丁二烯（PB）、聚二甲基硅氧烷（PDMS）作为 B 链段与甲基丙烯酸 β-羟乙酯（HEMA）形成的 $A_m\text{-}B_n\text{-}A_m$ 型亲疏三嵌段共聚物等，利用嵌段共聚物的微相亲疏水分离结构等作为抗凝血材料使用。将低模量高强度的嵌段热塑性弹性体染色，可制成在力学性能和颜色上与人的皮肤类似的人工皮肤。嵌段共聚物在医用材料中具有很大的应用潜力。

5.3　互穿聚合物网络[10—14]

5.3.1　互穿聚合物网络种类

由两种或多种互相贯穿的交联聚合物组成的共混物，其中至少有一种组分是紧邻在另一种组分存在下聚合或交联的，叫作互穿聚合物网络（Interpenetrating Polymer Network，IPN），简称 IPN。它是 20 世纪 60 年代以来继接枝共聚、嵌段共聚等制备聚合物合金的又一途径。其特点是通过化学交联施加强迫互容作用，使聚合物链互相缠结形成相互贯穿的交联聚合物网络，达到抑制热力学上相分离的目的，增加两种组分间的相容性，形成比较精细的共混物结构。

IPN 可分为以下几类：

① 完全 IPN　两种聚合物均是交联网络。

② 半 IPN　一种聚合物是交联网络，另一种是线形的。

③ 乳液 IPN　又称 IEN，由两种线形弹性乳胶混合凝聚、交联制得。

④ 梯度 IPN　又称渐变 IPN，组成不均一的 IPN。

⑤ 热塑 IPN　两种靠物理交联达到某种程度双重连续相的聚合物共混物。

⑥ "逆" IPN　由于最早合成的 IPN 是以弹性体为聚合物Ⅰ，塑料为聚合物Ⅱ，所以当以塑料为聚合物Ⅰ，而以弹性体为Ⅱ时就称为"逆" IPN，又称"反" IPN。

常见的 IPN 有：聚丙烯酸乙酯/聚苯乙烯 IPN，聚氨酯/环氧树脂 IPN，聚丁二烯/聚苯乙烯 IPN，聚二甲基硅氧烷/聚苯乙烯 IPN，丁苯橡胶/聚苯乙烯 IPN。

根据 IPN 的合成方法分为以下几种：

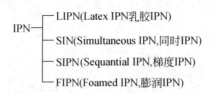

根据互穿网络中 A、B 组分的类型可分为以下三种：

Ⅰ种：A、B 均为热固性树脂，如聚酯/丙烯酸酯树脂、聚氨酯/聚酯、聚氨酯/丙烯酸酯树脂、聚氨酯/环氧树脂、聚氨酯/NBR、酚醛树脂/橡胶等。

Ⅱ种：A 为热固性树脂、B 为热塑性树脂，如硅烷树脂/聚酰胺等。

Ⅲ种：A 和 B 均为热塑性树脂，如SEBS/聚酰胺、SEBS/PBT、SEBS/离子聚合物等。

IPN 的模型如图 5-9 所示，其中图 5-9（a）为分子状混合模型，图 5-9（b）为两种聚合物相容性较差，仅具有部分 IPN 构造的不均匀混合模型。事实上 IPN 具有微相分离结构的较多，处于图 5-9（a）和图5-9（b）之间。

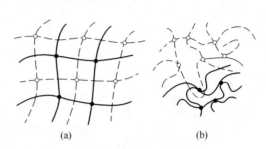

图 5-9　IPN 模型示意图

（a）分子状混合模型　（b）两种聚合物相容性较差，仅具有部分 IPN 构造的不均匀混合模型

5.3.2　互穿聚合物网络的制备

制备 IPN 的方法主要有三种：分步聚合法（SIPN）、同步聚合法（SIN）及乳液聚合法（LIPN）。

分步聚合法是先将单体（1）聚合形成具有一定交联度的聚合物（Ⅰ），然后将它置于单体（2）中充分溶胀，并加入单体（2）的引发剂、交联剂等，在适当的工艺条件下，使单体（2）聚合形成交联聚合物网络（Ⅱ）。由于单体（2）均匀分布于聚合物网络（1）中，在聚合物网络（2）形成的同时，必然会与聚合物（Ⅰ）有一定程度的互穿。虽然聚合物（Ⅰ）与聚合物（Ⅱ）分子链间无化学键形成，但它的确是一种永久的缠结。

同步聚合法较分步聚合法简便，它是将单体（1）和单体（2）同时加入反应器中，在两种单体的催化剂、引发剂、交联剂的存在下，在一定的反应条件下（如高速搅拌、加热等），使两种单体进行聚合反应，形成交联互穿网络。用此法制备 IPN，工艺上比较方便，但要求两种单体的聚合反应必须无相互干扰，而且具有大致相同的聚合温度和聚合速率。如环氧树脂/聚丙烯酸正丁酯 IPN 体系，环氧树脂由逐步聚合反应得到，聚丙烯酸正丁酯是由自由基加聚反应得到的，两者互不影响，在 130℃左右，两者分别进行聚合、交联，最终形成 IPN。两种方法形成互穿网络的示意图如图 5-10 所示。

上述两种方法制得的 IPN，成型加工比较难，需在聚合过程进行到一定程度，物料尚具有流动性时，迅速转移到成型模具中，置于高温下进一步固化成型。整个反应过程繁琐。乳液聚合法制备 IPN 则可克服上述缺点。

乳液聚合法是先将聚合物（Ⅰ）形成"种子"胶粒，然后将单体（2）及其引发剂、

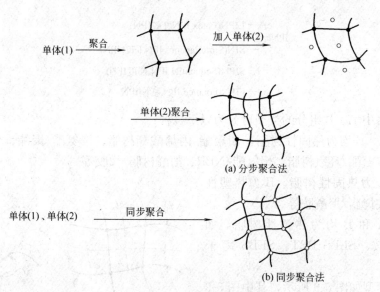

图 5-10　IPN 互穿网络示意图

交联剂等加入其中，而无需加入乳化剂，使单体（2）在聚合物（Ⅰ）所构成的种子胶粒的表面进行聚合和交联。因此，乳液法制成的互穿聚合物网络（LIPN），其网络交联和互穿仅局限于胶粒范围，受热后仍具有较好的流动性。

5.3.3　互穿聚合物网络的应用

5.3.3.1　IPN 弹性体的应用

将含硫 EPDM 分散在聚烯烃中，同以往的热塑性聚烯烃弹性体比较，发现前者的物理性能有所改善；PU/聚酯形成的 IPN，其物理性能优良，尤其是其冲击性能得到了显著的改善。

5.3.3.2　有机硅树脂/热塑性聚合物 IPN

有机硅树脂/热塑性聚合物 IPN 是美国于 1983 年以 Rimplast 商标投向市场的新材料，所用的热塑性聚合物为热塑性聚氨酯（TPU）、尼龙等，基体为尼龙的有机硅树脂/尼龙，属于半 IPN，而有机硅树脂/TPU 则为完全 IPN，它们所形成的互穿聚合物网络，既保持了基体聚合物的性质，同时由于硅橡胶的介入，又具备摩擦系数小、较好的电性能以及较高的弹性回复能力。

在这种互穿聚合物网络中，TPU 的 IPN 化程度对其力学性能有很大影响，表 5-7 中给出了 TPU 的 IPN 化程度对材料的力学性能的影响。当 TPU 中含 19% 的 IPN 结构具有较高的力学性能：模量、拉伸强度都随 IPN 化程度增加而增大，压缩永久变形及断裂伸长率减小。纯的 TPU 物性低于 IPN 化的 TPU 物性。

表 5-7　　　　　　　　　　　　　软 TPU/High Cross IPN 性能

性　能 ＼ 种　类	1	2	3
IPN程度/%	0	12	19
硬度（JISA）	65	63	66

续表

种类 性　能	1	2	3
100%模量/MPa	1.9	1.7	2.3
300%模量/MPa	3.0	3.4	4.8
拉伸强度/MPa	14	21	27
伸长率/%	960	850	760
200%拉伸永久变形/%	15	8	8
压缩永久变形/%(70℃,20h,25%)	75	28	25

5.3.4　工业化 IPN 发展方向

表 5-8 列出了几种有实用价值的工业化 IPN，它们几乎都是Ⅱ型或Ⅲ型 IPN，即热塑性与热固性聚合物、热塑性与热塑性聚合物形成的 IPN。

表 5-8　　　　　　　　　　　　　　**工业化 IPN 举例**

No.	商　品　名	主　要　组　成
1	Kraton IPN	SEBS/工程塑料
2	Rimplast	有机硅树脂/TPU,尼龙,SEBS
3	Hizh Cross	TPU/聚酯
4	MK 树脂	TPE/聚烯烃

虽然可以预计Ⅰ型 IPN 可形成最牢固的 IPN，但是由于两组分为热固性树脂，在实际生产上还存在许多问题，因此阻碍了它的实际应用及发展。基于Ⅲ型 IPN 优良的成型性和物理性能，期望将它作为一种新的聚合物共混物向通用性方向发展。

今后在 IPN 的合成、理化性能研究及结构分析等方面还有许多工作要做，使 IPN 的研究工作得以充实完善。到目前为止，有关 IPN 的研究范围主要涉及如下几个方面：热塑性 PE（TPE）、工程塑料、耐热材料、耐放射材料、富氧膜材料、医用材料（缓释药物、软接触眼镜）、半导体封装材料、防音材料及导电性高分子等。

习　　题

1. 何谓接枝共聚物？接枝聚合的反应机理有哪些？
2. 简述接枝共聚的常用方法。
3. 何谓接枝效率？
4. 接枝共聚物具有怎样的应用意义，并举例说明。
5. 制备嵌段共聚物的方法有哪几种？并指出这些制备方法的特点。
6. 试分析嵌段聚合物的链段结构、链段化学性质对性能的影响。
7. 简述嵌段共聚物的主要品种及应用情况。
8. 什么是互穿聚合物网络（IPN），有何突出特点？制备 IPN 主要有哪些方法？

参 考 文 献

[1]　Noshay A.，Mcgrath J. E.. Block Copolymers，Overview and Critical Survey [M]. New York：Academic

Press，1977.

[2] Seymour R B，Carraher C E. Polymer chemistry [M]. New York：Marcel Dekker，1981.

[3] 金关泰，金日光等编著. 热塑性弹性体 [M]. 北京：化学工业出版社，1983.

[4] 浅井 治海 编集. ポリマ烸フレンドの制造と应用 [M]. 东京：シ烸エムシ烸，1988.

[5] 闫淑敏，马威，等. 接枝共聚法制备的新型生物基材料及其应用 [J]. 染料与染色，2015，52 (1)：55.

[6] O'Connell D. W.，Birkinshaw C.，et al. A chelating cellulose adsorbent for the removal of Cu (II) from aqueous solutions [J]. Applied Polymer Science，2006，99 (6)：2888.

[7] Ma Z，Li Q, et al. Synthesis and characterization of a novel super-absorbent based on wheat straw [J]. Bioresource Technology，2011，102 (3)：2853.

[8] Srikulkit K.，P. Larpsuriyakul. Process of dyeability modification and bleaching of cotton in a single bath [J]. Coloration technology，2002. 118 (2)：79.

[9] 陈卓，范宏，洪涤. Fe^{2+}— H_2O_2 引发淀粉—二甲基二烯丙基氯化铵接枝共聚的研究 [J]. 高分子材料科学与工程，2002，18 (4)：81.

[10] Henry M H，Josef P S J. Process for the production of strain-free masses from crosslinked styrene-type polymers [P]. U. S. Patent 2，539，377 1951-1-23.

[11] Millar J R.. Interpenetrating polymer networks. Styrene-divinylbenzene copolymers with two and three interpenetrating networks，and their sulphonates [J]. Chemical Society，1960. 263：1311.

[12] Mueller K F，Heiber S J. Gradient-IPN-modified hydrogel beads：Their synthesis by diffusion-polycondensation and function as controlled drug delivery agents [J]. Applied Polymer Science，1982，27 (10)：4043.

[13] Pernice R，Frisch K C，et al. RIM Systems From Interpenetrating Polymer Networks [J]. Cellular Plastics，1982，18 (2)：121.

[14] 冯新德，张中岳，等. 高分子辞典 [M]. 北京：中国石化出版社，1998.

[15] 杨木泉，毛骏，等. 两亲性 PS-b-PEG 嵌段共聚物刷的合成及响应行为 [J]. 高等学校化学学报，2012，33 (12)：2816.

[16] Raviv U，Giasson S，et al. Lubrication by charged polymers [J]. Nature，2003，425 (6954)：163.

[17] Howarter J. A.，Youngblood J. P.. Self-Cleaning and Anti-Fog Surfaces via Stimuli-Responsive Polymer Brushes [J]. Advanced materials，2007，19 (22)：3838.

[18] 李宏静，刘伟区，等. 两亲性嵌段共聚物增韧环氧树脂 [J]. 高分子材料科学与工程，2011，27 (11)：61.

[19] 席陈彬，杨东，等. 聚乙二醇-聚乳酸—聚甲基丙烯酸羟乙酯两亲性三嵌段聚合物的合成及其自组装研究 [J]. 有机化学，2012，32 (11)：2166.

[20] Milner S T. Polymer brushes [J]. Science，1991，251 (4996)：905.

第6章 聚合物表面改性

6.1 概 述[1,2,9,13]

在使用固体材料时，材料的各种性能不仅与本体性质有关，有时材料表面性能的影响因素也占有相当大的比重，例如当涉及吸附、黏接、接触、摩擦、表面电导、表面硬度等场合时，表面性能往往起关键作用。

聚合物材料存在着大量的表面和界面问题。如表面的黏接、耐蚀、染色、吸附、耐老化、耐磨、润滑、表面硬度、表面电阻以及由表面引起的对力学性能的影响等。

聚合物材料的表面不同于金属及无机非金属材料，对聚合物表面研究已成为一个独立的分支。聚合物表面有弱边界层（WBL层），其表面能低、化学惰性、表面污染等影响表面的粘附、印刷以及其他应用。为了适应现代社会对材料多功能化的需求，常常要对聚合物表面进行改性。

聚合物表面改性的方法有化学改性和物理改性，按照改性过程体系的存在形态又分为干式改性和湿式改性，图 6-1 列出了常用的聚合物表面改性方法。

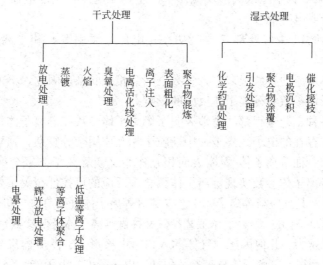

图 6-1 表面处理方法

6.2 等离子体表面改性[3—52]

6.2.1 基 本 概 念

等离子体（Plasma）是正负带电粒子密度相等的导电气体，是由电子、离子、原子、分子或自由基以及光子等粒子组成的集合体。它与固态、液态、气态的物质存在形式属于同一层次的物质存在形式，又称为物质的第四态。等离子体宏观上是电中性的，其电离度

范围从 $10^{-4} \sim 1$。等离子体的状态主要取决于其组成、粒子密度和温度等。根据等离子体中粒子的温度，等离子体可分为热平衡等离子（Thermal Plasma）及非平衡态等离子体（Nonthermal equilibrium plasma）。理想情况下，热平衡等离子体中离子温度与电子温度相等，温度可高达 10^4K 以上，反应剧烈。在此温度下，一般的有机物和聚合物都被分解或裂解，难以生成聚合物，因此，热平衡等离子体反应都用于生成耐高温的无机物质。与此相反，非平衡态等离子体中，重粒子温度远远低于电子温度，电子温度高达 10^4K 以上，而离子、原子之类的"重粒子"温度却可低至 $300 \sim 500$K，一般可以在 133×10^2Pa 下的低气压下形成。因此，非平衡态等离子体，又称低温等离子体（Cold plasma）能够生成稳定的聚合物，常被用于等离子体聚合反应及其他高分子材料表面改性等。

等离子体的产生方法有气体放电法、射线辐照法、燃烧法、激光法和冲击波法等多种形式。其中，高频或射频辉光放电（$10 \sim 100$MHz）（简称 RF 放电）等离子体和微波（MW）放电（超过 1GHz）等离子体尤为受到关注。RF 等离子体称为辉光等离子体，它对于聚合物表面改性的优势在于电力强度和放电效率较高，可对绝缘物质进行等离子体反应；在较高的气压下仍能维持稳定均匀的辉光放电，与放射线、电子束、电晕处理相比，处理深度涉及表面，对聚合物体相无影响。另外，作为一种干式处理工艺，可省去湿法工艺中的烘干、废水处理等工序，省能源，无公害。

微波辉光放电的能量高，常用于对金属或无机材料的处理。加之，微波系统的造价高，磁场控制系统复杂，实际应用较少。

RF 等离子体可在钟罩型或圆形反应器中产生，无电极射频放电器、内电极射频放电器可采用电容耦合或电感耦合。

等离子体聚合物改性与外部参数（功率、电压、频率等）和等离子体种类或性质有关。

影响等离子体反应的参数很多，各参数之间又相互联系。因此，不可能用一个简单的参数来描述等离子体参数对等离子体反应的影响。

迄今为止，各种工艺过程都清楚地表明了等离子体参数在等离子体化学反应中的重要地位。等离子体中存在的电子、离子、中性粒子相互作用十分复杂，强烈地依赖于各个微观参数与宏观参数；而等离子体-固体表面相互作用又使等离子体聚合等工艺进一步复杂化，为此，控制等离子体参数实现等离子体聚合等反应的可控性至关重要。

等离子体性质及其反应与等离子体工艺参数（等离子体过程参数）和等离子体自身参数（等离子体基本参数）有关。等离子体工艺参数又称做等离子体外部参数，包括：放电功率、单体流速、反应室压力、几何因子（气体的入口、电极形态、反应器尺寸等）和基材温度等，这些参数容易测得。等离子体自身参数包括：电子密度、电子能量分布、气体密度和气体分子在等离子体中的滞留时间，它们直接影响等离子体的性质，这些参数较难测量。

等离子体的过程参数决定等离子体的基本参数，在实际的等离子体反应中，往往由等离子体的过程参数来实现对等离子体基本参数的控制。

在等离子体反应室固定并且几何参数、放电频率和基材的温度也一定的条件下，可以认为控制等离子体的基本参数取决于放电功率、单体流量以及反应室中气体的压力。

6.2.2　等离子体表面改性方法

等离子体高分子材料表面改性所涉及的化学反应大致可分为等离子体化学气相沉积

（PCVD）、等离子体刻蚀或化学蒸发、等离子体表面反应。RF 辉光放电等离子体高分子材料表面改性通常采用以下方法。

（1）利用非聚合性气体（无机气体）

如 Ar、H_2、O_2、N_2、空气等的等离子体进行表面反应。参加表面反应的有激发态原子、分子、自由基和离子以及光子等，通过表面反应有可能在聚合物表面引入特定的官能团，产生表面刻蚀，形成交联结构层或自由基。这种方法由于是直接将材料暴露于非聚合性气体（如氩、氮、氧等）中，对聚合物材料表面进行处理，因此通常也把这种方法简称为"等离子体直接处理"。

（2）利用有机气体单体进行等离子体聚合

等离子体聚合（Plasma Polymerization）是指在有机物蒸气中生成等离子体，所形成的气相自由基吸附到固体表面形成表面自由基，再与气相单体或等离子体中形成的单体衍生物在表面发生聚合反应，从而可以形成大相对分子质量的聚合物薄膜。这种方法是通过等离子体聚合反应在聚合物表面形成新的很薄的聚合物薄膜，也可简称为等离子聚合。等离子体聚合与常规的聚合方法相比较，其特点和优势如下：

① 等离子体聚合并不严格要求单体具有不饱和单元或两种以上官能团，从而将单体的种类拓宽至甲烷、乙烷、有机胺等多种饱和有机物。

② 等离子体聚合物膜为无针孔的薄膜，具有高度交联的网状结构，对基体的黏着性很好。这种聚合膜的化学稳定性、热稳定性及机械强度良好。

③ 等离子体聚合物膜的交联度以及物理、化学特性可以通过控制聚合参数而加以控制。

④ 聚合过程中不用使用溶剂，作为"干法"工艺技术，运作起来方便、灵活。

（3）等离子体引发聚合或表面接枝

首先用非聚合气体对高分子材料表面进行等离子体处理，使表面形成活性自由基〔这一点已被许多实验所证实，表面自由基可用电子顺磁共振（ESR）测定〕，然后利用活性自由基引发功能性单体使之在表面聚合或接枝到表面。等离子体引发表面接枝通常有 3 种方法：

① 表面经等离子体处理后，接触气化了的单体进行接枝聚合，即气相法。此法由于单体浓度低，与材料表面活性点接触机会少，接枝率低。

② 材料表面经等离子体处理后，不与空气接触，直接进入液态单体内进行接枝聚合，即脱气液相法。该法可提高接枝率，但同时产生均聚物而影响效果。

③ 材料表面经等离子体处理后，接触大气，形成过氧化物，再进入溶液单体内，过氧化物受热分解成活性自由基，即常压液相法。另外，等离子体接枝聚合还可以采用"同时照射法"，即先使单体吸附于材料表面，再暴露于等离子体中，在处理过程中进行接枝。

6.2.3 等离子体表面改性机理

6.2.3.1 射频等离子体中的反应活性种

在外加电场的作用下，气体中少量的自由电子被加速获得较高的能量，这些高能电子与气体分子或原子发生弹性及非弹性碰撞，电子-分子（或原子）的弹性碰撞只改变粒子的动能，只有非弹性碰撞增加分子或原子的内能，使之发生激发、电离和碎裂等反应。分子内能的变化取决于碰撞电子的动能，等离子体电子的能量分布近似服从 Maxwell 分布。其中最大的电子能量可超过 10eV（$1eV \approx 1.602177 \times 10^{-19}$ J），能量超过 1eV 的电子可将束缚态电子由基态激励到高能态，当束缚态电子获得足够高的能量时就会产生电离。等离子体中各种粒子的作用可大致描述如下。

（1）电子

在气相中对化学键的裂解作用远大于离子。电子除了电离和裂解单体分子以外，还起激发分子的作用，使分子由基态变为激发态。电子的激发作用产生亚稳中性体或光发射。

（2）离子

RF 辉光等离子体的电离度一般比较小。等离子体中离子和电子与中性粒子相比仅占很小的一部分。离子占气体分子总量的千分之一到万分之一。然而，离子有足够的能量轰击带有偏压的表面。因为在表面区域附近场强变得非常大，将底材置上偏压后，就有足够能量的离子撞击底材表面，使表面上的化学键断裂，表面上的活性点增多，因此沉积速率随偏压的增加而增加。

（3）激发态的中性体

辉光中的光是由光电子从激发态回落到较低能级时发射出来的。分子光发射损失的能量足以裂解化学键，所以，在光未发射之前，这一激发态的中性体与单体分子碰撞，分子的化学键将被断裂。典型的激发态中性体也被称为亚稳态中性体。它的能量通常要大于大多数有机物质的电离能，有足够的能量使化学键断裂。

（4）光子

光诱导聚合是一个可行的方法。但它的沉积速率要比等离子体聚合小一个数量级。光子-分子的碰撞可使化学键断裂，产生可聚合的活性粒子。然而，气相中的分子密度很低，光子与分子的碰撞几率小，所以光子对等离子体聚合所起的作用很小。

（5）自由基

由辉光放电等离子体中电子碰撞，破坏共价键或产生激发态的中性分子，激发态的中性分子是通过非弹性碰撞或电离使共价键断裂而形成的。在等离子体气相中自由基的粒子数占全部活性粒子的绝大多数。

等离子体表面处理能有效地使高分子材料表面层中产生大量自由基，只要与高分子材料短时间接触，这种作用即很明显。

射频辉光放电等离子体提供的能量足以发生各种等离子体化学反应。

等离子体聚合与常规的高分子聚合反应有着显著的不同。首先，只有具备某些特殊结构（如不饱和键、双官能团等）的单体才能进行常规聚合反应，而等离子体聚合对单体结构的要求却不那么苛刻，绝大多数有机物，包括饱和烷烃都能在等离子体条件下发生聚合反应。其次，常规聚合通过特定反应生成的聚合物具有明显的重复结构单元，聚合物性质与其结构单元有密切关系，可以由单体结构计算聚合物的化学组成；等离子体中反应极为复杂，等离子体聚合产物的结构为三维交联的复杂网络结构，无明显的重复结构单元，化学组成受反应条件影响，与单体结构没有确定关系。通过等离子体聚合可在基底表面形成具有上述特性的覆盖层（Coating），覆盖层不仅自身为三维交联的网络结构，与基底间也有化学键相连，其性质不同于沉积和接枝等过程的产物。

6.2.3.2　等离子体与聚合物化学反应原理

等离子体对聚合物表面作用有许多理论解释，如表面分子链降解理论、氧化理论、氢键理论、交联理论以及表面介电体理论等。究竟哪一种理论更切合实际，还需要进一步研究讨论。目前以氧化理论、氢键理论和介电体理论更易为人们所接受。

等离子体与聚合物的化学反应原理根据等离子体的类型可分成非聚合型等离子体和聚合型等离子体。下面将分别讨论。

（1）非反应型等离子体作用机理

氢气、惰性气体等离子体和高分子材料接触，理论上是不参与表面的任何反应，只是将能量转移给表层分子，使之活化产生链自由基，自由基又进行相互反应生成表面交联层。利用这种非反应型等离子体的技术称为 CASING（Crosslinked by Actived Species of Inert Gases）技术。

（2）反应型等离子体反应机理

反应型等离子体在气相中不发生聚合反应，但参与表面上的化学反应，表面的化学组成也发生相应的变化。以氧等离子体为例对此进行说明：

$$O_2 \longrightarrow 2O \cdot$$
$$RH + O \cdot \longrightarrow R \cdot + HO \cdot$$
$$RH \longrightarrow R_1 \cdot + R_2 \cdot$$
$$R \cdot + O_2 \longrightarrow ROO \cdot$$
$$ROO \cdot + RH \longrightarrow ROOH + R \cdot$$
$$ROOH \longrightarrow RO \cdot + HO \cdot$$

上述过程反复进行的结果是，在高分子材料表面上引入大量的含氧基团，如 —COOH，—CO—，—OH，—OCOO— 等，从而发生化学反应，达到表面改性目的。

（3）聚合型等离子体作用机理

等离子体聚合的反应机理主要以基体表面聚合理论为代表，认为吸附在基体表面上的单体或其他饱和的有机化合物被等离子体碰撞，发生能量转移而被激活，单体发生解离带有活性基。这些活化单体成为活性中心使聚合进行下去，最终在基体的表面形成聚合物薄膜达到表面改性的目的。

6.2.4　等离子体处理在聚合物表面改性中的应用

等离子体表面处理在高分子材料改性中的应用，主要表现在以下几个方面。

（1）表面亲、疏水性改性

一般高分子材料经 NH_4、O_2、CO、Ar、N_2、H_2 等气体等离子体处理后，与空气接触，会在表面引入—COOH，—CO—，—NH$_2$，—OH 等基团，使表面亲水性增加，处理时间越长，与水接触角越低，而经含氟单体如 CF_4、CH_2F_2 等气体等离子体处理则可氟化高分子材料表面，增加其憎水性。Hsieh 等研究发现，未处理 PET 膜与水接触角是 73.1°。Ar 等离子体处理 5min，放置一天后测量，与水接触角降至 33.7°，随放置时间延长，接触角缓慢上升，显示出处理效果随时间衰退。放置 10 天后接触角升至 41.3°。Yasunori 等研究 N_2 等离子体处理 LDPE 时也发现，表面极性基团在处理后 20 天左右基本消失。Andre 等研究 O_2 等离子体处理 4-羟基丁酸-4-羟基戊酸共聚物膜表面，也发现其后退接触角经 60 天后由处理后的 20°恢复到 70°。接触角的衰退被认为是由于高分子链的运动，等离子体表面处理引入的极性基团会随之转移到聚合物本体中。Hsieh 等发现，如果将 PET 膜浸入与之有较强作用的有机溶剂中浸泡，使处理效果稳定，这是因为溶剂诱导的分子链排降低了链的可动性。同时，处理效果不但随时间延长而衰退，也会随温度升高而衰退。Yukihiro 等研究了 O_2 等离子体处理 6 种合成高分子膜表面，然后在 80～140℃热处理，发现等离子体处理后表面张力增大，润湿性增大，随后的热处理则加快了等离子体处理效果的衰退。ESCA 和润湿实验的结果表明，等离子体处理 PET、尼龙-6 等表面—COOH、—OH 基团浓度及表面张力随热处理急剧下降；而聚酰亚胺和聚苯硫醚虽然表面张力也下降，但表面—COOH 及—OH 基团浓度变化不大。这也从另一个角度说明化合物分子链本身运动程度的难易也是影响处理效果衰退快慢的一个重要因素。

一个有趣的现象是，等离子体处理过程中，高分子材料表面会出现一些小分子物质。Hsieh 等认为这是由高分子本体中低聚物渗出所致。但也不排除处理过程中表面分子链断裂或者活性种间相互反应的可能性。事实上，Shahidzadeh 等用毛细管电泳离子分析技术（CIA）研究了 NH_3 等离子体处理聚丙烯表面生成的小分子物质，确定为反丁烯二酸及羟基丁二酸。这种小分子极性物质向周围环境的扩散，也会在短期内对表面润湿性衰退有贡献。

高分子材料表面粗糙度和微观形态也会影响其润湿性。这种等离子体对表面的物理刻蚀引起的润湿性变化也会随着分子链的运动而缓慢衰退。

（2）增加黏接性

等离子体处理能很容易在高分子材料表面引入极性基团或活性点，它们或者与被黏接材料、黏合剂面形成化学键，或者增加了与黏合材料、黏合剂之间的范德华作用力，达到改善黏接的目的。这种处理不受材料质地的限制，不破坏材料本体力学性能，远远优于一般的化学处理方法。等离子体处理能显著改善高分子膜之间的黏接性和纤维增强复合材料的力学性能。如果增强纤维与底基黏接性能不好，则不但没有一个良好的黏接界面来传递应力，反而会产生应力集中源，使复合材料力学性能变差。用等离子体处理超高分子量聚乙烯（UHMWPE）纤维，其与环氧树脂黏接强度可提高 4 倍以上。Hild 用 Ar、N_2、H_2O 等离子体处理 PE 纤维，发现增加了与 PMMA 的黏接。提高了其韧度指数（Toughness Index）及断裂强度。Woods 等也发现等离子体处理高强 PE 纤维提高了纤维-环氧树脂复合材料的屈服强度。

Johan 等研究了纤维素纤维，反气相色谱、XPS、SEM 分析表明处理表面并不均匀，但仍然在表面有效地引入了酸（碱）基团，提高了纤维与 PS、PVC、PP 等组成的复合材料的力学性能和玻璃化转变温度。Sheu 等研究了 NH_3、O_2、H_2O 等离子体处理 Kevlar-49 纤维，处理后改善了与环氧树脂的黏接性，而且纤维/环氧树脂界面剪切应力显著增加，增幅为 43%～83%。

关于增强黏接的机理，Toshio 等研究了等离子体处理 PP 膜表面的—OH、—CO、—COOH等基团浓度与黏接强度的关系后发现，表面—COOH 基团浓度是影响黏接性能的最重要的因素。Ogawa 等研究了 O_2 等离子体处理 LDPE 膜与 PET 膜在 100℃热压黏接的剥离强度与表面基团的关系，证实了表面—COOH 浓度是影响黏接性能的最重要的因素。Toshio 等还研究了 O_2 等离子体处理 PP 表面，改善与聚酯的黏接性。拉伸实验发现，在低压 O_2 等离子体处理情况下，黏接强度只与表面含氧基团有关；随氧压增大，表面粗糙度对黏接的影响逐渐成为一个重要因素。Sheu 等研究了等离子体处理 Kevlar-49 纤维，改善与环氧树脂黏接界面性中则提出黏接性增强是由于处理中引入的新官能团与环氧树脂形成共价键的原因。

关于黏接强度随时间与温度的衰减问题。Della 等研究了空气等离子体处理 PE 纤维改善与环氧树脂黏接强度及时间、温度效应。发现与未处理样品相比，纤维-环氧树脂黏接强度提高 4 倍左右；放置 6 个月后，或在 120℃保持 2h 后，其黏接强度略有降低。Comyn 等研究了用 O_2、Ar、NH_3 及空气等离子体处理 PEEK，希望增强其与环氧树脂的黏接，发现样品在实验室放置 90 天，黏接性能没有明显损失，这说明黏接本身对处理效果有固定作用。

用等离子体处理高分子材料，还能显著改善其与金属的黏接。Conley 等发现含氟气体（CF_4 等）等离子体处理热塑性聚合物如 PC、ABS 等能增强与铝板的黏接。Guezenoc 等用氧化性气体（O_2、H_2O 等）处理 PP，真空下热压到低碳钢上，与未处理热压样品相比，剪切强度大大提高。

NH_3 等离子体处理 PP 后，其与铝片的黏接强度是 N_2 等离子体处理的 2 倍多。通过表面的酸碱性质，研究了 NH_3 离子体处理的时间效应，利用接触角计算得出的黏附力与剥离实验结果一致。O_2 等离子体处理聚酰亚胺膜，发现随处理温度降低，与铜的剥离强度增大；较高温度下延长处理时间，对黏接性能也有正面影响。XPS 分析表明，表面含氧基团与剥离强度成正比。

（3）改善印染性能

等离子体表面处理一方面能增强被处理材料表面粗糙度，破坏其非晶区甚至晶区，使处理材料表面结构松散，微隙增大，增加对印染/油墨分子的可及区；另一方面，表面引入的极性基团，使处理表面易于以范德华力、氢键或化学键吸附染料/油墨分子，从而改善材料的印染性能。

Makismov 等发现，低温等离子体处理，增强了 PET 纤维对分散染料的吸附。Vladimirtseva 等用低温等离子体处理亚麻类织物，然后用热水泡洗，所得织物印染性能良好，同时力学性能没有受损。Toshio 等发现真空度 133Pa 下，低温等离子体处理羊毛织物能提高其匀染性。Thomas 等发现，染色前用空气等离子体处理减少了含 Cr 染料的用量和废水中的卤代有机污染物。Takaslli 等发现低温等离子体处理能提高聚酯染色的色牢度。Mishra 等用 NH_3 等离子体处理聚酰胺纤维，用酸性染料将其染色，能提高色牢度和上色率。

（4）在微电子工业中的应用

等离子体技术在微电子工业中，主要用作集成电路制备中硅片表面高分子覆层的刻蚀、去除；改善聚合物电子元件表面电性能；增加高分子绝缘膜与线路板的黏接性能等。

Thuy 用 O_2、Ar、碳氟混合气体等离子体，选择性刻蚀集成电路表面残留的聚酰亚胺覆层。

Belhardt 等在氧化刻蚀硅片后，用 O_2 等离子体去除硅片表面氟代烃高聚物，发现高聚物完全去除，而硅片未受损失。

Kokubo 用惰性气体等离子体（Ar、Kr、Xe、N_2 等）处理全氟烷基乙烯基醚高聚物薄膜，其电阻由 $10^{14}\Omega \cdot cm$ 降至 $10^9 \sim 10^8\Omega \cdot cm$。Binder 等发现等离子体处理能提高高分子电容器击穿强度。

在印刷电路制备中用 O_2-CF_4 混合气体等离子体处理高分子绝缘层能提高它与线路板的黏接，用 CF_4 含量 40%（体积分数）混合气体比单独用 O_2 等离子体处理效果更好。另外，将包覆在电极上的憎水高分子膜用等离子体处理后，表面可牢固地粘上一层固体电解质，形成一种稳定的电化学传感器。

（5）在生物医用材料上的应用

等离子体处理高分子材料，选择性地在表面引入新的基团，通过改变表面湿润性、表面电位、表面能、极性分量和色散分量以及表面微结构等，达到改善高分子材料表面生物相容性的目的。

Terlingen 等指出，通过采用不同的等离子体处理方式可获得不同的化学组成表面。例如，用 CF_4 等离子体处理可获得氟化表面或类似聚四氟乙烯的表面，适用于用作特定场合的生物医用材料。

等离子体处理高分子材料在生物医用高分子材料中有如下应用。

① 提高抗凝血性能：对应用于临床的生物医用材料来说，抗凝血性能十分重要；而对于植入体内与血液相接触的医用材料来说，其抗凝血性能更是至关重要。很多医用材料就是因为抗凝血性不足，而限制了其在临床及生物医学领域的应用。从第一代血液相容性生物医用材料问世，至今已逾 40 年，但目前仍没有能完全符合临床要求的抗凝血医用材料。近些年来国内外的一些研究小组开始尝试利用等离子体技术对医用高分子材料表面进行改性，期望在保持材料原有的优异力学性能的基础上，赋予材料良好的抗凝血性能。如采用等离子体表面磺酸化技术在高分子材料表面引入了磺酸基，从而提高了材料的抗凝血性能；利用等离子体技术实现肝素在医用高分子材料表面高活性的固定；将等离子体技术与紫外接枝联用，在医用高分子材料表面固定具有抗凝血性能的生物大分子。a. 如用全氟烃等离子体处理 PET 膜，发现处理后膜吸附白蛋白的保留时间延长，抗凝血性增强。而且用等离子体修饰，无毒、无副作用。b. 空气等离子体处理医用 PVC 管也能改善表面的抗凝血性。

② 改善细胞亲和性：组织相容性是生物相容性要求中的一项重要内容，三维可降解组织工程支架的细胞亲和性决定了组织工程支架材料的可利用性，为了提高这类生物高分子材料的细胞亲和性以及生物相容性，常常需要对聚合物表面进行改性处理，现有的大多数组织工程医用高分子材料属于"生物惰性材料"，不能为种子细胞的附着和生长提供良好的生物界面。为了使材料具有良好的细胞亲和性，也需要对材料进行表面改性。与其他表面改性方法相比，等离子体改性法既能较容易地在材料表面引入特定的官能团或其他高分子链，又可避免因加工而使支架材料表面改性效果降低或丧失。王秀芬等课题组研究了不同气体等离子体对改性医用高分子材料表面的细胞亲和性的影响。大量的科学实验结果表明，各种含氮等离子体（气态酰胺、胺基化合物及氨气）处理后，能在材料表面引入氨基，促进了细胞的黏附和生长。材料表面氨基的数量和密度对于细胞的黏附有重要影响。但是简单的等离子体表面处理只能在短时间内赋予材料一定的细胞相容性，由于等离子体处理效果的时效性，在材料表面引入的功能基团会逐渐向表面内运动和翻转。为了获得持久的表面改性效果，大多采用等离子体聚合和等离子体接枝对医用高分子材料进行表面修饰。此外，近来也有课题组采用等离子体化学气相沉积对医用高分子材料进行表面修饰以提高材料的细胞亲和性。

③ 增强抗菌性：随着大量的人工器官、部件被植入到人体，如何更加有效地抑制人工器官或部件植入体内可能引起的感染，降低感染死亡率至关重要。而人工瓣膜心内膜炎，对于瓣膜置换病人的生命威胁极大。预防生物材料感染的研究以往多集中于细菌污染、细菌的毒力、侵入途径、病人的抵抗力等方面。近来一些研究表明，引起这种感染的初始动因就是细菌黏附在材料表面。表皮葡萄球菌是最常见和最严重的人工心脏瓣膜感染致病菌。研究人员发现以氩等离子体对医用硅橡胶反复进行处理，可明显降低细菌的黏附和生长。西南交通大学黄楠等人在不同工作条件下，使用乙炔对人工心瓣膜用聚对苯二甲酸乙二醇酯进行等离子体浸没离子束沉积，提高材料表面的亲水性，对改性后的材料进行细菌的动态黏附实验研究，发现其抗细菌黏附能力有显著的提高。Liu 等用不同的等离子体气体（CO_2、O_2、NH_3、Ar）等处理一些热塑性高分子材料（PE、PP、PS、PVC 等）表面，引入含 O、N 基团，而在改性的表面引入 Fe 离子覆层，与未处理样品相比，对细菌的吸附速率和容量的抑制都明显提高。

④ 形成阻隔膜：聚合物中的一些增塑剂、填充剂、抗氧化剂、引发剂和残余单体会对人体造成危害。采用等离子体聚合或等离子体接枝可在医用高分子表面形成一层阻隔膜，从而降低有害物质的渗透性，阻止聚合物中低分子量添加剂的泄漏。一些研究者用此方法制备出具有阻隔效果的抗渗漏型生物材料，譬如通过等离子体聚合膜成功地降低了增塑剂从聚氯乙烯（PVC）中渗到血液中的量，采用四甲基二硅氧烷等离子体聚合物镀膜也可阻止 PVC 管的浸出物。通过等离子体聚合在高分子微胶囊表面形成阻隔膜，形成的聚合膜作为一道"限速屏障"，可以控制药物释放速度。这相当于在微胶囊表面加上一件"外衣"，但不会影响材料本身的性能。

⑤ 等离子体灭菌：低温等离子体杀菌消毒技术的特点表现为以下几个方面：与高压蒸汽灭菌、干热灭菌相比，灭菌时间短；与化学灭菌相比，操作温度低；能够广泛应用于多种材料和物品的灭菌；产生的各种活性粒子能够在数毫秒内消失，所以无须通风，不会对操作人员构成伤害，安全可靠。当然，等离子体方法所导致的材料表面化学性质的变化也使得该方法具有一定的复杂性。通过等离子体辐照医用高分子材料，往往可将材料的前期处理和杀菌消毒一步实现，为人工脏器移植、组织材料培养提供了新的方案。

（6）其他应用

Shunsuke 等报道等离子体处理气体分离膜可提高其气体分离系数。一种高分子分离膜，在 80℃时 He 透过速率$>1 \times 10^{-4}$ $cm^3/(cm^2 \cdot s \cdot cmHg$①$)$，$He/N_2$ 分离系数为 83，经 NH_3 等离子体处理后，其分离系数达到 306。

Tadahiro 报道等离子体处理制备光学防反射膜。Ar 等离子体处理 PET，使其与水接触角$\leqslant 30°$。然后在其表面沉积一层氟化镁，所得膜具有良好的防反射性能和耐久性、抗划性，可广泛用于制备液晶显示装置、镜片及透镜等。

Akovali 等报道等离子体处理 PET，能提高它与 PVC 的共混相容性。

低温等离子体应用于无机粉体的表面改性，被认为是偶联剂技术的新发展。经等离子体处理后，粉体的表面结合、表面性质以及粉体在基质中的分散性和粉体与基质的界面结合等方面均发生较大变化。

---

① cmHg＝1333Pa

等离子体增强电化学表面陶瓷化（PECC）是一种新型的表面改性技术，它是在液体介质中采用等离子体弧光放电增强的阳极氧化处理工艺。由于等离子体弧光放电具有较高的能量密度，可以加速在阳极上发生的化学反应，在基体与外来陶瓷膜层物料间形成气相搅拌，使之充分混合、反应、烧结，从而获得陶瓷化涂层。PECC工艺过程阳极上电化学反应速率、外来相沉积速率及反应烧结量均可进行合理有效的控制，经PECC工艺制备的陶瓷化涂层，其相组成和化学成分可控，使膜的均匀性、对基体形状尺寸允许程度及膜层性能等均有较好的保证。

等离子体处理作为一种新的表面改性手段，能快速、高效、无污染地改变各类高分子材料表面性能。不但改善了特定环境下高分子材料的适用性能，也拓宽了常规高分子材料的适用范围，因此引起众多研究者的兴趣。今后，在探索不同条件下等离子体处理高分子材料表面，以改善材料的使用性能的同时，需要加强研究和建立高分子材料表面等离子体相互作用模型，为定量设计和等离子体可控技术提供理论依据。

6.3　表面化学改性[53—59]

6.3.1　碱洗含氟聚合物

含氟聚合物如氟化乙烯-丙烯共聚物（FEP）和聚四氟乙烯（PTFE）等，它们具有优良的化学稳定性、耐热性、电性能以及抗水汽的穿透性，在化学、电子工业和医用器件等领域应用广泛，但是它们的润湿性和黏合性差，使应用受到限制。为此，需要对它们进行改性处理。用化学改性法处理时，其方法为：液氨中的钠-氨络合物或钠-萘络合物/THF溶液处理含氟高聚物。具体步骤为：

1:1（mol）的钠:萘/THF溶液，在装有搅拌器及干燥管的三口瓶中反应2h直至溶液完全呈暗棕色。

将含氟聚合物在此溶液中浸泡1~5min，密封，使聚合物表面变黑（深度约1μm），取出用丙酮洗，除去过量的有机物，继而用蒸馏水洗净。经上述化学改性处理的聚合物表面的润湿性、黏合性都有显著提高。例如，上述处理后的Teflon与环氧黏合剂黏接时，拉伸强度可达7.7~14MPa，材料的本体结构无变化，材料的体电阻、面电阻和介电损耗等均无变化。需要指出的是该方法尚存在以下不足：a. 处理材料表面变黑，影响有色导线的着色；b. 面电阻在高湿下略有下降；c. 处理后的表面在阳光、加热下黏接性能降低。

6.3.2　酸洗聚烯烃、ABS和其他聚合物

工业中用铬酸洗液作为PE、PP等聚烯烃和ABS等在镀金属前的清洗液，也可以用来处理聚苯醚、PEO、PS、聚醚等。所用的铬酸配方为：

$K_2Cr_2O_7 : H_2O :$ 浓 $H_2SO_4（d:1.84）=4.4:7.1:88.5$（质量比）或：$CrO_3 : H_2SO_4 : H_3PO_4$ 等

铬酸清洗液主要是清除无定形或胶态区。在清洗过的表面上可能形成极复杂的树根状空穴，具体形状与被清洗表面的结晶形态有关。某些表面还可能氧化。此法处理后的聚合物表面的润湿性和黏接性均大大提高，其原因可能是聚合物表面形成的复杂几何形状起主要作用，而表面引入的极性基团的作用不如前者。酸洗过程中，铬酸的作用如下：

$$\text{~~CH}_2\text{—}\overset{\overset{\text{R}}{|}}{\underset{\underset{\text{H}}{|}}{\text{C}}}\text{—CH}_2\text{~~} \xrightarrow{\text{铬酸}} \text{~~CH}_2\text{—}\overset{\overset{\text{R}}{|}}{\underset{\underset{\underset{\text{(OH)}_3}{\text{Cr(IV)}}}{\overset{|}{\text{O}}}}{\text{C}}}\text{—CH}_2\text{~~} \xrightarrow{\text{H}_2\text{O}}$$

$$\text{~~CH}_2\text{—}\overset{\overset{\text{R}}{|}}{\underset{\underset{\text{OH}}{|}}{\text{C}}}\text{—CH}_2\text{~~} \xrightarrow{\text{Cr(VI)}} \begin{cases} \text{~~CH}_2\text{—C}=\text{O}+\text{O}=\overset{\overset{\text{R}}{|}}{\text{C}}\text{—CH}_2\text{~~} \\ \text{~~CH}_2\text{—}\overset{\overset{\text{R}}{|}}{\underset{\underset{\text{O}}{\parallel}}{\text{C}}}\text{—CH}_2\text{~~}+\text{其他} \end{cases}$$

PP、PE 在酸洗过程中的酸洗速率的大小为：PP（$140\mu g/cm^2 \cdot h$）＞支链 PE（$98\mu g/cm^2 \cdot h$）＞线形 PE（$75\mu g/cm^2 \cdot h$）

在 ABS 表面，铬酸主要腐蚀丁二烯橡胶粒子，在表面产生许多空穴，造成大量的机械固着点，有利于喷镀金属。

6.3.3　碘　处　理

用 I_2/KI 水溶液，在 $20 \sim 80℃$ 时处理尼龙，处理后可制成可镀金属级的产品，处理的尼龙表面比较光滑。X 射线衍射分析表明，处理后的表面结晶形态发生变化：由 α 型（N-H 基平躺在表面上）转变为 γ 型（N-H 基团垂直于表面上），这种结晶变化只发生在 $40℃$ 以下，高于 $80℃$，α 晶型继续存在。金属镀层在 α 晶型的表面结合性很差。

6.3.4　其他化学处理

用于处理聚烯烃和硫化橡胶表面的化学方法还有很多，如 $KClO_3$-H_2SO_4，$KMnO_4$-H_2SO_4，HNO_3，甲基苯磺酸，发烟硫酸、硫、碳沥青和叠氮，烷基过氧化物，过硫酸盐，氟气以及臭氧等。主要用于提高表面的润湿性和黏接性。

一般认为，H_2SO_4 只能使润湿性和黏接性发生中等程度的变化；发烟硫酸在聚烯烃表面上引入磺酸基，它可以与其他试剂反应得到进一步改性；硝酸首先腐蚀无定形区，使结晶形态暴露；硫、碳质沥青和重氮可进行 C—C 的插入反应；氟气可发生去氢、氟化反应、C=C 双键的生成并引起聚烯烃表面发生交联反应；臭氧能氧化聚烯烃表面、产生羟基、酮、醛和羧酸基。

此外，用氧化法处理聚烯烃、腈基橡胶和丁基橡胶；胺碱用于处理 PET 和 PC；亚胺烷撑取代反应也用于处理 PC，烷基锆催化剂用于处理 PET 等。

用化学法处理聚酯可得到吸湿性良好的聚酯毛巾。其具体作法是将聚酯毛巾放入碱性处理液中，加热、淋洗，用乙酸酸化至 $pH=5.0$，再用精制的聚酰胺处理一定时间，最后可得到吸湿性良好的聚酯毛巾。

6.4　光接枝聚合改性[60—74]

光接枝聚合具有突出的特点，既能获得不同于本体性能的表面特性，又可保持本体性能。在 20 世纪 50 年代末 60 年代初，应用较多的是射线或电子束高能辐射，在纤维素、羊毛、橡胶等材料的表面接上一层烯类单体的均聚物。由于高能辐射能穿透被接枝物，因而接枝层的厚度可以从很薄的表面层进入本体的较厚的深度，这样本体性能会受到影响。紫外光因其较低的工业成本以及选择性使得紫外光接枝受到重视。选择性是指众多聚烯烃材料不吸收长波紫外光（300～400nm），因此在引发剂引发反应时不会影响本体性能。紫外光应用于聚合物表面改性最早可追溯到 1883 年，当纤维素曝露于紫外光和可见光时，能观察到发生了化学变化。有关用紫外光进行接枝聚合改性聚合物表面的工作始于 1957 年 Oster 的报道。但直到近些年，才涌现出大量的有关表面接枝改性文献。其应用领域也已从最初的简单表面改性发展到表面高性能化、表面功能化、接枝成型方法等高新技术领域，显示了这种方法在聚合物表面改性方面的重要性和广阔应用前景。

6.4.1　表面光接枝的化学原理

生成表面接枝聚合物的首要条件是生成表面引发中心——表面自由基。依据产生方式的不同，可分为 3 种方法。

6.4.1.1　含光敏基聚合物辐照分解法

对于一些含光敏基（如羰基），特别是侧链含光敏基的聚合物，当紫外光照射其表面时，会发生 Norrish Ⅰ型反应，产生表面自由基：

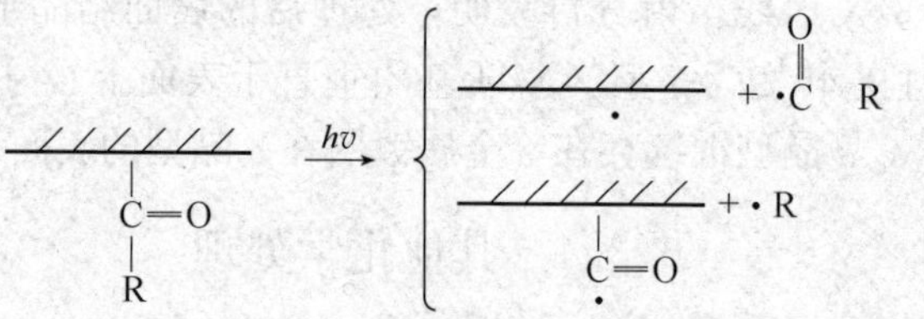

$$\tag{6-1}$$

$$\tag{6-2}$$

这些自由基能引发乙烯基单体聚合，可同时生成接枝共聚物和均聚物：

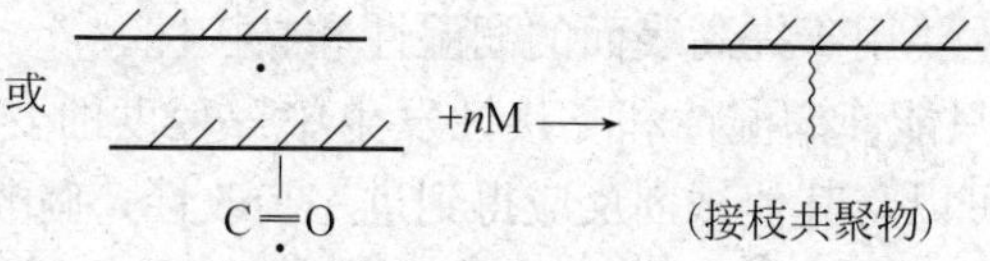

$$\tag{6-3}$$

（接枝共聚物）

$$\tag{6-4}$$

（均聚物）

6.4.1.2　自由基转移法

安息香类引发剂在紫外光照射下发生均裂，产生两种自由基：

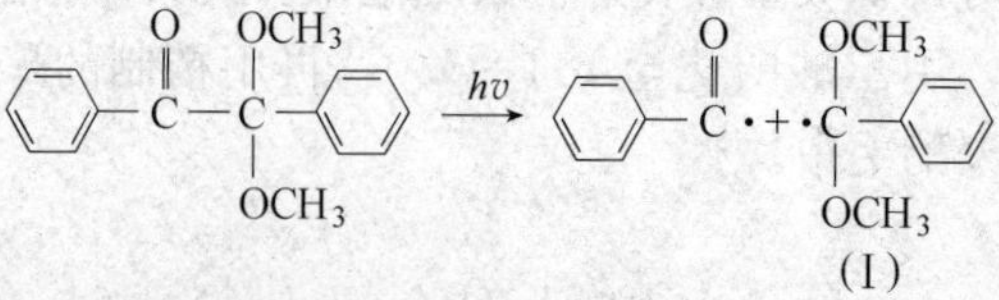

$$\tag{6-5}$$

（Ⅰ）

在单体浓度很低的条件下，两个自由基均会向聚合物表面或大分子链转移，产生表面自由基，引发烯类单体聚合而生成表面接枝链：

$$R\cdot + \underline{\quad\quad\quad}_H \longrightarrow \underline{\quad\quad\quad} + RH \tag{6-6}$$

$$/\!/\!/\!/\!/\!/\!/\!/ \quad +n\text{M} \longrightarrow \quad /\!/\!/\!/\!/\!/\!/\!/ \qquad (6\text{-}7)$$

该体系缺点是小分子自由基, 如式 (6-1) 能引发均聚合, 故表面接枝链和均聚链能同时生成。在特定条件下, 如单体浓度很低, 表面自由基浓度很大时, 也是一种有效的表面接枝体系。

6.4.1.3 氢提取反应法

芳香酮及衍生物在吸收紫外光后被激发到单线态 S, 然后迅速系间蹿跃到三线态 T, 当有聚合物表面为 (氢给予体) 时, 该羰基夺取氢而被还原成烃基, 同时也生成了一个表面自由基:

$$/\!/\!/\!/\!/\!/\!/\!/ \underset{\text{H}}{|} + \underset{(\text{BP})}{\bigcirc\!\!\overset{\text{O}}{\underset{\text{C}}{\|}}\!\!\bigcirc} \xrightarrow{h\nu} /\!/\!/\!/\!/\!/\!/\!/ + \underset{\text{}}{\bigcirc\!\!\overset{\text{OH}}{\underset{\text{C}}{|}}\!\!\bigcirc} \qquad (6\text{-}8)$$

$$/\!/\!/\!/\!/\!/\!/\!/ \quad +n\text{M} \longrightarrow \quad /\!/\!/\!/\!/\!/\!/\!/ \qquad (6\text{-}9)$$

该体系优点是: a. 光还原反应可以定量进行, 一个 BP 分子可以夺取一个 H 产生一表面自由基, 容易控制; b. 表面自由基的活性远远高于呋呐醇自由基, 因此接枝率高; c. 因为引发反应起自于光敏剂和 C—H 键的反应, 故该方法可适用于所有有机材料的表面接枝。

6.4.2 接 枝 方 法

6.4.2.1 液相接枝和气相接枝

利用紫外光把单体接枝到聚合物表面的方法可分为液相接枝和气相接枝两类。

(1) 气相法

聚合物和反应溶液放在充有惰性气氛的密闭容器中, 加热使溶液蒸发, 从而在弥漫着溶剂、单体和引发剂的气氛中进行光反应。该体系的优点是: a. 单体和光敏剂以蒸汽形式存在, 自屏蔽效应小; b. 样品表面的单体浓度极低, 故接枝效率高。缺点是反应慢, 辐射时间长。

(2) 液相法

把光敏剂、单体或其他助剂配在一起制成溶液, 直接将聚合物样品置于溶液中进行光接枝聚合, 也可先将光敏剂涂到样品上, 再放入溶液中。1977 年, Tazke 等人发明了一种特殊的液相表面接枝方法, 较好地解决了溶液的自屏蔽问题, 缺点是均聚物难以避免, 难以实现连续化作业。还有一种是瑞典皇家工学院 Randy 等人针对条状薄膜和纤维开发的一种连续液相法。此方法一方面先将膜或纤维预浸过含有单体和敏化剂的溶液, 让敏化剂附着在聚合物表面; 另一方面又通过氮气鼓入单体和敏化剂, 这样既加快了反应速度, 又提高了反应效率, 可望有工业应用前景。

6.4.2.2 添加或不加敏化剂

从是否添加敏化剂来分可分两类:

(1) 不加敏化剂

先将聚合物表面氧化使生成一层过氧化物，随后在不加敏化剂的情况下再利用紫外光照射，利用过氧化物分解出的自由基和单体加成聚合，将希望的单体接枝到聚合物表面。中国科学院化学研究所的胡兴洲等利用此方法把光稳定剂 MTMP 接枝到经表面热氧化后的聚丙烯（PP）和聚乙烯（PE）膜上，改善了膜的稳定性。

（2）添加敏化剂

敏化剂既可以预先经处理引入到聚合物表面，也可在光照的同时发挥作用。制备含敏化剂的聚合物的方法，一种是把聚合物放入充满敏化剂蒸汽的容器中，可通过温度来调节吸附的含量，用抽提后称重的方法来测量被吸附的敏化剂的含量。另一种方法是把敏化剂溶在某种易挥发的溶剂中，将聚合物放入该溶液中浸泡，而后取出干燥。为使敏化剂能很好地附着在聚合物表面，可在敏化剂的溶液中加入某些聚合物，如醋酸乙烯酯等。然后再将覆有敏化剂的聚合物放在单体溶液中进行光接枝反应。

当单体被接枝到聚合物表面后，是通过化学键与聚合物表面连接，而不仅是附着在表面上，所以在反应完毕后，还需证实单体是以何种方式与聚合物表面连接。先可采用能溶解单体及均聚物的溶剂抽提接枝后的聚合物，如果是通过化学键结合，接枝物则不会被溶剂抽提掉。Y. Ogiwara 将接枝百分率为 293% 的低密度聚乙烯（LDPE）膜抽提 24h 后所得接枝百分率 290%，这就证明接枝物是通过化学键与聚合物结合的，而非物理附着。

此外，还可采用红外光谱（衰减全反射红外光谱 ATR）或光电子能谱（ESCA）检测接枝后的聚合物表面是否含有单体的结构。ESCA 和 ATR 对被测物表面的探测深度不同，前者在 10nm 左右，后者为 10μm 左右。

6.4.3　表面光接枝改性的应用

在高聚物表面接枝聚合不同的单体，可使高聚物的性能得到很大改善，使材料的实用性得到提高，从而获得更广泛的应用。

6.4.3.1　薄膜的表面改性

（1）工业包装膜

目前的 PE、PP、PVC、PET 等工业包装膜，在实际使用中均存在难印刷和难黏接两个问题。一般在印刷之前要进行电晕处理，有时还要涂以特种底漆，然后使用昂贵的特种印刷油墨，因而成本很高，且印刷质量也不好。表面光接枝法可以将强极性的亲水基团引入薄膜的表面，并且由于接枝链与基体薄膜以化学键相连，该新的表面具有持久性，从根本上改变现有的塑料薄膜印刷技术。

（2）农膜

国内农膜主要以聚乙烯棚、地膜为主，无雾滴 PE 棚膜是国家确定的大力发展的棚膜品种之一。用无雾滴棚膜替代普通棚膜可提高产量 15%，因此其经济和社会效益是巨大的。目前国内的无雾滴棚膜无雾滴有效期仅有 3～4 个月，至多 6～8 个月，而国外如日本的有效期可达两年，所以差距较大，目前还无其他替代产品和技术。如果采用光接枝法，则可在薄膜表面与亲水性大的单体接枝形成亲水层，而膜的本体性能不变，这样将得到具有永久效果的防雾滴棚膜。另外，光接枝也可用来合成具有防雾、保温、生物降解、除草等性能的多功能地膜。

（3）食品包装膜

对食品包装而言，除了表面或里层印刷、黏接、热封等必须考虑和解决的问题外，对氧、水汽和香味的阻隔性是最为主要的指标。PE 和 PP 对水汽的阻隔性优良，但对氧的阻隔性差；PET、NYLON 对氧有较高的隔离性，但对水较差；PVDC 对氧、水均具有良好的阻隔性，但成膜性及单独成膜强度差，成本高；PVOH（聚乙烯醇）薄膜是最好的隔氧性薄膜，但因其溶解于水而难通过蒸煮消毒这一关。理想的性能组合可由表面光接枝法实现。一种路线是把具有特殊阻隔性能的聚合物接枝于价廉的 PE 和 PP 膜上；二是利用光接枝层合技术制备复合膜，例如将 PVOH 夹于两 PE 膜之间，可制成既隔氧又隔水的高档食品包装膜。

此外，食品或水果保鲜包装中的一种产品是防雾化、防结露保鲜袋。利用表面光接枝可制得内表面完全亲水和吸水，而外表面憎水的保鲜袋来满足这种用途。

（4）复合膜

复合膜是塑料薄膜的一种发展趋势。复合膜是指通过特殊方法把具有不同材质的薄膜层合在一起的多层膜。但该制造工艺所面临的难题是塑料薄膜的惰性表面难于黏接，而光接枝法可以从根本上解决该问题。最近文献曾报道过"光接枝固化技术"，该技术可用于制备复合膜，主要原理是首先把待固化反应液涂于两层待层合薄膜之间并压紧、压匀。在紫外光照射下，涂层中的光敏剂将首先与两薄膜的表面氢作用产生大量自由基；这些表面自由基随后引发反应液的聚合并固化。该固化技术的优点如下：a. 因基膜与固化黏合剂间以化学键相连，故产生无界面黏接，大大提高了剥离强度；b. 将传统的先改性后复合的两步法合并成一步工艺，可大大降低生产投资；c. 由于两基体薄膜是以表面接枝固化的原理而黏接的，只要薄膜表面含 C—H 键即可被层合，而对极性相配无要求。

6.4.3.2　纤维的表面改性

有机纤维的主要市场是复合材料和服装行业。在复合材料的制备中，增强纤维与基体材料的界面性能往往是最主要的研究课题之一。诸多处理方法中，表面光接枝法是最简单且成本最低的方法之一。短纤维填充橡胶的制品中改进纤维与橡胶的黏接性也是表面光接枝法能达到的目标之一。

PET、PE 和 PP 都有纤维产品，目前只有 PET 已用作布料，而 PE、PP 均因染色问题不能商业化，如果能采用表面改性法解决此问题，则它们的价格将比 PET 要便宜得多。瑞典皇家工学院利用连续法对纤维进行表面光接枝反应，将 MGA 接枝到高强度 PE 上，用酸性染料酸橙染色，其染色度增加了 3~4 倍；而丙烯酰胺 PET 纤维体系，用直接染料染色，染色吸收增加了 5.1 倍，既可改善 PET 的吸水率，又可增加花色品种。

6.4.3.3　塑料、橡胶制品的表面改性

导致有机材料使用寿命短的主要原因有两个，一个是紫外光，另一个是氧气，因此稳定材料的重要手段之一是加入紫外光稳定剂。通常是以一定比例将紫外光稳定剂用机械混入母料中。该方法的缺点是，需使用的光稳定剂量大，影响本体性能。因此材料表面接枝上一层光吸收剂是一种经济且有效的最佳方法。另外有关研究发现，有机材料的内部老化程度与氧气的渗透速度直接相关，因此在塑料或橡胶的表面接枝一层致密的隔氧聚合物，会大大延长制品的使用寿命。该方法也可以用于塑料或橡胶制品的包装容器，如生产汽车所用的塑料油箱可以在其内表面接枝一层憎油聚合物，提高它的憎油渗透性。塑料和橡胶

制品的商标、图案的印刷以及塑料零件间的黏接都与其表面性能有关，表面光接枝可以很好地履行这种职责。

6.4.3.4　特种材料的表面改性

在感光和音像材料中，聚酯薄膜经常被用作基片，改进其与其他专用树脂的黏接性，改良抗静电性是该用途涉及的研究课题之一。表面光接枝不仅可通过引入强极性基团而消除静电问题。而且可以引入特定的反应性基团改进其与无机或有机树脂的黏接，还可赋予薄膜新的功能。

氟塑料和硅橡胶是极惰性的高聚物，因而也是热、化学稳定性的高聚物。这使得它们成为在某些特定场合无法被别的材料取代的特种材料。但这种惰性也带来一系列的难题，如难印刷、难黏接等。最近几年，这两类材料因其在人体内的稳定性而被选为最佳生物用途材料，但生物相容性又要求材料的表面具有强的亲水性，或具有某些反应基团，以便把生物活性基团引入表面。因此在这两类材料的表面引上一层极性或活性表面将会大大开拓它们的用途，促进生物、分离材料和技术的发展。

6.4.4　表面光接枝最新进展

自 20 世纪 80 年代以来，表面光接枝聚合主要用于上文所述的表面改性。进入 20 世纪 90 年代以来，表面光接枝的应用已向更高层次即材料的表面高性能化或表面功能化方向发展。

以生物用途为目的的材料表面功能化是最近几年研究的热点之一。一种途径是通过光接枝可将具疏水性表面的聚合物改为亲水性，以改善其生物相容性；另一种途径是把一些具有生物活性的官能团通过间接或直接的方法接枝到聚合物材料的表面。如 Tseng 等在涂有二甲基二氯硅烷的玻璃上光接枝 4-叠氮基-乙硝基蛋白质（ANP-蛋白质），接枝蛋白质的表面可以减少表面引起的血栓形成，提高血液相容性。Garnett 报道了在 PP、PVC、PS 基体高聚物上光接枝对硝基苯乙烯，然后使硝基转变为异硫氰酸根，以吸附胰蛋白酶的方法。Pashova 等曾报道了甲基丙烯酸缩水甘油酯与甲基丙烯酸 2-羟乙酯光接枝到聚丙烯腈上，然后固定青霉素酶的方法。

传统的大分子反应试剂和催化剂是依靠大分子骨架上的反应催化基团。近几年已有人在尝试利用聚合物纤维、薄膜作为载体来制备大分子试剂和催化剂。Arai、Kubata 等人曾用气相接枝在 PE 膜上光接枝乙烯基吡啶、乙烯基咪唑等碱性基团，并测试了它们吸收 Cu^{2+} 的络合物对 H_2O_2 分解的催化行为，以及对酯解的催化效率。Bellobono 等曾报道了通过合成微孔聚丙烯膜，在沸石 BX 上固定碱金属，用于控制碱金属同乙醇的反应。Kubota 等人还研究了在 PE 表面光接枝丙烯酸然后使其转变为过氧酸的路线，分布在薄膜上的过氧基团的稳定性明显优于其他聚集形式。

其他一些用表面光接枝法合成的功能高分子，有能够吸附金属离子含大量表面配位体的功能膜和纤维；能够测量湿度的功能膜检测器；能够对水进行抽提分离的聚乙烯凝胶膜；具有温敏作用的 PE 为载体的水凝胶等。

曾有文献报道论证了远紫外光（250～300nm）在光接枝聚合中的决定作用；通过把自由基活性聚合引入表面接枝聚合，以及实践了"光控制自枝化增长模型"，成功地对表面接枝聚合进行了控制，因此可将羟基、羧基、酰基、环氧基、苯基、乙烯基、硅氧烷基等很方便地引入有机材料表面；可以对接枝层的厚度进行控制；可以在氟塑料、硅橡胶、聚酰亚胺、聚碳酸酯这些高惰性材料表面上实施光接枝表面改性。在应用技术方面曾有人发明了"本体表面光接枝"工艺[18]。该工艺把表面改性速度增加了近百倍，例如可将PE、PVC 薄膜在几秒钟内改为能完全为水湿润的表面。另外利用层合技术可以把表面光接枝变成一种新的聚合物成型方法。

在聚合物表面光接枝方面有两个基础性的问题有待认识和探索，问题一：表面光接枝聚合是二维聚合还是三维聚合？目前普遍认为是它是一种二维聚合，那么显然，传统的向三个方向增长的聚合模式在这里是不适用的，或有待修正的。因此需要进行系统、细致的研究，对二维聚合的机理、特点、反应过程进行表征和探索。问题二：表面接枝聚合物的直接表征方法薄弱，带有衰减全反射附件的傅里叶红外光谱 ATR-FTIR，X 射线光电子能谱 XPS 等测试表征手段，仅能定性或半定量地给出聚合物表面的一些化学信息，而针对聚合反应、聚合物链增长的跟踪、测量方法及手段尚没有跟上，要想解释和弄清这些问题还有待聚合物化学家、物理学家，仪器分析、仪器设备等方面的专家共同努力。

总之，表面光接枝聚合在很多领域的应用前景对聚合物科学家们的研究热情都极具吸引力，其研究与应用方兴未艾，30 多年来始终是国内外高分子学术界关注的热点之一。

6.5　难黏聚合物表面改性[75—80]

聚乙烯、聚丙烯等聚烯烃和聚四氟乙烯类含氟高分子材料，通常称为难黏高分子材料或难黏塑料，这类材料表面惰性高，若不经特殊的表面处理，很难用普通的黏合剂黏接。

聚烯烃类塑料具有性能优良、成本低廉的优点，其薄膜，片材及各种制品在日常生活中得到大量的应用。氟塑料具有优异的化学稳定性、卓越的介电性能和极低的摩擦因数以及自润滑作用，在一些特殊的领域具有重要的用途。在这类材料的使用过程中，不可避免地会遇到同种材料之间或与其他材料的黏接问题。因此，人们对这类难黏高分子材料的难黏原因及处理方法进行了深入的研究。

难黏高分子材料的难黏原因是多方面的。其一，难黏高分子材料的表面能低，临界表面张力只有 $(31\sim34)\times10^{-5}$ N/cm，因而其水接触角大，印墨、黏合剂不能充分润湿基材，从而不能很好地黏附在基材上。其二，聚烯烃、氟塑料等均属于非极性高分子材料，如聚乙烯分子上没有任何极性基团，属于非极性高分子；聚丙烯分子中的甲基是非常弱的极性基团，基本上也属于非极性高分子；而聚四氟乙烯等氟塑料，因结构高度对称，也属于非极性高分子。印墨、黏合剂吸附在非极性高分子表面，只能形成较弱的色散力，因而黏附性能较差。其三，这些材料结晶度高，化学稳定性好，溶胀和溶解都要比非结晶高分子困难，当溶剂性黏合剂（或油墨、溶剂）涂在难黏材料表面，很难发生高聚物分子链成链或互相扩散、缠结，不能形成较强的黏附力。其四，材料表面存在弱边界层，这种弱边界层来自聚合及加工过程中所带入的杂质、聚合物本身的低分子成分、加入的各种助剂以及储运过程中所带入的污染等，这种弱边界层的存在造成了材料表面黏附性差，不利于印刷、复合和黏接等后加工过程。基于上述原因，人们采取了多种高分子材料表面改性方法：

① 在聚烯烃等难黏高分子材料表面的分子链上引入极性基团；

② 提高材料的表面能；

③ 提高制品表面的粗糙度；

④ 消除制品表面的弱边界层。

难黏高分子材料的表面处理方法常有如下几种。

（1）化学处理法

化学处理法是聚烯烃表面处理中应用较多的一大类方法。其中包括过硫酸盐法、铬酸法、氯磺化法、氯酸钾法、白磷法、高锰酸钾法等近十种之多。其原理在于处理液的强氧化作用使塑料表面的分子被氧化，从而在材料表面引入羰基、羧基、乙炔基等极性基团，同时弱界面层因溶于处理液而被破坏，甚至分子链发生断裂，形成密密麻麻的凹穴，增加表面的粗糙程度，改善材料的黏附性。

化学处理法处理效果好，不需要特殊设备，用起来容易。但是由于其处理时间长，速度慢，制品容易着色，处理后需要中和、水洗及干燥等，污染性大，目前已趋于淘汰。

（2）气体热氧化法

聚烯烃材料表面经空气、氧气、臭氧之类气体氧化后，其黏接性、印刷性以及涂覆性能均得到改善，其中臭氧法有较高的使用价值，它与空气或氧气氧化法不同，基体上不受聚烯烃材料中抗氧剂的影响。

在热空气中添加某种促进剂，对聚烯烃的处理效果也不错，如添加某些含 N 络合物、二元羧酸，以及有机过氧化物等，据报道其剥离强度可达到 $0.408\sim0.784MPa$。

气体氧化法工艺简单，处理效果明显，没有公害，特别适用于聚烯烃的表面处理。但此法要求与材料尺寸相当的鼓风设备或类似加热设备，故使它的应用受到一定的限制。

（3）火焰处理法

所谓火焰处理法就是采用一定配比的混合气体，在特别的灯头上烧，使其火焰与聚烯烃表面直接接触的一种表面处理方法。

火焰法也能将烃基、羰基、羧基等含氧极性基团和不饱和双键引入聚烯烃材料的表面，消除薄弱界面层，因而明显改善其黏接效果。是目前较流行的表面处理方法。

火焰处理法成本低廉，对设备要求不高。影响火焰处理效果的主要因素有灯头形式，燃烧温度，处理时间，燃烧气体配比等。由于工艺影响因素较多，操作过程要求严格，稍有不慎就可能导致基材变形，甚至烧坏制品。所以，目前主要用于较厚的聚烯烃制品的表面处理。

（4）电晕处理

电晕处理，也称火花处理，是将 $2\sim100kV$、$2\sim10kHz$ 的高频高压施加于放电电极上，以产生大量的等离子气体及臭氧，与聚烯烃表面分子直接或间接作用，使其表面分子链上产生羰基和含氮基团等极性基团，表面张力明显提高，加之糙化其表面，从而改善表面的黏附性，达到表面预处理的目的。

电晕处理具有处理时间短、速度快、操作简单、控制容易等优点，因此被广泛应用于聚烯烃薄膜印刷，复合和黏接前的表面预处理。但是电晕预处理后的效果不稳定，因此处理后最好立即印刷、复合、黏接。

影响电晕处理效果的因素有处理电压、频率，电极间距及温度，印刷性和黏接力随时间的增加而提高，随温度升高而提高，实际操作中，通过采取降低牵引速率，趁热处理等方法，以改善效果。

（5）低温等离子体技术

低温等离子体是低气压放电（辉光、电晕、高频、微波）产生的电离气体。在电场作用下，气体中等自由电子从电场获得能量，成为高能量电子，这些高能量电子与气体中的分子原子碰撞，如果电子的能量大于分子或原子的激发能，就会产生激发分子或激发原子、自由基、离子和具有不同能量的辐射线，低温等离子体中等活性粒子具有的能量一般都接近或超过碳碳或其他含碳键的键能，因此能与导入系统的气体或固体表面发生物理或化学的相互作用。如采用反应型的氧等离子体，可能与高分子表面发生化学反应，引入大量的含氧基团，改变其表面活性，即使是采用非反应型等离子体，也可能通过表面交联与蚀刻作用引起的表面物理变化而明显地改善聚合物的接触角和表面能。

例如，采用低温等离子体处理氟塑料可以取得较好的效果，处理后的氟塑料接触角大大降低，黏接剪切强度提高 2～10 倍。而微波等离子体法可以方便地利用家用微波炉在实验室中进行等离子体处理。

（6）力化学处理

① 力化学处理的原理：力化学处理法是基于聚合物的力化学反应原理而进行的。聚合物在受到外力（如粉碎、振动研磨、塑炼、挤动等）作用时，会产生化学反应，称为聚合物的力化学反应。这种反应有两类：一类是在外力作用下高分子键产生断裂而发生化学反应，包括力降解，力化学交联，力化学接枝和嵌段共聚等；另一类是应力活化聚合反应。力化学黏接主要是基于第一类化学反应。这类力引发反应的历程与热引发反应历程一样，有链引发，链增长，链终止三个阶段。首先是应力的作用使分子链断裂成大分子游离基，然后通过游离基的进一步反应而形成线性支化或交联的聚合物，或降解成低相对分子质量的聚合物。反应链可以向不同方向增长，这取决于受外力作用的聚合物特性，周围介质，能够与游离基反应的杂质，温度，反应容器的结构特点等。例如，两种惰性聚合物受外力作用，当一种聚合物中有链转移中心时，另一种惰性聚合物可接枝到第一种聚合物上去，如果两种聚合物都有链转移中心，则可生成接枝和交联产物的混合物。

在力化学黏接中，对涂有胶的被黏聚合物表面进行摩擦，通过力化学作用，使聚合物表面产生力降解而形成大分子自由基，它与黏合剂分子可能形成一定数量的共价键，产生牢固的界面结合，从而大大提高了接头的胶结强度，这已为电子自旋共振谱（ESR）和内发射红外光谱（ATRIR）研究所证实。

② 力化学黏接的工艺及其参数：力化学黏接工艺包括：将黏合剂（常用普通环氧胶）涂在已脱脂的聚合物表面，然后进行力化学处理，再按黏合剂的固化工艺进行固化。这里的力化学处理是用砂纸或直接往胶中混入适量的磨料粒子，对被黏接表面进行研磨，两个被黏表面可以单面研磨（如对于聚合物-金属黏接体系），然后再合拢固化。也可以先将两者合拢后同时一起研磨再固化（适合于聚合物-聚合物黏接体系）。

力化学处理所需的设备并不复杂，采用普通固体表面机械加工设备即可，如抛光机、刷子、磁性研磨机等。

力化学处理的工艺参数（包括压力、转速和时间等）对黏接强度有很大影响。对于不同的黏合剂-被黏物体系，其处理工艺参数不尽相同，需通过实验来优化确定。一般研磨处理的压力为 0.2～0.6MPa，转速为 0.6～1.0m/s，时间为 10～30s。

（7）钠-萘法处理聚四氟乙烯

目前对聚四氟乙烯的表面处理方法已有很多。①在碱金属的氨溶液中浸蚀；②在钠-萘溶液中浸蚀；③用四烷基铵阴离子盐电化学还原；④在高温下用碱金属蒸汽处理；⑤用碱金属或高温处理；⑥在熔融的醋酸钾中处理；⑦用电子束照射；⑧PTFE 表面金属溅射；⑨在氖或氩惰性气体中辉光放电等。其中钠-萘溶液处理的方法最简单、有效而廉价。

当钠-氨溶液与 PTFE 接触时，钠能破坏 C—F 键，扯掉表面上的部分氟原子，使表面脱氟形成咖啡色的碳化层。红外光谱表明，表面引入了烃基、羰基和不饱和键等极性基团，使表面能增大，接触角变小，浸润性提高，由难粘变为可黏材料。

（8）涂覆法处理聚丙烯

为了进一步改善聚丙烯薄膜的黏接性、印刷性以及热封性，国外开发了一种新技术。即在聚丙烯薄膜上涂上一层极薄的涂覆物质，它是一种结晶度较低，含极性基团的热塑性物质，从而形成一个所谓的过渡层，来改善其薄膜表面的特性。比较常用的涂覆材料是氯化等规聚丙烯（CPP）。可根据加工机械和涂覆使用目的，选择溶液和熔融两种方式，涂层厚度以 $1 \sim 50 \mu m$ 为宜。涂覆的薄膜与印刷纸、橡胶以及塑料薄膜等材料用热压的方法进行层合加工，其黏接牢度十分理想，用普通油墨施行印刷，能得到满意的印刷品。

（9）聚烯烃表面改性剂

聚烯烃材料表面改性剂的研究是聚烯烃材料表面预处理方法中最新的研究方向。其改性机理同上述其他使材料表面发生化学变化的处理方法明显不同，只需借助混炼机，在成型加工前混入聚烯烃树脂，成型后这类改性剂能迁移到制品表面，有效地改变制品的印刷、黏接、复合等性能。

添加改性剂的主要目的是借助改性剂使制品表面带上各种功能基或极性化，改善制品表面对油墨的亲和性，摒弃繁琐的预处理操作，以期降低成本，提高经济效益。从结构上考虑改性剂分子必须具备下列特点。

① 分子中必须有二类基团。一类基团是亲油墨、涂料、黏合剂的基团，如烃基、羧基、羰基、胺基等；另一类基团是亲聚烯烃类树脂的基团，如长链烷基、聚氧乙烯基等，而且和聚烯烃树脂的亲和性必须适中，因为亲和力太大，不利于改性剂在成型过程中向表面迁移，太小则在制品表面形成薄弱界面层，容易随同油漆、涂料一道剥离而失去改性效果。

② 为使改性剂不在制品表面形成薄弱界面层，此类物质必须是具有一定相对分子质量的高分子化合物。

在成型加工过程中，聚烯烃材料表面改性剂同聚烯烃树脂用混炼机混合，由于表面张力的作用，大分子链上的极性基团向树脂表面迁移，并在制品表面富集，从而聚烯烃材料表面的极性、接触角、表面能发生很大的变化，有利于油墨的黏附和材料之间的黏接。而长链烷基则可能同聚烯烃树脂形成共结晶（即物理交联点），相当于将迁移至表面的极性基团"锚"在树脂结构中，不形成弱界面层，随油墨、黏合剂脱落。

因此，人们有可能依靠适当的分子设计，使聚烯烃表面存在各种不同的功能基，从而达到预期的表面改性目的，如防污，抗静电，防电晕等。

综上所述，利用以上各种表面处理方法，改善聚合物表面极性，降低接触角，提高表面能等，提高难黏聚合物的黏接性能，使其不再难黏。

6.6　偶联剂在表面改性中的应用[81—87]

偶联剂是一种同时具有能分别与无机物和有机物反应的两种性质不同的官能团的低分子化合物，是一种能增进无机物和有机物之间黏合性能的助剂，可理解为这两种材料之间的结合剂。偶联剂的种类很多，按化学结构可分为：有机硅烷类、钛酸酯类、含磷化合物类、胺类和络合物类等。偶联剂用在黏合方面能促进黏合剂与被粘物牢固地黏接起来，黏合强度有显著提高，而且还能提高胶层的耐水性和耐久性。偶联剂在复合材料方面，如玻璃纤维增强塑料（FRP），能增强玻璃纤维与树脂的结合能力。此外，对金属箔与塑料薄膜（如聚乙烯或聚丙烯）的复合，偶联剂也有重要用途。

1947 年 Wiff 等对烷基氯硅烷处理玻璃纤维表面进行研究，发现用含有能与树脂反应的基团硅烷处理玻璃纤维，制成聚酯玻璃钢，其强度可提高两倍以上。他们认为，用烷基氯硅烷水解产物处理玻璃表面，能与树脂产生化学键。这是第一次从分子角度解释表面处理剂在界面中的状态。此后，有许多研究者从事偶联剂反应机理的研究，证实偶联剂的两种基团分别与无机物和树脂生成了化学键。同时，玻璃纤维增强塑料的发展又促进了各种偶联剂的合成和生产。

偶联剂分子结构最大的特点是分子中含有化学性质不同的两个基团，一个基团的性质亲无机物，易于与无机物表面起化学反应；另一个基团亲有机物，能与合成树脂起化学反应，生成化学键。或者能互相融合在一起。

6.6.1　偶联剂种类

6.6.1.1　硅烷偶联剂

硅烷偶联剂是偶联剂中品种最多、用量最大的偶联剂。通常是在同一个硅原子上含有两种具有不同反应活性基团的低分子化合物，可用 $RSiX_3$ 的形式表示。式中 X 代表能够水解的烷氧基，如甲氧基、乙氧基及氯等，它可与具有亲水性表面的无机填料，如玻璃纤维、硅酸盐、二氧化硅等发生化学反应，生成 Si—O—Si 化学键；R 是具有反应活性的有机基，如乙烯基、氨基、甲基丙烯酸酯基、硫醇基等。在催化剂作用下，它与有机聚合物发生反应，变成聚合物的有效部分。因此，硅烷偶联剂在两种物质界面处起着架桥作用。对热固性树脂而言，其临界表面张力和溶解度参数与复合材料的强度密切相关。每一种树脂和每一种偶联剂都有一定的表面张力，假定树脂的表面张力为 γ_c，偶联剂的表面张力为 γ，要获得较好的偶联效果，则既要考虑偶联剂的有机反应基团与树脂容易生成化学键，又要考虑选择其表面张力 γ 等于或稍大于树脂的表面张力 γ_c。

硅烷偶联剂的 X 基对无机表面的作用机理有以下几个：

① 与无机表面的 SiOM（M 代表玻璃或金属原子）形成化学结合；

② 与无机表面产生物理吸附；

③ 玻璃表面的硅醇与硅烷偶联剂形成氢键；

④ 无机表面的氢氧基与硅烷偶联剂形成可逆平衡的化学反应。

下面介绍几种常见的硅烷偶联剂：

① γ-缩水甘油基丙基三甲氧基硅烷：其结构式为：

$$CH_2 =CHCH_2OCH_2CH_2CH_2Si(OCH_3)_3$$

它是一种淡黄色透明液体，适用于作氯醚橡胶的偶联剂，可提高填充白炭黑的硫黄硫化丁苯橡胶、三元乙丙橡胶的物理机械性能。

② 乙烯基三乙酰氧基硅烷：它是一种无色透明液体，具有酯味。溶于甲醇、乙醇、异丙醇、甲苯、丙酮等有机溶剂。在空气中遇水蒸气缓慢水解，生成相应的硅醇。由于含乙烯基，它是不饱和型偶联剂，是有机硅偶联剂的重要品种。用于玻璃纤维的处理，提高与树脂、橡胶的黏接性，并适用于作顺丁橡胶、二元乙丙橡胶或三元乙丙橡胶的偶联剂。

③ 乙烯基三甲氧基硅烷：它是具有酸味的无色透明液体，遇水缓慢水解，形成相应的硅醇，反应温和，常用作玻璃纤维表面处理剂。本品可与乙烯、丙烯、丁烯等多种单体共聚，或与相应的树脂接枝共聚，形成特种用途的改性高分子化合物。本品是硅橡胶与金属黏接的良好促进剂。

④ γ-氨基丙基三乙氧基硅烷：结构式为：

$$H_2NCH_2CH_2CH_2Si(OC_2H_5)_3$$

它是透明淡黄色液体，可溶于水。用于三元乙丙橡胶、氯丁橡胶、丁腈橡胶和聚氨酯橡胶的偶联剂。

⑤ 乙烯基三叔丁基过氧硅烷：结构式为：

$$CH_2=CH-Si-[OOC(CH_3)_3]_3$$

它是一种无色或微黄色透明液体。遇热分解，遇水易分解，是一种不稳定的过氧硅烷。使用时不得将本品单独加热到100℃以上。放置后有少许沉淀，使用时稍加震荡，本品应避光保存在阴凉干燥处。

本品适用于各种聚合物与金属或某些无机物的偶合黏接，也适用于两种聚合物的偶合黏接。它最普遍的使用方法有两种：直接混炼法与涂布法。前一方法是把2～3份本品直接混入到高聚物中，混炼均匀后压延成片状物与被黏物紧密压合，在150℃下硫化40min或在180℃硫化20min。后一种方法是把含本品的40%甲苯溶液用甲苯稀释到2%～20%。首先对被黏物进行磨光和溶剂脱蜡预处理，再将含本品的溶剂涂刷在被黏物的黏接表面上，待溶剂挥发后，压合紧实，升温硫化。

以上为常用的低分子硅烷偶联剂。此外，还有高分子偶联剂，如硅烷化聚丁二烯化合物，分子内部乙烯基含量很高。这种偶联剂可以在无机物表面形成均一的高分子层，对树脂基具有更好的相容性。硅烷偶联剂主要有以下作用：改进树脂的润湿性；改进树脂的相容性；树脂与偶联剂的有机反应基形成化学结合；增强树脂与玻璃纤维间的摩擦力；树脂与玻璃界面间可能形成中间变形层；硅烷偶联剂可防止水对界面的浸润。

6.6.1.2 有机硅过氧化物偶联剂

早在30多年前，美国的联碳公司偶尔发现有机硅过氧化物有非凡的黏接能力，致使此种材料得到大力开发和利用。有机硅过氧化物偶联剂分子式可用 $R_nSi(OOR)_{4-n}$（$n=1\sim3$）的通式表示。由于有机硅过氧化物偶联剂中含有过氧基团，它受热后很容易分解成具有高反应能力的自由基，它不仅可以作为有机物与无机物之间的偶联剂，尚可使二种相同或不同的有机物进行偶联，还能与无极性的有机物偶联，这就很好地解决了普通有机硅偶联剂存在的问题。更可贵之处还在于，有机硅过氧化物偶联剂固化速度快，黏接强度高，从而扩大了有机硅过氧化物偶联剂的使用范围。

　　有机硅过氧化物偶联剂主要用于那些自黏性欠佳，其他材料难于黏接的有机物，如硅橡胶、氟橡胶、氟硅橡胶、乙丙橡胶，与不锈钢、碳素钢、黄铜、铝合金、尼龙布、涤纶布、EVA 薄膜的黏接，都有尚佳的黏接强度。

6.6.1.3　钛酸酯偶联剂

　　钛酸酯偶联剂的偶联反应机理与硅烷偶联剂的机理相似。通过烷氧基与无机物亲水表面发生化学键合，其余基团与高分子基体发生化学亲和，从而产生无机物与高分子基体之间的偶联作用。下面介绍一些钛酸酯偶联剂。

　　二油酰基钛酸亚乙酯，它是红棕色油状液体。主要用于乙丙橡胶炭黑填充体系，丁腈橡胶和氯丁橡胶白炭黑填充体系中均具有一定的偶联效果，能提高胶料的拉伸强度、撕裂力和伸长率，也能明显改善胶料的老化性能。

　　三异硬脂酰基钛酸异丙酯，它是红棕色油状液体。由于它的独特结构，应用于高分子复合材料时，可保证材料具有优良的拉伸强度、良好的弹性和冲击性能及理想的加工成型特性。它加入乙丙橡胶、丁腈橡胶、氯丁橡胶和天然橡胶白炭黑填充体系中有偶联效果，能提高胶料的拉伸强度、撕裂力和伸长率，也能明显改善胶料的老化性能。

6.6.2　偶联剂的应用

　　硅烷偶联剂一般要用酒精和水配制成 0.5%～2% 的稀溶液。也可单独用溶剂溶解，但要先配成 0.1% 的醋酸水溶液，以改善溶解性和促进水解。配制好的偶联剂溶液可以直接涂于被黏物的清洁表面，干燥后即可上胶或刷涂料。以颗粒状或粉状填料则可在搅拌下，加入偶联剂溶液浸渍，然后用离心分离机或压滤机将溶液过滤，将填料加热干燥粉碎。对制造增强复合材料或玻璃钢，可以用连续法先将玻璃纤维或玻璃布浸偶联剂，然后干燥、浸树脂、干燥，再加热层压而成玻璃钢板。以上可称为表面预处理法，都是先将无机材料或被黏物的表面用偶联剂溶液预处理，然后才与有机树脂接触、压合、黏接、成型。

　　作为黏接用，也可以将偶联剂直接掺混入树脂或黏合剂中，其用量要大一些，为树脂的 1%～5%。这时就依靠分子的扩散作用迁移到界面处而起偶联作用。此法对无机物或被黏物不需要预处理，简化了工艺，故也有应用价值。

　　硅烷偶联剂的应用比较广泛，如作为表面处理剂，改善室温固化硅橡胶与金属的黏接；增强酚醛树脂黏接砂轮；用于环氧树脂包封云母电容；水电站工程中环氧树脂与水泥的耐久性黏接；氟橡胶与金属的黏接，密封玻璃纤维增强尼龙制造耐冲击的织布梭子；作单组分硅橡胶的交联剂。环氧树脂在增强复合材料、印制线路板材、涂料、黏合剂等应用中。加入硅烷偶联剂，不仅提高黏接效果，还可以改善耐热性、耐湿效果和电绝缘性能。提高聚乙烯与铝材夹心构造的剥离强度，提高橡胶补强剂的补强效果等都是成功的应用。

　　钛酸酯偶联剂的用法和硅烷偶联剂类似。除一般偶联剂的应用外，特别是在磁性复合材料、磁记录材料方面的应用，有高填充性、耐热性、提高磁性粒子与树脂的黏接性、弹性、磁性的稳定性等优点。用于导电性复合材料或涂料中时，利用铜粉作导电基质，可以提高易分散性、耐湿性、致密性与导电性。加入 PVC、ABS、PS、PE、PC、聚砜、聚酰胺酰亚胺等树脂中，可降低燃烧时的发烟性。用于涂料中，可改善颜料分散效果，减少溶剂用量，改善涂料色泽及耐腐蚀性。用于绝缘电缆包皮可以改善其耐潮湿环境的性能以及耐磨性，并可增大碳酸钙填料的配合量。

在许多领域，硅烷处理显示出了与现有工艺相当或比现有工艺更好的防腐效果。最优硅烷的选择依赖于清洗工序是否形成了富铝或富锌的表面。若要获得更好的抗腐蚀效果，需要添加一种抗腐蚀色料在漆中，而硅烷只起到增强漆的黏接力的作用。对有些金属而言不涂漆的硅烷处理相对于现有的处理方法有明显优势，用处理热浸电镀钢在抑制白锈的效果上比铬酸盐工艺好，而且，硅烷增强漆与金属间的黏接力，故涂漆前不必除去。

含有机官能团与不含有机官能团的硅烷抗金属腐蚀技术是近年来金属表面防腐工程中的重要进展，很明显，这些硅烷偶联剂处理工艺是替代铬酸盐工艺的很有前景的技术。预计偶联剂的应用将越来越广泛。

习　题

1. 试述聚合物表面改性的必要性及其意义。

2. 哪些种类的等离子体适合于聚合物表面改性？等离子体处理聚合物表面，可以明显改善哪些性能？

3. 简述几种常用的聚合物材料表面化学改性方法，并综述各种方法的特点。

4. 简述光接枝的原理。气相接枝与液相接枝各有何特点？

5. 为了提高聚合物材料表面的黏接性，可以采取哪些方法？

6. 偶联剂有哪些常用类型？

参 考 文 献

[1] S. 吴著，潘强余，吴敦汉译. 高聚物的界面与粘合 [M]. 北京：纺织工业出版社，1987.

[2] 筱義人. 高分子表面的基础和应用 [M]. 北京：化学工业出版社，1990.

[3] 赵化侨. 等离子体化学与工艺 [M]. 合肥：中国科学技术大学出版社，1993.

[4] Yuan S，Marchant R E. Surface modification of polyethylene by functionalized plasma polymers [J]. Polymer Preprint，1993，34（1）：665.

[5] Gölander C-G，Rutland M W，Cho D. L，et al. Structure and Surface Properties of Diaminocyclohexane Plasma Polymer Films [J]. J Appl Polym. Sci.，1993，49（1）：39.

[6] Yasuda H，Wang C R. Plasma polymerization investigated by the substrate temperature dependence [J]. Journal of Polymer Science：Polymer Chemistry Edition，1985，23（1）：87.

[7] Boenig H. V Ed. Fundamentals of Plasma Chemistry and Technology [M]. Technomic Pub. Co. Bsel，1988.

[8] Schram D C，Bisschops T H T，Kroesen G M W，et al. Plasma surface modification and plasma chemistry [J]. Plasma Physics，1987，29（10A）：1353.

[9] 张开. 高分子界面科学 [M]. 北京：中国石化出版社，1997.

[10] 叶先科，张开. 低温等离子体改性聚合物膜的原理 [J]. 高分子通报，1991，2：76.

[11] Ogita T，Ponomarev A N，et al. Surface structure of low-density polyethylene film exposed to air plasma [J]. Macromolecular Science Chemistry，1985，22（8）：1135.

[12] 朴东旭，陈雪芹. 高分子材料表面的等离子体改性 [J]. 现代化工，1985，（3）：20.

[13] D. T. 克拉克，W. J. 费斯特. 聚合物表面 [M]，北京：化学工业出版社，1985.

[14] 梁红军，後晓淮. 用低温等离子体处理方法改性高分子材料表面 [J]. 化学通报，1999，（6）：1.

[15] Xiao G，Hua B J，Yang J S，et al. Environmental effects on the bondability of O_2 plasma treated polyolefins [J]. materials science，1994，13（4）：280.

［16］ Mishra G K，Tripathy M. Effect of Cold Ammonia Gas Plasma Irradiation on Surface Modification，Wetting，Dyeability and Tensile Properties of Polypropylene Fibers ［C］. Book of Papers，National Technical Conference of AATCC，1992，23.

［17］ Piglowski J，Gancarz I，et al. Influence of plasma modification on biological properties of polyethylene terephthalate ［J］. Biomaterials，1994，15 (11)：909.

［18］ Hsieh Y L，Wu M P. Residual reactivity for surface grafting of acrylic acid on argon glow-discharged poly (ethylene terephthalate) (PET) films ［J］. Appl. Polym. Sci.，1991，43 (11)：2067.

［19］ Tahara M，Cuong N K，Nakashima Y. Improvement in adhe-sion of polyethylene by glow-discharge plasma ［J］. Surface and Coatings Technology，2003，174：826-830.

［20］ Bauer M，Schneider H A，Mülhaupt R，et al. Modification of isotactic poly (propylene) by oxygen and helium plasma with reference to thermo-oxidative stability ［J］. Macromolecular Chemistry and Physics，1996，197 (1)：61-82.

［21］ Hsieh Y L，Timm D A，Wu M P. Solvent and glow discharge induced surface wetting and morphological changes of poly (ethylene terephthalate) (PET) ［J］. Journal of applied polymer science，1989，38 (9)：1719.

［22］ Anderson A M. Biomedical material research in Japan ［J］. J Biomed Mater Res，1982，16：721.

［23］ 高尚林，牟其伍，袁超庭. UHMW-PE 纤维/环氧树脂界面破坏机理 ［J］. 高分子材料科学与工程，1992，8 (5) 61.

［24］ Hild D N，Schwartz P J. Plasma-treated ultra-high-strength polyethylene fibres improved fracture toughness of poly (methyl methacrylate) ［J］. Mater. Med，1993，4 (3)：481.

［25］ Woods D W，Ward I M. Study of the oxygen treatment of high-modulus polyethylene fibres ［J］. Surface and interface analysis，1993，20 (5)：385.

［26］ Johan F，Paul G，Schreiber H P J. Plasma modification of cellulose fibers：Effects on some polymer composite properties ［J］. Appl. Polym. Sci. 1994，5 (2)：285.

［27］ Sheu G S，Shyu S S. Surface properties and interfacial adhesion studies of aramid fibres modified by gas plasmas ［J］. Compos. Sci. Technol，1994，52 (4)：489.

［28］ Della V C，Fambri L，et al. Air-plasma treated polyethylene fibres：effect of time and temperature ageing on fibre surface properties and on fibre-matrix adhesion ［J］. J. Mater. Sci. 1994，29 (15)：3919.

［29］ Comyn J，Mascia L，et al. Plasma-treatment of polyetheretherketone (PEEK) for adhesive bonding ［J］. Int. J. Adhes. 1996，16 (2)：97.

［30］ Conley D J. Method for improving adhesion of aluminum layers to thermoplastics and article ［P］. U. S. Patent 5，275，882. 1994.

［31］ Guezenoc H，Segui Y，et al. Adhesion Characteristics of Plasma-treated Polypropylene to Mild Steel ［J］. J. Adhes. Sci. Technol. 1993，7 (9)：953.

［32］ Tatoulian M，et al. Comparison of the efficiency of N2 and NH3 plasma treatments to improve the adhesion of PP films to in situ deposited Al coatings. Study of ageing phenomena in terms of acid-base properties ［J］. Int. J. Adhes.，1995，15 (3)：177.

［33］ Rozovskis G，Vinkevicius J，et al. Plasma surface modification of polyimide for improving adhesion to electroless copper coatings ［J］. J. Adhes. Sci. Technol，1996，10 (5)：399.

［34］ 中前胜彦. プラズマ処理の挙动 ［J］. 日本ゴム协会誌，1994，67 (7)：477.

［35］ 稻垣训宏. 高分子材料のプラズマ処理と最近の动向加工 ［J］. 日本ゴム协会誌，1994，67 (97)：469.

［36］ Toshio N，Mitsuhiko S，et al. Uniform dying of woll fabric ［P］. JP 05，230，779，1993.

［37］ Takashi H，Masao S. Method for improving fastness of coated fabric ［P］. JP 05，295，679，1993.

［38］ Thuy Bich T. Method of etching anti-reflection coating ［P］. EP573，212，1993.

［39］ Reinhardt K，Divincenzo B，et al. An Effective in-Situ O$_2$ High Density Plasma Clean ［C］. MRS Proceedings. Cambridge University Press，1993，315：267.

［40］ Kokubo Y. Fluoroplastic article and its production ［P］. JP08，59，864，1996.

［41］ 小川俊夫，河原博幸，丹野智明，等. プラズマ处理にょるポリプロピレンシ-トへの涂膜の付着性向上 ［J］. 日本接着学会誌，1993，29：11.

［42］ Nonka J. Method of surface treating insulating film ［P］. JP07，249，867，1995.

［43］ Terlingen J G A，Gerritsen H F C，et al. Introduction of functional groups on polyethylene surfaces by a carbon dioxide plasma treatment ［J］. Journal of applied polymer science，1995，57 (8)：969.

［44］ Piglowski J，Gancar Z A，et al. Influence of plasma modification on biological properties of poly (ethylene terephthalate) ［J］. Biomaterials，1994，15 (11)：909.

［45］ Wang YLQ. Surface modification of bio-carrier by plasma oxidation-ferric ions coating technique to enhance bacterial adhesion ［J］. Journal of Environmental Science & Health Part A Environmental Science & Engineering & Toxic & Hazardous Substance Control，1996，A31 (4)：869.

［46］ Shunsuke N，Yoshihiro K. Manufacture of gas separation membrane ［P］. JP05，146，651，1993.

［47］ 中前胜彦. プラズマ处理の举动 ［J］. 日本ゴム协会誌，1994，67 (7)：477.

［48］ 温贵安，章文贡. 无机粉体的低温等离子体表面改性 ［J］. 材料导报，1999，13 (2)：40.

［49］ 左洪波，郝相君. 一种新型表面改性技术：等离子体增强电化学表面陶瓷化 (PECC) ［J］. 中国表面工程，1999，12 (2)：38.

［50］ 王秀芬，朱鹤荪. 二氧化硫等离子体处理聚乙烯膜表面及抗凝血性能 ［J］. 北京理工大学学报，1999，19 (2)：250.

［51］ 王秀芬，汪浩. 等离子体引发聚乙烯表面肝素化及其生物相容性 ［J］. 北京理工大学学报，1999，19 (3)：384.

［52］ 马晓星，王秀芬，张立群. NH_3等离子体处理的 PET 表面接枝氨基酸的研究 ［J］. 北京化工大学学报，2007，34 (3)：290.

［53］ Benderly A A. Treatment of Teflon to promote bondability ［J］. Journal of Applied Polymer Science，1962，6 (20)：221.

［54］ 黏接前塑料表面处理的标准推荐方法 ［S］. D2093-2069 ASTM，1976.

［55］ Morris C E M. Adhesive bonding of polyethylene ［J］. Journal of Applied Polymer Science，1970，14 (9)：2171.

［56］ Luckenbach R. Method of altering the surface of a solid synthetic polymer ［P］. U. S. Patent 4，803，256，1989.

［57］ Caldwell J R，Jackson W J. Surface treatment of polycarbonate films with amines ［C］. Journal of Polymer Science Part C：Polymer Symposia. Wiley Subscription Services，Inc.，A Wiley Company，1968，24 (1)：15.

［58］ Lewis P R，Ward R J. Polishing，thinning and etching of polycarbonate ［J］. Journal of Colloid and Interface Science，1974，47 (3)：661.

［59］ Trott G F. Surface modification of polymer structures by an imido-alkylene substitution reaction. I. Polycarbonate ［J］. Journal of Applied Polymer Science，1974，18 (5)：1411.

［60］ 吴人洁，陈传正，等. 高聚物的表面与界面 ［M］，北京：科学出版社，1998.

［61］ Oster G，Oster G K，Moroson H. Ultraviolet induced crosslinking and grafting of solid high polymers ［J］. Journal of Polymer Science，1959，34 (127)：671.

［62］ 白功健，胡兴洲. 聚合物的表面光接枝改性 ［J］. 高分子通报，1995 (1)：27.

［63］ 杨万泰，尹梅贞. 表面光接枝原理，方法及应用前景 ［J］. 高分子通报，1999 (1)：60.

［64］ Allméar K，Hult A，Rårnby B. Surface modification of polymers. I. Vapour phase photografting with acrylic acid ［J］. Journal of Polymer Science Part A：Polymer Chemistry，1988，26 (8)：2099.

［65］ Tazuke S，Kimura H. Surface photografting，2. Modification of polypropylene film surface by graft polymerization of acrylamide ［J］. Die Makromolekulare Chemie，1978，179 (11)：2603.

［66］ Zhang P Y，RÅNby B. Surface modification by continuous graft copolymerization. I. Photoinitiated graft copolymerization onto polyethylene tape film surface ［J］. Journal of Applied Polymer Science，1990，40 (9-10)：1647.

［67］ 何明波，胡兴洲. 预氧化聚烯烃膜的表面光接枝聚合 ［J］. 高分子学报，1989，1 (3)：275.

［68］ Bellobono I R，Tolusso F，Selli E，et al. Photochemical grafting of acrylated azo dyes onto polymeric surfaces.

I. V. Grafting of 4- (N-ethyl，N-2-acryloxyethyl) amino，4′-nitro，azobenzene onto polyamide and polypropylene fibers [J]. Journal of Applied Polymer Science，1981，26 (2)：619.

[69]　Ogiwara Y，Takumi M，Kubota H. Photoinduced grafting of acrylamide onto polyethylene film by means of two-step method [J]. Journal of Applied Polymer Science，1982，27 (10)：3743.

[70]　Ogiwara Y，Kanda M，Takumi M，et al. Photosensitized grafting on polyolefin films in vapor and liquid phases [J]. Journal of Polymer Science Part C Polymer Letters，1981，19 (9)：457.

[71]　Pashova V S，Georgiev G S，Dakov V A. Photoinitiated graft copolymerization of glycidyl methacrylate and 2-hydroxyethyl methacrylate onto polyacrylonitrile and application of the synthesized graft copolymers in penicillin-amidase immobilization [J]. Journal of Applied Polymer Science，2003，51 (5)：807.

[72]　Arai K，Ogiwara Y. Grafted chain as spacer for an insoluble polymer ligand. II. Two-step polymerization using tetraethylthiuram disulfide as an initiator [J]. Journal of Applied Polymer Science，1988，36 (7)：1651.

[73]　Kubota H，Nagaoka N，Katakai R，et al. Temperature-responsive characteristics of N -isopropylacrylamide-grafted polymer films prepared by photografting [J]. Journal of Applied Polymer Science，1994，51 (5)：925.

[74]　Yang W Y，RÅnby B. Bulk surface photografting process and its applications. II. Principal factors affecting surface photografting [J]. Journal of Applied Polymer Science，1996，62 (3)：545.

[75]　何炜德. 聚烯烃塑料的表面性能及其表面预处理技术 [J]. 现代塑料加工应用，1989 (4)：40.

[76]　梁春林，张开. 电晕放电技术改善聚烯烃表面的黏合性 [J]. 黏接，1991 (2)：14.

[77]　刘学恕，金杰. 低温等离子体对 F24 表面处理的研究 [J]. 化学与黏合，1995 (1)：1.

[78]　马立群. 难黏高分子材料的表面处理技术 [J]. 化学与黏合，1999 (1)：23.

[79]　钱凤珍. 聚烯烃表面改性剂 [J]. 塑料科技，1990 (5)：50.

[80]　季铁正，林德宽. 力化学处理———一种用于黏接难黏塑料的新方法 [J]. 黏接，1995 (2)：1.

[81]　赵光贤. 橡胶助剂的多功能化与复配 [J]. 橡胶工业，1999 (6)：376.

[82]　Porter W. Erickson. Historical Background of the Interface-Studies and Theories [J]. Journal of Adhesion，1970，2 (3)：131.

[83]　Ishida H，Koenig J L. Fourier transform infrared spectroscopic study of the silane coupling agent/porous silica interface [J]. Journal of Colloid & Interface Science，1978，64 (3)：555.

[84]　Clark H A. Bonding of silane coupling agents in glass-reinforced plastics [J]. Modern Plastics，1963，40：133.

[85]　杜禧. 浅谈有机硅过氧化物偶联剂 [J]. 特种橡胶制品，1998，19 (6)：16.

[86]　Plueddenmann EP，梁发思，等译. 硅烷和钛酸酯偶联剂 [M]. 上海：科学技术文献出版社，1987.

[87]　傅德生. 硅烷偶联剂在金属上的应用 [J]. 表面技术，1999，28 (4)：37.

附录　英文缩写与中文名对照表

（仅收录本教材中使用的英文缩写）

类别	英文缩写	中 文 名	相关缩写与中文名
通用塑料	PE	聚乙烯	HDPE:高密度聚乙烯 LDPE:低密度聚乙烯 LLDPE:线性低密度聚乙烯 mLLDPE:茂金属催化 LLDPE UHMWPE:超高分子量聚乙烯
	PP	聚丙烯	PP-H:均聚 PP PP-B:嵌段共聚 PP PP-R:无规共聚 PP
	PS	聚苯乙烯	HIPS:高抗冲聚苯乙烯
	PVC	聚氯乙烯	HPVC:高聚合度 PVC
	ABS	丙烯腈-丁二烯-苯乙烯共聚物	
	PMMA	聚甲基丙烯酸甲酯	
增韧剂(部分弹性体增韧剂见"橡胶及热塑性弹性体")	MBS	甲基丙烯酸甲酯-苯乙烯-聚丁二烯共聚物	
	ACR	丙烯酸酯类共聚物	
	CPE	氯化聚乙烯	
	EVA	乙烯-醋酸乙烯共聚物	
	POE	乙烯-1-辛烯共聚物	
工程塑料	PA	聚酰胺	
	PC	聚碳酸酯	
	PPO	聚苯醚	
	POM	聚甲醛	
	PET	聚对苯二甲酸乙二醇酯	
	PBT	聚对苯二甲酸丁二醇酯	
高性能工程塑料	PPS	聚苯硫醚	
	PI	聚酰亚胺	PEI:聚醚酰亚胺 PAI:聚酰胺-酰亚胺
	LCP	液晶聚合物	
	PES	聚苯醚砜	
	PAR	聚芳酯	
	PEK	聚醚酮	PEEK:聚醚醚酮 PPESK:聚醚砜酮
其他塑料及功能聚合物	PBA	聚丙烯酸丁酯	
	PLA	聚乳酸	

续表

类别	英文缩写	中　文　名	相关缩写与中文名
其他塑料及 功能聚合物	PTFE	聚四氟乙烯	
	FEP	氟化乙烯-丙烯共聚物	
	SAN	苯乙烯-丙烯腈共聚物	AS:苯乙烯-丙烯腈共聚物
	PVP	聚乙烯吡咯烷酮	
	CPP	氯化等规聚丙烯	
其他塑料助剂	DOP	邻苯二甲酸二辛酯	
	TPP	亚磷酸三苯酯	
	DSDP	焦磷酸二氢二钠	
	TAIC	三烯丙基异三聚氰酸酯	
复合材料	FRTP	热塑性树脂基纤维增强复合材料 （又称纤维增强热塑性塑料）	
	GFRTP	玻璃纤维增强热塑性塑料	
橡胶及热塑性 弹性体	NR	天然橡胶	
	BR	顺丁橡胶	PB:聚丁二烯
	SBR	丁苯橡胶	
	EPDM	三元乙丙橡胶	EPR:乙丙橡胶
	NBR	丁腈橡胶	
	CR	氯丁橡胶	
	IIR	丁基橡胶	
	ACM	丙烯酸酯橡胶	
	ECO	氯醚橡胶	
	TPU	热塑性聚氨酯	PU:聚氨酯
	SBS	苯乙烯-丁二烯-苯乙烯嵌段共聚物	SEBS:氢化 SBS
	SIS	苯乙烯-异戊二烯-苯乙烯嵌段共聚物	
	TPV	热塑性动态硫化橡胶	
接枝、嵌段共聚及 互穿聚合物网络	PBO	过氧化苯甲酰	
	AIBN	偶氮二异丁腈	
	MAH	马来酸酐	PE-g-MA:马来酸酐接枝 PE（其他 可类推）
	GMA	甲基丙烯酸缩水甘油酯	
	AA	丙烯酸	MAA 甲基丙烯酸
	CAN	硝酸铈铵	
	KPS	过硫酸钾	
	MAPTAC	甲基丙烯酰丙基三甲基氯化铵	
	DPE	1,1-二苯基乙烯	
	PDMS	聚二甲基硅氧烷	
	PCL	聚 ε-己内酯	

续表

类别	英文缩写	中 文 名	相关缩写与中文名
接枝、嵌段共聚及互穿聚合物网络	PEG	聚乙二醇	
	ATRP	原子转移自由基聚合	
	IPN	互穿聚合物网络	
表面改性	PCVD	等离子体化学气相沉积	
	PECC	等离子体增强电化学表面陶瓷化	